人工智能标准研究与应用

范科峰　著

西安电子科技大学出版社

内 容 简 介

本书介绍了人工智能标准研究的必要性、思路和方法，通过人工智能的发展历史、现状、关键技术及其在工业应用中存在的问题剖析出制定人工智能标准的重要性，分析了人工智能标准研究的现状、成果以及应用情况，并给出了工信部已经发布或者正在制定的人工智能重点标准，最后介绍了我国人工智能标准化研究面临的挑战及下一步工作建议。

本书共5章，包括绪论、人工智能发展历史及现状、人工智能关键技术、人工智能关键技术的应用、人工智能标准研究现状及应用分析。

本书适合作为人工智能相关技术专家、监管机构以及人工智能标准化从业者的学习参考书。

图书在版编目(CIP)数据

人工智能标准研究与应用 / 范科峰著. --西安：西安电子科技大学出版社，2023.10
ISBN 978-7-5606-6973-1

Ⅰ.①人…　Ⅱ.①范…　Ⅲ.①人工智能—研究　Ⅳ.①TP18

中国国家版本馆 CIP 数据核字(2023)第 142085 号

策　　划　明政珠
责任编辑　雷鸿俊
出版发行　西安电子科技大学出版社(西安市太白南路 2 号)
电　　话　(029) 88202421　88201467　　邮　　编　710071
网　　址　www.xduph.com　　电子邮箱　xdupfxb001@163.com
经　　销　新华书店
印刷单位　西安日报社印务中心
版　　次　2023 年 10 月第 1 版　2023 年 10 月第 1 次印刷
开　　本　787 毫米×1092 毫米　1/16　印张 12.5
字　　数　287 千字
印　　数　1～1000 册
定　　价　49.00 元
ISBN　978-7-5606-6973-1 / TP
XDUP 7275001-1
如有印装问题可调换

《人工智能标准研究与应用》编委会

前言

人工智能作为一项引领未来的战略性技术受到世界的瞩目，各发达国家纷纷在新一轮国际竞争中争取掌握主导权，围绕人工智能出台规划和政策，对人工智能核心技术、顶尖人才、标准规范等进行部署，加快促进人工智能技术和产业发展。各国主要科技企业也在不断加大资金和人力投入，抢占人工智能发展制高点。

党中央、国务院高度重视新一代人工智能发展。习近平总书记指出："人工智能是引领这一轮科技革命和产业变革的战略性技术，具有溢出带动性很强的'头雁'效应。""加快发展新一代人工智能是我们赢得全球科技竞争主动权的重要战略抓手。"为应对新冠疫情的冲击，党中央、国务院将新型基础设施建设上升为国家战略，其中重要的一项就是人工智能。2017 年，我国出台了《新一代人工智能发展规划》（国发〔2017〕35 号）、《促进新一代人工智能产业发展三年行动计划（2018—2020 年）》（工信部科〔2017〕315 号）等政策文件，推动人工智能技术研发和产业化发展；2019 年，出台了《国家新一代人工智能开放创新平台建设工作指引》（国科发高〔2019〕265 号）、《关于促进人工智能和实体经济深度融合的指导意见》；2020 年，出台了《关于"双一流"建设高校促进学科融合 加快人工智能领域研究生培养的若干意见》（教研〔2020〕4 号）。

为落实党的二十大和二十届一中、二中全会精神及以上党中央、国务院发展人工智能的决策部署，加强人工智能领域标准化顶层设计，推动人工智能产业技术研发和标准制定，促进产业健康可持续发展，国家标准化管理委员会、中央网信办、国家发展改革委、科技部、工业和信息化部五部门印发《国家新一代人工智能标准体系建设指南》，旨在指导人工智能国家标准、行业标准、团体标准等制修订和协调配套，建立健全符合我国产业特点的人工智能标准体系，引领人工智能产业实现全面规范化发展的新格局。

在"政产学研用标"各方共同努力下，我国人工智能产业发展的成果显著。一是创新能力不断增强，图像识别、智能语音等技术达到全球领先水平，人工智能论文和专利数量居全球前列；二是产业规模持续增长，京津冀、长三角、珠三角等地形成了完备的人工智能产业链；三是融合应用不断深入，智能制造、智慧交通、智慧医疗等新业态、新模式不断涌现，对行业发展的赋能作用进一步凸显。

人工智能是新一轮科技革命和产业变革的重要驱动力量。虽然人工智能技术已经能够实现一些以往不可思议的功能，但是人工智能产业化并不成熟，标准化工作也还处于起步阶段。《中共中央关于坚持和完善中国特色社会主义制度推进国家治理体系和治理能力现代化若干重大问题的决定》指出要“强化标准引领，提升产业基础能力和产业链现代化水平”，人工智能标准化对突破核心技术、加快应用落地、完善产业生态具有重要意义，而本书的目的正是梳理人工智能标准的布局，帮助读者对整个人工智能领域有综合的认知。

本书共5章，主要内容包括人工智能标准研究的必要性、人工智能科研与产业现状、人工智能规定存在的问题、人工智能发展历史及现状、人工智能关键技术、人工智能关键技术的应用、人工智能标准研究现状及应用分析。

本书的主要特色如下：

(1) 从国家最权威的视角去探索人工智能的标准，具有权威性和系统性。本书的亮点在于针对人工智能重点技术和热门产业，给出了大量的人工智能标准研究及应用实例，帮助读者理解人工智能标准和了解其应用现状，并且从标准化的视角介绍了如何使用人工智能标准去规范技术的研用以及如何推动产业前进。

(2) 对人工智能技术应用的发展起规范作用和引领作用。标准化工作对人工智能及其产业发展具有基础性、支撑性、引领性的作用，既是推动产业创新发展的关键抓手，也是产业竞争的制高点。当前，在我国人工智能相关产品和服务不断丰富的同时，也出现了标准化程度不足的问题。人工智能涉及众多领域，虽然某些领域已具备一定的标准化基础，但是这些分散的标准化工作并不足以完全支撑整个人工智能领域。另一方面，人工智能属于新兴领域，发展方兴未艾。

(3) 为快速突破国际发展现状，抢占世界标准化制定先机，解决标准制定关键问题提供帮助。从世界范围来看，标准化工作仍在起步过程中，尚未形成完善的标准体系，我国基本与国外处于同一起跑线，存在快速突破的机会窗口。只要瞄准机会，快速布局，完全有可能抢占标准创新的制高点，反之，则有可能丧失良机。因此，我们迫切需要把握机遇，加快对人工智能技术及产业发展的研究，系统梳理、加快研制人工智能各领域的标准体系，明确标准之间的依存性与制约关系，建立统一完善的标准体系，以标准的手段促进我国人工智能技术、产业蓬勃发展。

由于编者水平有限，书中可能还有不足之处，恳请读者批评指正。

编　者

2023年5月

目录

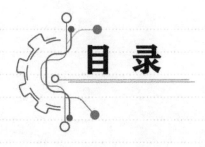

第 1 章　绪　论

1.1 人工智能标准研究的必要性

标准是经济活动和社会发展的技术支撑，是国家基础性制度的重要方面。标准化在国家治理体系和治理能力现代化建设中发挥着基础性、引领性作用。当前，人工智能(Artificial Intelligence，AI)已经迎来其发展史上的第三次浪潮。人工智能理论和技术取得了飞速发展，不仅在语音处理、文本分析、图像识别等感知领域取得了突破，而且通过智能决策、智能规划、自动生成等分支技术赋能各个传统行业，其能力达到或超过人类水准，成为引领新一轮科技革命和产业变革的战略性技术。人工智能的应用领域正快速向多方向发展，出现在越来越多的应用场景中，这促进了社会进步，便利了日常生活。虽然人工智能产业发展已经取得了突破性进展，但依然存在底层技术欠缺，能够实现商业价值的应用较少，与实体经济的融合存在门槛等问题。并且，由于人工智能技术不完善、应用环境复杂多变，甚至相关人员动机不良等因素，会产生一系列潜在的风险事件。随着人工智能技术应用的普及，这些风险事件的威胁也在逐渐增大。因此，迫切需要加强人工智能标准化工作，支撑人工智能产业健康可持续发展。

人工智能标准化的作用主要包括：

(1) 人工智能标准化对加快技术创新具有重要意义。一方面，人工智能标准化能够促进科技成果转化，推动科技创新成果推广应用，促进产业升级和技术革新。另一方面，人工智能标准化能够固化全球先进技术成果，淘汰落后产能，为产业发展释放更多资源和空间。

(2) 人工智能标准化促进产业健康可持续发展。一方面，人工智能标准化可以支撑政府治理，促进政府管理和市场监管更加科学有序。另一方面，人工智能标准化可以形成开放的人工智能产业生态，促进产业链上下游、大中小微企业之间协同发展。

(3) 人工智能标准化为产品和服务质量提供保障。一方面，人工智能企业积极参与标准制定，在追求高标准中创造更多优质产品和服务。另一方面，依据标准开展符合性测试，保障产品和服务的质量。

(4) 人工智能标准化是信息安全的坚实保障。一方面，人工智能标准化可以有效减少人工智能技术带来的信息安全、个人隐私等问题。另一方面，人工智能标准化可以解决应用中的伦理道德规范问题和安全标准滞后于技术发展的问题。

1.2 人工智能科研与产业现状

人工智能是新一轮科技革命和产业变革的重要驱动力量。麦肯锡公司的数据表明，人工智能每年能创造3.5万亿至5.8万亿美元的商业价值，使传统行业商业价值提升60%以上。我国人工智能市场规模巨大，企业投资热情高。埃森哲公司的数据显示，半数(49%)的中国人工智能企业，近三年的研发投入超过0.5亿美元。IDC(International Data Corporation，国际数据中心)预测，到2023年中国人工智能市场规模将达到979亿美元。为实现人工智能产业高质量发展，提升产业链、供应链现代化水平，《中华人民共和国国民经济和社会发展第十四个五年规划和2035年远景目标纲要》提出"发展算法推理训练场景，推动通用化和行业性人工智能开放平台建设"，并要求在前沿基础理论、专用芯片、深度学习框架等前沿领域重点攻关，实施一批具有前瞻性、战略性的国家重大科技项目。

具体来说，数据总量爆发式增长，支持产品和服务智能化水平提升。国内各行业已经普遍实现了信息化，沉淀了大量数据。据国家信息中心预测，到2025年，我国数据总量将占全球的27%，成为世界第一数据资源大国。这些数据中不乏金融、市场营销、消费等具有潜在价值的数据。人工智能可以从数据中找到业务价值点和客户需求，帮助企业提供更好的业务服务，这也导致了人工智能算力需求不断提升。算力作为人工智能产业的基础，算力基础设施——人工智能芯片成为产业焦点。芯片是推动人工智能产业发展的动力源泉，随着人工智能算法的发展，视频图像解析、语音识别等细分领域算力需求呈爆发式增长，通用芯片已无法满足需求。而针对不同领域推出专用的芯片，既能够提供充足的算力，又能够满足低功耗和高可靠性要求，可以对大规模计算进行加速，满足更高的算力需求。

为支撑人工智能各类行业应用，人工智能深度学习框架实现了对算法的封装。随着人工智能的发展，各种深度学习框架不断涌现。通过开源构建生态，开源的深度学习框架为开发者提供了可以直接使用的算法工具，可减少二次开发，提高效率。国内外巨头纷纷通过开源的方式推广深度学习框架，布局开源人工智能生态，抢占产业制高点。

随着科技的发展，人工智能正在迈向认知智能，即应用于复杂度高的场景中，通过多模态人工智能和大数据等技术，实现分析和决策。人工智能技术与应用场景进行深度融合，赋能实体经济发展。人工智能与传统产业的融合不仅可以提高产业发展的效率，而且可以实现产业的升级换代，形成新业态，构建新型创新生态圈，催生新的经济增长点。人工智能在智能制造、智能家居、智能交通、智能医疗、教育、金融等领域的应用，呈现全方位爆发态势。

1.3 人工智能规定存在的问题

习近平总书记在浦东开发开放30周年庆祝大会上的讲话中指出："科学技术从来没有像今天这样深刻影响着国家前途命运，从来没有像今天这样深刻影响着人民幸福安康。我国经济社会发展比过去任何时候都更加需要科学技术解决方案，更加需要增强创新这个第一动力。”当前，科学技术创新在经济社会发展中发挥着越来越关键的作用。人工智能的赋能应用不仅仅是生产效率的提高，甚至有可能意味着科研范式的重塑。如何把握人工智能技术对社会产生的各种影响，把人文、价值观和伦理的思考带到科技发展与治理的过程中，降低各种潜在的风险，促进科技向善，就变得比以往任何时候都更加重要。

为充分发挥人工智能技术创新的引领作用，构筑我国人工智能发展的先发优势，加快建设创新型国家和世界科技强国，我国政府发布了众多政策文件促进人工智能产业发展。但是这些人工智能政策偏向顶层设计，特别是在人工智能规定的部分普遍存在落地性、可实施性差的问题。这是由于当前人工智能产业乃至科研领域都是不成熟的，人工智能技术本身还存在不确定性、可解释性差、无法分离人为因素与技术因素等瓶颈问题。当前人工智能一般偏向技术性和可用性方面的突破，而受历史条件和发展阶段限制，对于人工智能产品的道德风险存在认知滞后性，人工智能产品缺少完善的伦理控制，从而催生出更多的伦理道德问题，但是还没有引起相关人工智能规定的重视。人工智能作为新兴领域，还需人力、财力投入和时间沉淀。

在数据方面，一是数据的采集和使用有待进一步规范。人工智能是数据密集型行业，安全有效地采集、管理和使用数据，支撑人工智能实践，已成为制约人工智能应用系统建设的瓶颈。二是数据的存储、调度和使用存在安全风险，需要制订高效的预防措施，确保数据安全和人工智能的安全、可靠、可控发展，防止被不法分子滥用。

目前人工智能测试体系也不够全面，无法有效支撑相关人工智能规定的编制。一是测试重复度高。现有测试基准的测试内容和模型重复度高，但又有所遗漏。二是体系化设计与建设有待加强，尚未形成成熟的功能、性能测试基准。三是人工智能测试标准体系还未形成，公平性和权威性有待完善。

另外，我国行业发展不均衡特征突出，对相关政策法规的宏观协同造成了挑战。我国人工智能领域重应用、轻基础现象严重。一方面，人工智能专用芯片硬件技术起步晚，亟须完善相关的上下游产业链，建立行业应用事实标准。另一方面，对国外开源深度学习系统平台依赖度高，缺少类似的国产成熟的开源平台。在应用层面，发展结构性失衡仍然突出。由于行业监管、盈利条件限制，以及相关规定的缺失，造成人工智能行业应用程度和发展前景的差异显著。

1.4 人工智能标准研究的思路与方法

标准化作为一种技术规范，其根本目的是建立“最佳秩序”。为了达到建立最佳秩序的目的，标准必须建立在科学技术的研究成果和实践经验的基础上，使其具有较强的科学性，再通过规定的程序达到协商一致，从而受到人们的尊重和信任。在技术和经验的基础上，标准把有关技术内容系统化、统一化，并以此协调技术的发展路线。标准化与科技进步之间存在相互促进、协同发展的关系，特别是在人工智能为代表的前沿科技领域，标准应能够推动技术突破，而不是限制技术发展。在具体的人工智能标准研究中需要把握以下几点：

(1) 避免多领域交叉冲突。人工智能在各行业的应用落地涉及大数据、云计算等多种技术，人工智能标准体系与大数据、云计算等支撑技术，机器人、智能运载工具等产品，智能制造、智慧城市、智能政务等行业的相关标准体系存在交集，但非包含或覆盖关系。

(2) 建立动态更新完善机制。随着人工智能的发展，人工智能在各个垂直领域的应用落地新模式将不断涌现，“人工智能+”将全面开花，新一代人工智能标准体系也将进一步更新完善。以本标准体系为起点，持续关注我国人工智能在转型升级中的实际需求，综合考虑因科技发展而出现的新技术和新应用，通过建立动态更新完善机制，以满足我国人工智能标准体系建设的需要。

(3) 正确把握与技术和产业发展的关系。需要注意人工智能发展进程中，标准需求的不定性、未知性、突发性存在差距。还需要注意在人工智能技术和产业发展进程中，市场环境、技术路线、产业需求变幻无穷，其标准需求也可能瞬息万变。

第 2 章

人工智能发展历史及现状

2.1　人工智能的历史及概念

人工智能于 1956 年夏天在美国达特茅斯学院举行的第一次人工智能研讨会上，作为一门新兴学科的名称被正式提出。会上，麦卡锡首次提出了“人工智能”这个概念，纽厄尔和西蒙则展示了编写的逻辑理论机器。自此之后，人工智能取得了惊人的成就，获得了迅速的发展。

2.1.1　人工智能的起源与历史

人工智能始于 20 世纪 50 年代，至今大致分为三个发展阶段：

第一阶段(20 世纪 50—80 年代)。这一阶段人工智能刚诞生，基于抽象数学推理的可编程数字计算机已经出现，符号主义(Symbolism)快速发展，但由于很多事物不能形式化表达，建立的模型存在一定的局限性。此外，随着计算任务的复杂性不断加大，人工智能发展一度遇到瓶颈。

第二阶段(20 世纪 80—90 年代末)。在这一阶段，专家系统得到快速发展，数学模型有了重大突破，但由于专家系统在知识获取、推理能力等方面的不足以及开发成本高等原因，人工智能的发展又一次进入低谷期。

第三阶段(21 世纪初至今)。随着大数据的积聚、理论算法的革新和计算能力的提升，人工智能在很多应用领域取得了突破性进展，迎来了又一个繁荣时期。

人工智能具体的发展历程如图 2-1 所示。

长期以来，制造具有智能的机器一直是人类的重大梦想。早在 1950 年，Alan Turing 在《计算机器与智能》中就阐述了对人工智能的思考。他提出的图灵测试是机器智能的重要测量手段，后来还衍生出了视觉图灵测试等测量方法。1956 年，“人工智能”一词首次出现在达特茅斯会议上，标志着其作为一个研究领域的正式诞生。60 多年来，人工智能发展潮起潮落的同时，基本思想可大致划分为四个流派：符号主义(Symbolism)、连接主义(Connectionism)、行为主义(Behaviourism)和统计主义(Statisticsism)。这四个流派从不同方面抓住了智能的部分特征，在“制造”人工智能方面都取得了里程碑式的成就。

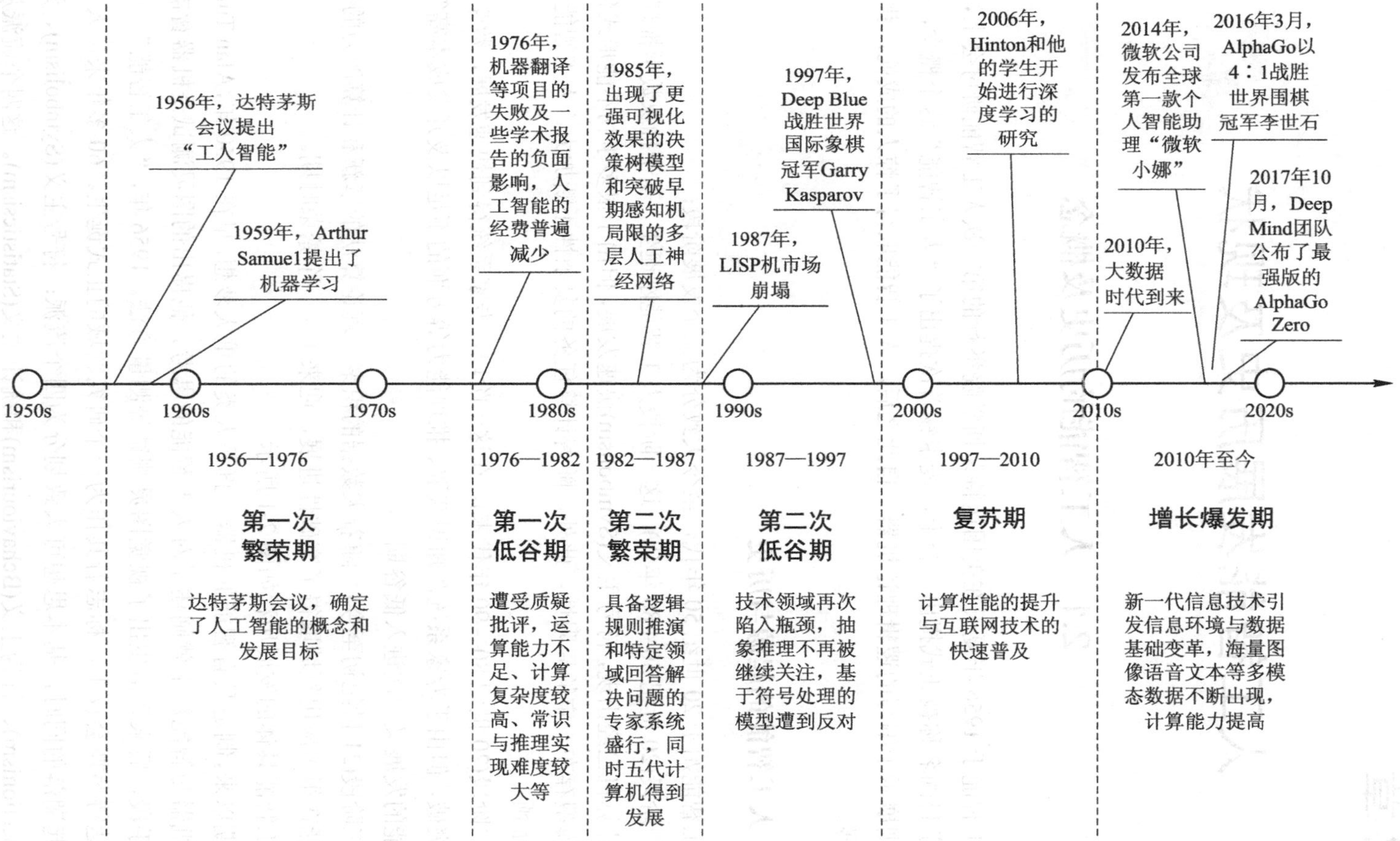

图 2-1　人工智能发展历程

1959 年，Arthur Samuel 提出了机器学习(Machine Learning，ML)，机器学习将传统的制造智能演化为通过学习能力来获取智能，推动人工智能进入了第一次繁荣期。20 世纪 70 年代末期专家系统的出现，实现了人工智能从理论研究走向实际应用，从一般思维规律探索走向专门知识应用的重大突破，将人工智能的研究推向了新高潮。然而，机器学习的模型仍然是“人工”的，也有很大的局限性。随着专家系统应用的不断深入，专家系统自身存在的知识获取难、知识领域窄、推理能力弱、实用性差等问题逐步暴露。从 1976 年开始，人工智能的研究进入长达 6 年的低谷期。

在 20 世纪 80 年代中期，随着美国、日本立项支持人工智能研究，以及以知识工程为主导的机器学习方法的发展，出现了具有更强可视化效果的决策树(Decision Tree，DT)模型和突破早期感知机局限的多层人工神经网络，由此带来了人工智能的又一次繁荣期。然而，当时的计算机难以模拟复杂度高及规模大的神经网络，仍有一定的局限性。1987 年，由于 LISP 机市场崩塌，美国取消了人工智能预算，日本第五代计算机项目失败并退出市场，专家系统进展缓慢，人工智能又进入了低谷期。

1997 年，IBM 深蓝(Deep Blue)战胜国际象棋世界冠军 Garry Kasparov。这是一次具有里程碑意义的成功，它代表了基于规则的人工智能的胜利。2006 年，在 Hinton 和他的学生的推动下，深度学习开始受到关注，为后来人工智能的发展带来了重大影响。从 2010 年开始，人工智能进入爆发式的发展阶段，其最主要的驱动力是大数据时代的到来，运算能力及机器学习算法得到提高。

人工智能快速发展，产业界也开始不断涌现出新的研发成果：2011 年，IBM Waston 在综艺节目《危险边缘》中战胜了最高奖金得主和连胜纪录保持者；2012 年，谷歌大脑通过模仿人类大脑在没有人类指导的情况下，利用非监督深度学习方法从大量视频中成功学习到识别出一只猫的能力；2014 年，微软公司推出了一款实时口译系统，可以模仿说话者的声音并保留其口音；2014 年，微软公司发布全球第一款个人智能助理“微软小娜”；2014 年，亚马逊发布至今为止最成功的智能音箱产品 Echo 和个人助手 Alexa；2016 年，谷歌 AlphaGo 机器人在围棋比赛中击败了世界冠军李世石；2017 年，苹果公司在原来个人助理 Siri 的基础上推出了智能私人助理 Siri 和智能音箱 HomePod；2018 年，OpenAI 宣布其研发的人工智能 OpenAI Five 已经能在 Dota2 5V5 团战中战胜人类；2019 年，美国 AI 公司用 3D 面具破解微信、支付宝人脸识别；2020 年，杜克大学推出 AI 图像生成器，可以使模糊图像 5 秒变清晰。

目前，世界各国都开始重视人工智能的发展。2020 年 6 月，德国投入 50 亿欧元强化人工智能战略；法国、加拿大、德国等 15 国成立“人工智能全球合作伙伴组织”，该组织将重点关注四个领域的发展，包括合理使用“人工智能”，数据管理，对将来就业的影响，创新和商业化；2020 年，美国政府牵头启动 10 亿美元量子计算和 AI 计划；2019 年 12 月 17 日，韩国公布了全新的“人工智能(AI)国家战略”，该战略旨在推动韩国从“IT 强国”发展为“AI 强国”，计划在 2030 年将韩国在人工智能领域的竞争力提升至世界前列。

2017 年 6 月 29 日，首届世界智能大会在天津召开。中国工程院院士潘云鹤在大会主论坛作了题为“中国新一代人工智能”的主题演讲，报告中概括了世界各国在人工智能研究方面的战略：2016 年 5 月，美国白宫发表了《为人工智能的未来做好准备》；2016 年 12 月，英国发布了《人工智能：未来决策制定的机遇和影响》；2017 年 4 月，法国制定了《国家人工智能战略》；2017 年 5 月，德国颁布了全国第一部自动驾驶的法律。在中国，2016 年 3 月十二届全国人大四次会议通过了《中华人民共和国国民经济和社会发展第十三个五年规划纲要》，2021 年 3 月发布了《中华人民共和国国民经济和社会发展第十四个五年规划和 2035 年远景目标纲要》，人工智能被写入了“十三五”与“十四五”规划纲要。近些年，国务院、发改委、工信部、科技部等多政府部门也相继出台了多个人工智能相关规划及工作方案推动人工智能的发展，可以看出，国家对我国人工智能领域发展高度重视。据不完全统计，2020 年我国运营的人工智能公司约 2205 家，其中 307 家是人工智能上市公司，行业巨头百度、腾讯、阿里巴巴等都不断在人工智能领域发力。从数量、投资等角度来看，自然语言处理(Natural Language Processing，NLP)、机器人、计算机视觉成了人工智能最为热门的三个产业方向。

2.1.2 人工智能的概念

人工智能作为一门前沿交叉学科，其定义一直存在不同的观点。

《人工智能——一种现代方法》中将已有的一些人工智能定义分为四类：像人一样思考的系统、像人一样行动的系统、理性地思考的系统、理性地行动的系统。维基百科定义“人工智能就是机器展现出的智能”，即只要是某种机器，具有某种或某些智能的特征或表现，都应该算作人工智能。大英百科全书则限定人工智能是数字计算机或者数字计算机控制的机器人在执行智能生物体才有的一些任务上的能力。百度百科定义人工智能是“研究、开发用于模拟、延伸和扩展人的智能的理论、方法、技术及应用系统的一门新的技术科学”，将其视为计算机科学的一个分支，指出其研究包括机器人、语言识别、图像识别、自然语言处理和专家系统等。人工智能领域的开创者之一——尼尔斯·约翰·尼尔森(Nils John Nilsson)教授对人工智能下了这样一个定义：“人工智能是关于知识的学科，即怎样表示知识以及怎样获得知识并使用知识的科学。”另一位世界人工智能领域里的领头人物——美国麻省理工学院的人工智能实验室主任帕特里克·温斯顿(Patrick Winston)教授认为：“人工智能就是研究如何使计算机去做过去只有人才能做的智能工作。”一部分中国学者认为人工智能就是研究怎样在机器(计算机)上模拟、实现和扩展人类智能的一门技术和学科。这些说法反映了人工智能学科的基本思想和基本内容。但是对于人工智能的定义，目前在研究界尚未统一。

人工智能的定义对人工智能学科的基本思想和内容作出了解释，即围绕智能活动而构造的人工系统。人工智能是知识的工程，是机器模仿人类利用知识完成一定行为的过程。根据人工智能是否能真正实现推理、思考和解决问题，约翰·塞尔(John R. Searle)在《心灵、大脑与程序》中首次将人工智能分为弱人工智能和强人工智能，即弱人工智能的主要价值是为人类提供一个强有力的工具，而强人工智能本身就能够表达一种思想。随后这两种类别发展成人工智能的两个学派。

弱人工智能是指不能真正实现推理和解决问题的智能机器，这些机器表面看像是智能的，但是并不真正拥有智能，也不会有自主意识。迄今为止的人工智能系统都还是实现特定功能的专用智能，而不是像人类智能那样能够不断适应复杂的新环境并不断涌现出新的功能，因此都还是弱人工智能。目前的主流研究仍然集中于弱人工智能，并取得了显著进步，如语音识别、图像处理和物体分割、机器翻译等方面取得了重大突破，甚至可以接近或超越人类水平。

强人工智能是指真正具有思维的智能机器，并且认为这样的机器是有知觉的和自我意识的，这类机器可分为类人(机器的思考和推理类似人的思维)与非类人(机器产生了和人完全不一样的知觉和意识，使用和人完全不一样的推理方式)。从一般意义来说，达到人类水平、能够自适应地应对外界环境挑战、具有自我意识的人工智能称为“通用人工智能”“强人工智能”或“类人智能”。强人工智能不仅在哲学上存在巨大争论(涉及思维与意识等根本问题的讨论)，而且在技术上的研究也具有极大的挑战性。强人工智能当前鲜有进展，美国私营部门的专家及国家科技委员会比较支持的观点是，强人工智能至少在未来几十年内难以实现。

靠符号主义、连接主义、行为主义和统计主义这四个流派的经典路线就能设计制造出强人工智能吗？其中一个主流看法是：即使有更高性能的计算平台和更大规模的大数据助力，也还只是量变，不是质变，人类对自身智能的认识还处在初级阶段，在人类真正理解智能机理之前，不可能制造出强人工智能。理解大脑产生智能的机理是脑科学的终极性问题，绝大多数脑科学专家都认为这是一个数百年、数千年甚至永远都解决不了的问题。

通向强人工智能还有一条“新”路线，这里称为“仿真主义”。这条新路线通过制造先进的大脑探测工具从结构上解析大脑，再利用工程技术手段构造出模仿大脑神经网络基元及结构的仿脑装置，最后通过环境刺激和交互训练仿真大脑实现类人智能。简言之，“先结构，后功能”。虽然这项工程也十分困难，但都是有可能在数十年内解决的工程技术问题，而不像“理解大脑”这个科学问题那样遥不可及。

仿真主义可以说是符号主义、连接主义、行为主义和统计主义之后的第五个流派，和前四个流派有着千丝万缕的联系，也是前四个流派通向强人工智能的关键一环。经典计算机是数理逻辑的开关电路实现，采用冯·诺依曼体系结构，可以作为逻辑推理等专用智能的实现载体，但是经典计算机不可能实现强人工智能。要按仿真主义的路线“仿脑”，就必须设计制造全新的软硬件系统，这就是“类脑计算机”，或者更准确地称为“仿脑机”。“仿脑机”是“仿真工程”的标志性成果，也是“仿脑工程”通向强人工智能之路的重要里程碑。

2.2 人工智能的特征

1. 通过计算和数据，为人类提供服务

从根本上说，人工智能系统必须以人为本，这些系统是人类设计出的机器，按照人类设定的程序逻辑或软件算法通过人类发明的芯片等硬件载体来运行或工作，其本质体现为计算，通过对数据的采集、加工、处理、分析和挖掘，形成有价值的信息流和知识模型，为人类提供延伸人类能力的服务，实现对人类期望的一些“智能行为”的模拟。在理想情况下，人工智能必须体现服务人类的特点，而不应该伤害人类，特别是不应该有目的地做出伤害人类的行为。

2. 对外界环境进行感知，与人交互互补

人工智能系统应能借助传感器等器件产生对外界环境(包括人类)进行感知的能力，可以像人一样通过听觉、视觉、嗅觉、触觉等接收来自环境的各种信息，对外界输入产生文

字、语音、表情、动作(控制执行)等必要的反应，甚至影响到环境或人类。借助于按钮、键盘、鼠标、屏幕、手势、体态、表情、力反馈、虚拟现实/增强现实等方式，人与机器间可以产生交互与互动，使机器设备越来越“理解”人类乃至与人类共同协作、优势互补。这样，人工智能系统能够帮助人类做人类不擅长、不喜欢但机器能够完成的工作，而人类则适合于去做更需要创造力、洞察力、想象力乃至用心领悟或需要投入感情的一些工作。

3. 拥有适应和学习特性，可以演化迭代

人工智能系统在理想情况下应具有一定的自适应特性和学习能力，即具有一定的随环境、数据或任务变化而自适应调节参数或更新优化模型的能力；并且，能够在此基础上通过与云、端、人、物进行越来越广泛深入的数字化连接扩展，实现机器客体乃至人类主体的演化迭代，以使系统具有适应性、灵活性、扩展性，来应对不断变化的现实环境，从而使人工智能系统在各行各业产生丰富的应用。

2.3 人工智能参考框架

2.3.1 人工智能系统生命周期模型

国际标准化组织和国际电工组织第一联合技术委员会人工智能分委会(ISO/IEC JTC 1/SC42)在 ISO/IEC 22989《人工智能概念与术语》中提出了人工智能系统生命周期模型，包括初始阶段、设计与开发、验证与确认、部署、运行与检测、重新评估及退出阶段。该生命周期模型源于系统和软件工程系统生命周期，并在此基础上强调了人工智能领域的特性，包括开发运营，可追溯性、透明度及可解释性，安全与隐私，风险管理，治理等，如图 2-2 所示。

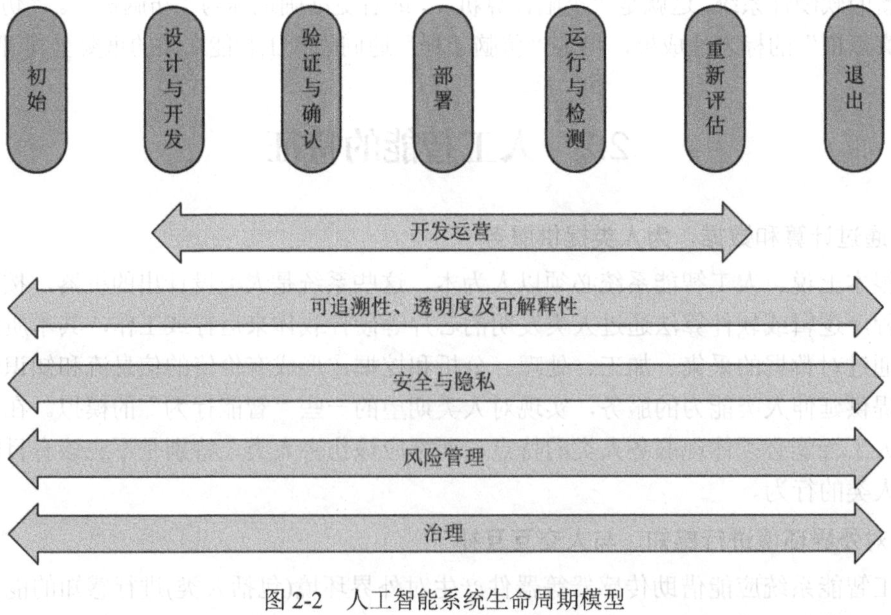

图 2-2　人工智能系统生命周期模型

2.3.2　人工智能生态系统框架

ISO/IEC JTC 1/SC 42 在 ISO/IEC 22989《人工智能概念与术语》中提出了人工智能生态系统框架，该框架从上至下分别为：垂直行业及研究的应用层，包含人工智能系统、人工智能服务、机器学习技术框架及工程系统的核心技术层，以及依托云计算、边缘计算、大数据等构成的计算环境和计算资源池及其管理和配置的基础层，如图 2-3 所示。

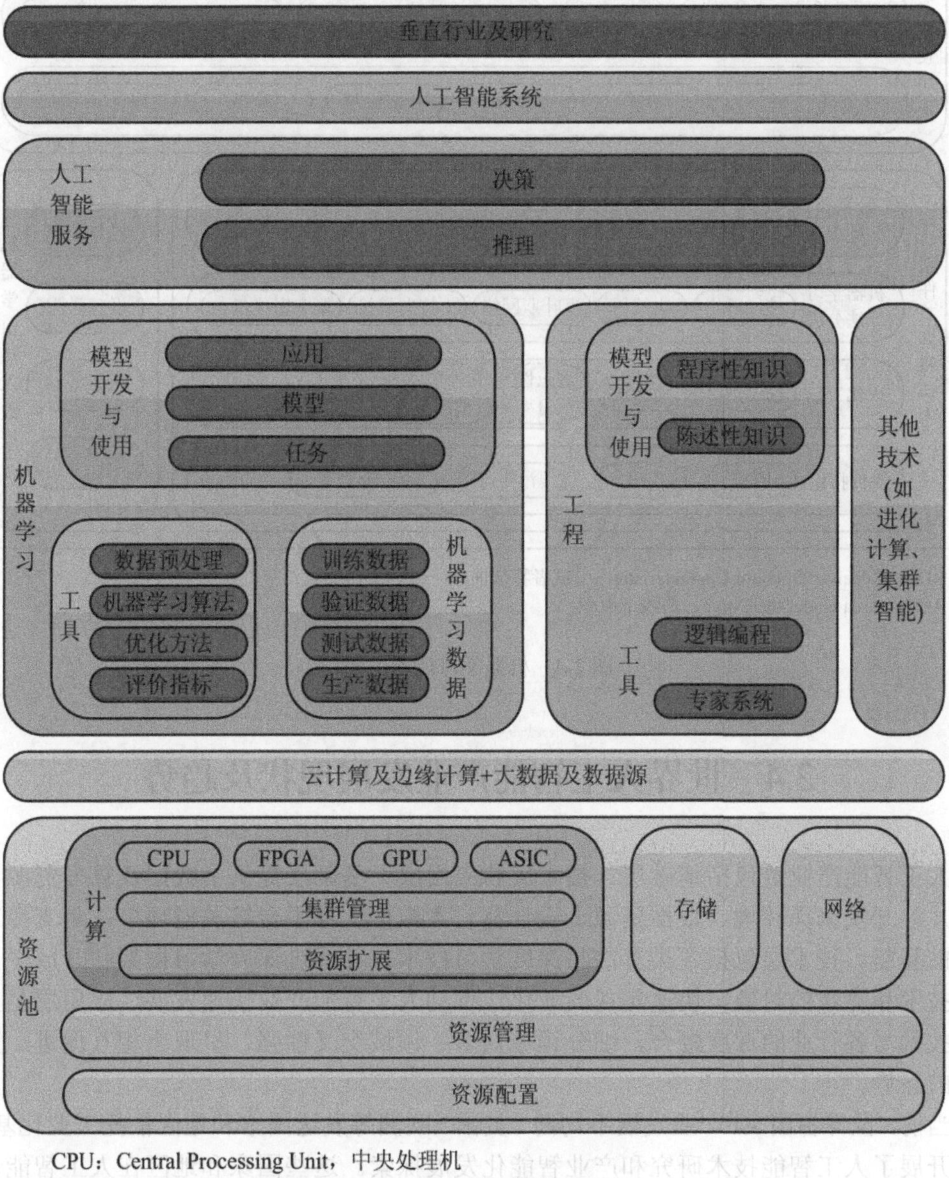

CPU：Central Processing Unit，中央处理机
FPGA：Field Programmable Gate Away，现场可编辑门阵列
GPU：Graphics Processing Unit，图形处理器
ASIC：Application Specific Interated Circuit，专用集成电路

图 2-3　人工智能生态系统框架

人工智能生态系统框架中的机器学习技术框架部分，在 ISO/IEC 23053《运用机器学习的人工智能系统框架》中进行了细化，如图 2-4 所示。机器学习技术框架体现了近年来机器学习学术、产业应用分支中的新型技术路线。

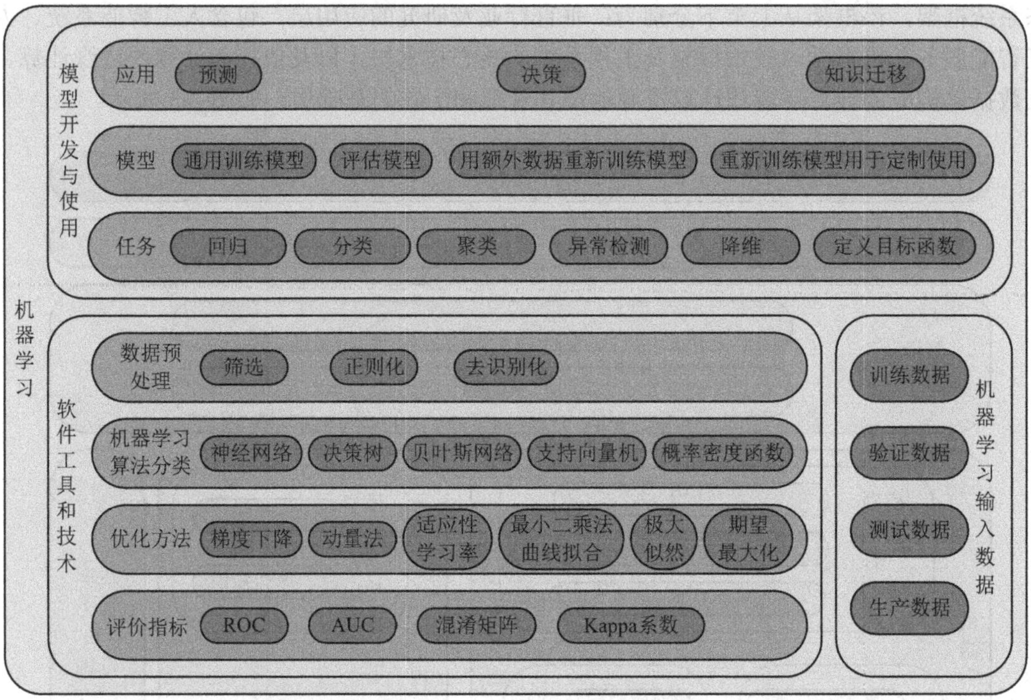

ROC：Receiver Operator Characteristic，受试者特征曲线
AUC：Area Under the Curve，曲线下面积

图 2-4　机器学习技术框架

2.4　世界人工智能产业发展现状及趋势

人工智能产业链包括基础层、技术层和应用层。基础层提供了数据及算力资源，包括芯片、开发编译环境、数据资源、云计算、大数据支撑平台等关键环节，是支撑产业发展的基座。技术层包括各类算法与深度学习技术，并通过深度学习框架和开放平台实现对技术和算法的封装，快速实现商业化，推动人工智能产业快速发展。应用层是人工智能技术与各行业的深度融合，细分领域众多、领域交叉性强，呈现出相互促进、繁荣发展的态势。

当前，世界各国 AI 产业发展不均衡。美国、欧洲等发达国家和地区依托工业化基础，率先开展了人工智能技术研究和产业智能化发展探索。这些国家和地区在人工智能领域基础雄厚，其政府在 20 世纪就已经对发展人工智能领域进行布局并投入了大量资金。随后，通过长时间在人工智能领域的积累已经形成了良好的科研环境，孕育了一批优秀的人工智能科研人；同时孵化了一批先进人工智能企业，甚至一些科技巨头在世界范围已呈现垄断态势。因此，欧美发达国家人工智能产业全链实力雄厚，不管是产业落地应用还是先进理论科研，全面领跑世界。日本、印度、韩国等国家作为第二批人工智能强国，吸收了西方先进人工智能思想并紧跟其后。这些国家均将人工智能与自身强项领域结合，多领域协同发展。但是，这些国家在人工智能产业发展方面不够全面，特别是基础理论部分，特点是部分领域能够做到全球领先，但是其他领域十分薄弱。我国人工智能领域发展较晚，尤其在早期缺少科研学者和产业实践，导致基础软硬件积累不足，芯片、深度学习开发框架等技术受制于人和“卡脖子”的情况严重。但是在党中央的带领下，越来越多的高校、科研机构和企业投入人工智能发展，目前已经能在国际科研平台(国际人工智能期刊或会议等)做到仅次于甚至超过世界第一的美国。我国在人工智能领域的优势是重应用。通过大数据平台和“人工智能+”的理念，人工智能行业应用正在为每个人的日常生活提供无限便利。

2.4.1　欧洲人工智能产业发展现状及趋势

1. 政策和支撑文件

欧盟在 2013 年 1 月提出“人脑项目”(Human Brain Project)，将人工智能产业列入该计划。

欧盟委员会于 2016 年 6 月提出了人工智能立法动议。

2018 年 6 月，欧盟宣布在“地平线 2020”研究与创新项目中对人工智能研发投入 15 亿欧元的专项资金，将资助创建欧洲人工智能生态系统的支撑平台，以促进知识、算法、数据等资源有效汇聚。同年 6 月，欧盟设立高级别人工智能专家组(AI HLEG)，就人工智能的投资和政策制定提出建议，为人工智能的道德发展制定指导方针。

2019 年 4 月，欧盟发布《人工智能伦理准则》，以提升人们对人工智能产业的信任。欧盟委员会同时宣布启动人工智能伦理准则的试行阶段，并邀请企业、学术机构和政府机构对该准则进行测试。

英国政府在 2013 年提出八项伟大的科技计划，包含人工智能产业。2017 年 1 月发布现代工业战略，提出要将人工智能产业列入国家战略产业，并于同年 10 月发布《在英国发展人工智能产业》政策。

德国政府于 2010 年 7 月发布《思想—创新—增长——德国高技术战略 2020》，首次提出人工智能概念，并于 2011 年 11 月发布《将“工业 4.0”作为战略重心》。

法国政府于 2013 年发布《法国机器人发展计划》，将人工智能产业提升到国家战略层面。

欧盟委员会主席已将人工智能监管列为优先事项，将以人工智能白皮书和人工智能伦理指南为基础，在 2018 年欧洲 28 个成员国(含英国)签署的《人工智能合作宣言》的基础上，于 2021 年上半年提出《人工智能法案》。该法案将提出监管人工智能高风险应用的措施，确定应用人工智能的特定需求。欧盟委员会还将决定如何执行新法案，制定负责任使用人工智能的措施。但目前欧盟相关举措尚未得到美国的支持，欧盟委员会主席近期发表声明称，欧盟与美国需在人工智能相关问题上共同行动。

2. 发展现状

相比推动技术发展，欧洲国家更倾向于经过欧盟积极地推进人工智能监管文件、规范和法案，包括数据、伦理等方面。欧洲人工智能技术发展较为均衡，没有明显短板，也没有明显的优势，其人工智能技术更倾向于普惠大众，具体集中在医疗和交通领域。

在智慧医疗领域，德国的人工智能医疗机器人“阿达”一直备受关注。当在“阿达”的应用界面中输入症状后，“阿达”会通过人工智能算法分析评估病人的症状并给出治疗建议。“阿达”的诊疗“天赋”源于 70 多名医生、数学家、数据专家和计算机科学家的知识与经验。负责开发“阿达”的科技公司负责人纳特哈特表示：“我们用了 7 年时间专注研究人工智能的数据处理问题，并建了一个全球医学专家网络来提供医学支持。”目前，全球已有超过 300 万人使用过“阿达”。2017 年，这家初创企业获得了 4000 万欧元投资。

在自动驾驶领域，瑞典著名豪华汽车品牌沃尔沃的自动驾驶卡车 Vera 已开始在瑞典港口运货，卡车行驶最高速度为 40 km/h，这项任务是沃尔沃卡车与渡轮物流公司 DFDS 新近合作的结果，合作的目的是在真实场景中应用 Vera。在运输过程中，Vera 将以固定路线行驶，从瑞典哥德堡的物流中心运送货物到港口码头。不过它面临的并不是完全封闭的测试环境，其中将经过一段公共道路。此外，福特正打算将其第三代自动驾驶混合动力车的道路测试扩大到底特律。在自动驾驶汽车领域，货运车的落地应用显著快于乘用车，因为后者面临着更为棘手的人员安全问题。随着沃尔沃自动驾驶卡车 Vera 的试商用，相信会有更多的货运任务交予自动驾驶卡车。未来无论是货运领域还是乘用车，采用“车、路、网、云”协同的模式是一个必要的选择。

3. 未来部署方向

不同于美国不断强调科技的创新，欧盟趋向于强硬的监管风格，既强调发展，又要加强监管。

在现有《通用数据保护条例》《可信赖的人工智能道德准则草案》《人工智能伦理准则》《人工智能白皮书》等人工智能文件基础上，欧盟和欧洲各国都在积极推进新的人工智能监管文件和管理体系，例如 ISO/IEC 的 ISO/IEC 42001《信息技术 人工智能管理系统》、ISO/IEC TR 24368《信息技术 人工智能 伦理和社会问题概述》等国际标准。

欧盟委员会坚决支持以《有关在以人为本的人工智能技术上建立信任的通信》文件精神作为基础，采取以人为本的办法，并将考虑吸纳使用高级别专家编写的《道德准则》试点阶段获得的意见，来完善“卓越生态系统”和“信任生态系统”。建立受信任生态系统本身就是一项政策目标，应该让公民有信心接受人工智能的应用，并给予公司和公共组织使用人工智能进行创新的法律确定性。

此外，欧盟仍在积极推进新的人工智能立法提案，新法案将聚焦风险准则和透明性规则。欧盟委员会主席乌尔苏拉·冯德莱恩在宣布该法案制定计划时表示，新的法案将通过引入人工智能技术的风险准则和透明性规则来限制和监管人工智能技术的使用。新法案还将针对人工智能系统的数据库制定数据收集的透明性规则，以确保它们是被合法采集且可追溯其来源。欧盟委员会希望通过加强对技术的人工监督来使难以理解的“黑匣子”清晰、透明化。

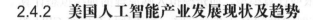

2.4.2 美国人工智能产业发展现状及趋势

1. 政策和支撑文件

美国是发展人工智能产业最早的国家。1998 年，美国网络和信息技术研发小组委员会发布了《下一代互联网研究法案》。2013 年 4 月，美国白宫提出推动创新神经技术脑研究计划。

美国国家经济委员会和科技政策办公室在 2015 年 10 月发布新版《美国国家创新战略》，同年 11 月，美国战略与国际研究中心发布《国防 2045》政策，也涉及人工智能概念。美国将人工智能与国家安全挂钩，并后续出台《确保美国在国际标准上的领导地位法案》，确保其在人工智能领域的绝对领先地位。拜登政府采用"脱钩+围堵"策略，积极拉拢全球人工智能组织(GPAI)、民主国家科技政策联盟(G7+澳/荷/韩等)、民主技术同盟(T12)、民主 AI 联盟、两洋联盟(北约 30 国+澳/新/日/韩)等组织，对我国进行打压。同时，为了维护美国在世界人工智能的霸主地位，防止中国通过民用商业等途径获取美国先进技术转为军用，美国各部门高级官员于 2020 年 3 月 25 日举行的一次会议上达成初步共识，拟修改现有规则，阻止中国企业从美国购买某些光学材料、雷达设备和半导体，但该计划并未最终敲定。其中一项修改是取消对民用产品的豁免。另一项重要修改则将阻止中国军方在没有许可的情况下获得数字示波器、特定种类的电脑等设备。

美国国家科技委员会与美国网络和信息技术研发小组委员会在 2016 年 10 月发布《国家人工智能研究和发展战略计划》，同年 10 月，美国国家科技委发布《为未来人工智能做好准备》。

2019 年，美国陆续颁布《维护美国在人工智能领域领导地位》《国家人工智能研发战略计划》《美国人工智能时代：行动蓝图》三部重要政策，表现美国政府对人工智能技术的高度重视和维持领先地位的决心。

2020 年，白宫管理与预算办公室发布人工智能最终指导意见，以监管私营部门的人工智能研发项目。该文件将帮助拜登政府有效监管人工智能，并指导美国未来的人工智能研发计划。美国国会已在白宫科技政策办公室下设立人工智能倡议办公室，负责协调政府的人工智能工作。同年 2 月 10 日，美国白宫向国会提交 2021 财年联邦政府预算报告，提议将联邦研发支出增加到 1422 亿美元，比 2020 年预算增加 6%，尤其计划大幅增加人工智能和量子信息科学(Quantum Information Science，QIS)等未来产业的研发投资。总统预算将未来产业放在首位，并承诺到 2022 年将非国防人工智能和量子信息科学中的研发支出增加一倍。

2. 发展现状

在人工智能领域，美国布局时间久，基础雄厚，发展迅速，在多个分支领域全球领先。

(1) 在芯片领域，美国以英特尔和 AMD X86 体系的 CPU 厂商垄断全球市场，英伟达的通用图形处理器(GPU)是当前业内唯一商用产品。整个 FPGA 市场也被赛灵思、英特尔、莱迪思等美国巨头垄断。全球 AI 加速芯片由谷歌主导，其 TPU 芯片已经应用于谷歌数据中心，是目前最好的深度学习加速器芯片。值得一提的是，英特尔宣布了代号"Pohoiki Beach"的全新神经拟态系统，包含多达 64 颗 Loihi 芯片，拥有 800 万个神经元、80 亿个突触。Loihi 不采用传统硅芯片的冯·诺依曼计算模型，而是模拟人脑原理的神经拟态计算方式。有测试表明，Pohoiki Beach 运行实时深度学习基准测试时，其功耗只有传统 CPU 的 $1/10^9$，给算力的大幅度提升带来了希望。英特尔还宣布与 Facebook 合作开发人工智能芯片。这种人工智能芯片将有助于研究人员进行所谓“推理”，即利用一种人工智能算法并加以应用，例如自动给照片中的朋友添加标签。

(2) 在开发框架的实际应用方面，随着人工智能的发展，各种深度学习框架不断涌现。谷歌、微软、亚马逊和 Facebook 等美国科技巨头推出了 TensorFlow、CNTK、MXNet、PyTorch 和 Caffe2 等通用型深度学习框架，能够应用于自然语言处理、计算机视觉、语音处理等领域，以及智慧金融、智能医疗、自动驾驶等具体行业。其中，TensorFlow 和 PyTorch 在学术界和产业界大放异彩，近乎达到了垄断的态势。特别是 PyTorch，在 CVPR 2020 收录的论文中，PyTorch 的使用数量是 TensorFlow 的四倍，说明了 PyTorch 在学术界的统治力。在此基础上，谷歌、Open AI Lab、Facebook 还推出了 TensorFlow TFLite、Tengine 和 QNNPACK 等轻量级的深度学习框架。

(3) 在人工智能的落地应用上，美国人工智能技术与产业深度融合，做到了技术赋能产业，产业反哺技术，并通过人工智能技术帮助了真正有需要的人。

在人工智能金融领域，智能投资顾问作为线上工具可以自动分析客户财务状况，利用大数据分析提供量身定制的建议，还可以管理投资组合投资优质产品，以社交平台为依托，供用户交流投资选项、策略和市场洞察。例如旧金山的创业公司 Sentient Technologies 就开发了一种算法，通过获取数以百万计的数据点从而识别交易模式，预测趋势，制定成功的股票交易决策。在 Sentient 公司的平台上，运行着数以万亿计由大量在线公共数据创建的模拟交易程序。借助这些程序，该算法可以识别整合成功的交易模式，制定新的交易策略。同时，通过该算法，系统还可以在几分钟内完成传统方式中 1800 天的交易量，并在交易中不断实现自主优化。另外，2017 年 3 月贝莱德(Black Rock)宣布裁掉 40 多个主动型基金部门的岗位，其中包括 7 名投资组合经理，转而用计算机与数学模型进行投资的量化投资策略代替；2017 年 5 月德勤财务机器人横空出世，开始取代财务人员的大部分工作。

在人工智能医疗领域，最具典型性的是 IBM 沃森智能诊疗平台等解决方案。沃森肿瘤专家(Watson for Oncology)是 IBM 研发的认知计算系统，应用于肿瘤医学领域并辅助肿瘤治疗。沃森智能诊疗系统结合医惠多学科会诊云平台，综合辅诊、会诊等多种诊疗协作方式，沃森认知运算技术作为核心能力，为医生讨论提供充分的临床实证支持，并协助病患数据传输、知识库建立、与院后随访功能，形成全程闭环管理。此外，谷歌 AI 团队的一项人工智能研究利用人工智能，根据低剂量计算机断层扫描图像来预测肺癌，研究成果显示，AI 的表现超越了 6 名参与对比验证的平均有 8 年放射科工作经验的放射科专家的准确率。麻省理工学院计算机科学与人工智能实验室(Computer Science and Artificial Intelligence Laboratory，CSAIL)和马萨诸塞州综合医院(Massachusetts General Hospital，MGH)合作，共同打造了一个新的深度学习模型，可以通过分析乳房 X 光图像，找出人眼不易察觉的特征和规律，从而预测女性是否可能在未来五年内罹患乳腺癌。训练结果显示，该模型的预测准确率约为 31%，远超传统预测方法的 18%。

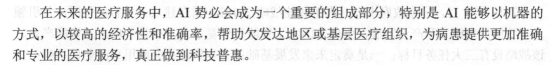

在未来的医疗服务中，AI 势必会成为一个重要的组成部分，特别是 AI 能够以机器的方式，以较高的经济性和准确率，帮助欠发达地区或基层医疗组织，为病患提供更加准确和专业的医疗服务，真正做到科技普惠。

3. 未来部署方向

2019 年 5 月，美国参议院民主党领袖 Chuck Schumer 提出《无尽前沿法案》(Endless Frontiers Act)，拟在未来 5 年投入 1000 亿美元研发十大关键技术，包括芯片、人工智能等。2019 年 8 月，白宫科技政策办公室宣布，将在未来 5 年投资超过 10 亿美元在全国范围内设立 12 个新的人工智能和量子信息科学研究机构，旨在让美国在人工智能和量子技术方面保持全球竞争力。另外，美国科学基金会已宣布投资 1.4 亿美元，资助 7 个机构研发人工智能技术；2021 年为人工智能申请 8.68 亿美元；未来将为研发人工智能网络提供 3 亿美元。

白宫的 2021 财年预算提案包括 15 亿美元用于人工智能，6.99 亿美元用于量子信息科学，2020 财年这两项预算分别约为 5.79 亿美元和 11.2 亿美元。在此基础上，2022 财年预算中，共确定了五大研发预算优先事项，以确保美国在科技创新方面保持全球领先地位。优先事项分别为人工智能、量子信息科学、先进通信网络(5G)、先进制造、生物科技。

此外，美国众议院和参议院分别于 2021 年 12 月 7 日和 12 月 15 日通过了《2022 国防授权法案》(National Defense Authorization Act，NDAA)。新法案授权支出 7680 亿美元，除 278 亿美元供能源部用以维护和升级核武器外，NDAA 侧重于美国最重要的国家安全优先事项，包括与中国和俄罗斯的战略竞争、人工智能、5G 和量子计算等颠覆性技术。

更重要的是，美国还出台了相应政策吸引人工智能领域人才留在美国。通过招收美国大学的顶尖学生并改善 AI 研究人员和工程师的移民方式，确保美国仍然是全球人才的首选目的地。这包括取消对 AI 领域工作人员的 H-1B 签证和/或绿卡的数量限制，同时保持适当的审查程序；创建一条从学生/学者身份到永久居留的清晰路径，并减少处理时间和应用程序负担。

2.4.3　日本人工智能产业发展现状及趋势

1. 政策和支撑文件

2016 年 1 月，日本政府颁布《第 5 期科学技术基本计划》，提出了超智能社会 5.0 战略，并将人工智能作为实现超智能社会 5.0 的核心。

2016 年 4 月，日本首相安倍晋三提出，设定人工智能研发目标和产业化路线图，以及组建人工智能技术战略会议的设想。

日本政府已将 2017 年确定为人工智能元年，并设立“人工智能技术战略会议”，从产学官相结合的战略高度来推进人工智能的研发和应用。

2018 年 6 月，日本政府在人工智能技术战略会议上出台了推动人工智能普及的计划，推动研发与人类对话的人工智能，以及在零售、服务、教育和医疗等行业加快人工智能的应用，以节省劳动力并提高劳动生产率。

2019 年 6 月，日本政府出台《人工智能战略 2019》，旨在建成人工智能强国，并引领人工智能技术研发和产业发展，强化本国人工智能产生竞争力，引领全球人工智能产业。该战略设有三大任务目标：一是奠定未来发展基础；二是构建社会应用和产业化基础；三是制定并应用人工智能伦理规范。

2. 发展现状

除政府积极推动外，日本企业也纷纷加入人工智能的相关研发与应用之中。如：富士通出资 7 亿日元，向理化研究所订购用于人工智能开发的超级计算机，并在 5 年内投资 20 亿日元，在该所设立人工智能研发基地，共同进行相关基础性研究。富士通还出资 60 亿日元，在法国进行人工智能研发的风险投资，其股票市值也因此而上扬。

理化研究所宣布与 NEC、富士通和东芝联合建设人工智能技术研发中心，将聘请东京大学杉山将教授担任总负责人。

丰田通商投资 60 亿日元，用于车用新技术专利研发，对人工智能、自动驾驶等技术专利投资平均每件投入 5 亿日元。日本电产计划投资 300 亿日元，在京都设立生产技术研究所，专门针对人工智能、物联网等尖端技术进行研发。三菱重工、日立公司准备与 IBM 联手，开发火电厂远程监控人工智能系统。神户制钢在对加古川钢厂的技术改造中，考虑引入人工智能技术进行炉温预测监控，以保证设备平稳运行。

此外，东京三菱 UFJ 银行也已开始向客户免费提供基于人工智能的风险投资评估。东京金融交易所与富士通合作，计划采用人工智能技术对外汇交易进行更为有效的管理。

横滨市与 NTT 公司合作，着手开展人工智能向导系统的实证试验。NTT 还计划开展人工智能在公交运行管理方面的试验。神户市也计划推动该市的中小企业积极运用人工智能。

大阪商工会议所将进一步推动人工智能、物联网、机器人等尖端的实证试验，预计进行的 60 个项目及新设的 16 个项目，将使大阪府的实质 GDP 增长率达到 3%，带来每年 6000 亿日元的额外增长。另据 EY 综合研究所的估算，2020 年人工智能的日本国内市场为 23.1 万亿日元，2030 年将达到 87 万亿日元。其中近 40%为交通运输领域，零售加制造领域的份额也接近 40%。

2019 年 11 月，日本 NTT 公司和日本国立情报学研究所宣布，其研发的人工智能技术挑战当年日本“高考”英语满分 200 分的笔试题，获得了 185 分的高分。NTT 公司称，他们一直致力于提高人工智能对英语笔试题的自动解答技术，提升其借助深度学习所获得的自然语言处理知识。自 2011 年起，日本国立情报学研究所和东京大学等合作发起人工智能项目，检验人工智能可在多大程度上模拟人类思考以及解决问题的能力。

3. 未来部署方向

为了推动人工智能社会应用，《人工智能战略 2019》提出构建数据基础，对接下来至少 5 年的人工智能技术发展和应用进行了布局，要求日本率先在全世界实现人工智能在社会领域的应用。首先是在医疗与健康、农业、国土资源、交通基础设施与物流等重点领域的应用。

(1) 在医疗与健康领域，将收集各类医疗数据，构建人工智能数据基础；研究人工智能在新药研发、疾病早期发现及诊断方面的应用前景；加强企业与公立医院、大学、国立

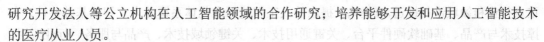

研究开发法人等公立机构在人工智能领域的合作研究；培养能够开发和应用人工智能技术的医疗从业人员。

(2) 在农业领域，将构建农业数据基础；引入智能农业技术，实现从生产到销售的一体化；利用人工智能开展农业传感装置和系统的研发和实证；构建"智能食物供应链系统"，推动日本农副产品出口。

(3) 在国土资源领域，将利用人工智能、大数据等新技术，维护国家基础设施运行；利用人工智能分析气候、地震、火山、海啸、地壳运动等相关数据，提前预测异常气候变化及各类自然灾害；构建具备较强灾害应对能力的资源管理系统。

(4) 在交通基础设施与物流领域，将利用人工智能进行图像分析，掌握人车流动情况，并研发交通事故自动检测与预测系统；构建港口相关数据基础，提高港口物流效率；实现船舶自动驾驶。在地区发展领域，将通过政府与民间合作，制定智慧城市发展方案；构建核心城市、地方城市人员流动模型；构建信息基础，实现向国内外智慧城市提供医疗、护理及教育等服务。

2.4.4　我国人工智能产业发展现状及趋势

1. 政策和支撑文件

从政策出台历程看，于 2015 年 5 月国务院出台的《中国制造 2025》提出发展智能装备、智能产品和生产过程智能化之后，人工智能作为提升制造业效率与效益、推动制造业深入变革的核心技术之一，人工智能相关政策进入密集出台期。

2016 年 3 月十二届全国人大四次会议通过《中华人民共和国国民经济和社会发展第十三个五年规划纲要》，将人工智能写入"十三五"规划纲要，提出"十三五"期间，我国积极把握人工智能发展新机遇，大力推进人工智能在教育、交通等领域的深度应用，引领高质量发展。其后，国家发改委联合科技部、工信部等部门出台的《"互联网+"人工智能三年行动实施方案》更是明确提出，进一步推进计算机视觉、智能语音处理、生物特征识别、自然语言理解、智能决策控制以及新型人机交互等关键技术的研发和产业化，以及要推动互联网与传统产业融合创新，加速人工智能技术在家居、汽车、无人驾驶系统、安防等领域的推广应用。

2017 年 10 月，人工智能写进党的十九大报告，将推动物联网、大数据、人工智能和实体经济深度融合；2017 年 12 月出台的《促进新一代人工智能产业发展三年行动计划(2018—2020 年)》重点扶持智能传感器、神经网络芯片和开源开放平台，实现人工智能芯片在国内实现规模化应用，夯实我国人工智能产业链基础，同时发展人工智能在智能网联汽车、智能语音交互系统、智能翻译系统等八大产品中的应用，并明确给出了 2020 年的量化指标，具有很强的可操作性和指导性。

2020 年 7 月，为加强人工智能领域标准化顶层设计，推动人工智能产业技术研发和标准制定，促进产业健康可持续发展，中央网信办等五部门发布的《国家新一代人工智能标准体系建设指南》明确：到 2023 年，初步建立人工智能标准体系，重点研制数据、算法、系统、监管等重点标准，并率先在制造、交通、金融、安防、家居、环保、教育、医疗等重点行业和领域进行推进。《指南》提出的人工智能标准化体系覆盖人工智能基础共性、支撑技术与产品、基础软硬件平台、关键通用技术、关键领域技术、产品与服务、行业应用、安全/伦理八大部分。

为强化国家战略科技力量，实现人工智能产业高质量发展，提升产业链、供应链现代化水平，2021年3月发布的《中华人民共和国国民经济和社会发展第十四个五年规划和2035年远景目标纲要》重点提及人工智能，在共19篇65章的纲要全文中，“智能”“智慧”相关表述达57处。其中具体提出：“发展算法推理训练场景，推动通用化和行业性人工智能开放平台建设”，并要求在前沿基础理论、专用芯片、深度学习框架等前沿领域重点攻关，实施一批具有前瞻性、战略性的国家重大科技项目。

2021年9月，国家新一代人工智能治理专业委员会发布《新一代人工智能伦理规范》，旨在将伦理道德设计融入人工智能全生命周期，促进人工智能产业健康发展，为从事人工智能相关活动的机构提供伦理指引。《规范》明确提出，人工智能各类活动应遵循增进人类福祉、促进公平公正、保护隐私安全、确保可控可信、强化责任担当、提升伦理素养六项基本伦理规范。

2. 发展现状

人工智能是新一轮科技革命和产业变革的重要驱动力量。据国家信息中心预测，到2025年，我国数据总量将占全球27%，成为世界第一数据资源大国。这些数据中不乏金融、市场营销、消费等具有潜在价值的数据。人工智能可以从数据中找到业务价值点和客户需求，帮助企业提供更好的业务服务。

为了向人工智能下游应用提供充足的算力，同时满足低功耗和高可靠性要求，华为、寒武纪、中星微等企业推出的推理芯片产品，针对不同领域推出专用的芯片，应用于智能终端、智能安防、自动驾驶等领域，可以对大规模计算进行加速，满足更高的算力需求。近年来，国内也涌现出了多个深度学习框架。百度、华为推出了 PaddlePaddle(飞桨)、MindSpore，中国科学院计算所、复旦大学研制了 Seetaface、FudanNLP。小米、腾讯、百度和阿里推出了 MACE、NCNN、Paddle Lite、MNN 等轻量级的深度学习框架。国内深度学习框架在全球占据了一席之地，但美国的 TensorFlow 和 PyTorch 仍是主流。

在人工智能应用方面，计算机视觉技术产业应用日趋多样化。目前，计算机视觉技术已经成功应用于公共安防等数十个领域。据麦姆斯咨询的数据显示，预计到2023年，全球图像感知市场规模将达到 173.8 亿美元。此外，智能语音技术应用场景逐步拓展。随着对话生成、语音识别算法性能的提升，智能语音的市场规模不断扩大。根据中商产业研究院的统计，2016—2019 年间，中国智能音箱的出货量增长了 17 倍。语音转写、声纹识别等语音技术产品已广泛应用于各行各业。

人工智能与传统产业的融合不仅提高了产业发展的效率，而且实现了产业的升级换代，形成了新业态，构建了新型创新生态圈，催生了新的经济增长点。人工智能在智能制造、智能家居、智能交通、智能医疗、教育、金融等领域的应用，呈现全方位爆发态势。一是智能制造方面，运营管理优化、预测性维护、制造过程物流优化均衡。二是智能家居领域，智能软件、智能平台、智能硬件等不同的环节，人工智能技术渗透程度较为均衡。但是，行业产品、平台类别众多，兼容性问题突出。三是智能交通领域，与基础设施、运输装备、运输服务、行业治理深度融合，赋能智能感知，提升智能交通的视觉感知能力，提供准确和及时的交通指标数据。四是智能医疗领域，赋能人工智能辅助诊断系统和设备、治疗与监护、管理与风险防控、智能疫情服务平台，提升医疗诊断效率，提高流程管理效率与准确性。五是教育领域，赋能教育服务平台、虚拟实验室和体验馆、教学效果分析和反馈，改善教育实施场景和供给水平，实现信息共享、数据融合、业务协同、智能服务，形成个性化、多元化互补的教育生态体系。六是金融领域，赋能金融风险控制、数据处理、网络安全等，推动金融产品、服务、管理等环节的新一轮变革。

但是，我国行业发展不均衡特征突出。我国人工智能领域重应用、轻基础现象严重。一方面，人工智能专用芯片硬件技术起步晚，亟须完善相关上下游产业链，建立行业应用事实标准。另一方面，对国外开源深度学习系统平台依赖度高，缺少类似的国产成熟的开源平台。在应用层面，发展结构性失衡仍然突出。由于行业监管和盈利条件限制，人工智能的行业应用程度和发展前景存在显著差异。参考在金融、医疗、物流、安防等方面的示范性应用，需提升人工智能在零售、制造等传统领域的创新突破。近年来，随着人工智能方面的投融资更为理性，新增企业数量趋缓。产业稳步增长，投融资事件数量相对减少、金额相对增加。产业更加看重底层基础设施建设、核心技术创新和上层应用赋能，产业链条更加明晰。随着我国政府大力支持和经济转型升级需求，人工智能产业链条关联性和协同性将进一步增强。

3. 未来部署方向

下面从基础层、技术层和应用层三方面来梳理我国人工智能全产业链的未来部署方向。

1) 基础层

芯片亟须形成产业生态。硬件方面的问题，一是利用率低，传统硬件架构难以完全满足人工智能对密集计算的要求；二是兼容性差，面向不同场景的人工智能计算硬件指令集、微架构设计不同，缺乏统一的标准规范，无法兼容。软件方面的问题，一是工具融合程度有待提升，人工智能编译工具由不同的硬件、软件生产者提供，工具完整性、融合程度、效率等没有统一的衡量标准；二是设备间协同困难，不同的智能设备间协议不同，无法实现互联互通。因此，人工智能的发展，对芯片的计算架构、运算能力、算法适用性等提出新的挑战。同时，芯片只有与应用场景结合才能落地，形成芯片、场景相互绑定的产业生态。

数据利用更加高效。数据方面的问题，一是数据的采集和使用有待规范，人工智能是“数据密集型”行业，安全有效地采集、管理和使用数据，支撑人工智能实践，已成为制约人工智能应用系统建设的瓶颈；二是数据存在安全风险，需要制定高效的预防措施，确保数据安全和人工智能的安全、可靠、可控发展，防止被不法分子滥用。进入大数据时代后，人工智能系统可利用的数据资源从样本数据转变为大规模多源异构数据，海量高价值数据不断提高人工智能预测的准确性，并促进人工智能技术在多场景的深度应用。

2) 技术层

目前人工智能算法遇到技术瓶颈，主要原因：一是泛化性弱，人工智能模型训练后可以达到理想的性能，但应用场景与训练环境场景区别较大时，性能会显著下降；二是易受到对抗样本攻击，人视觉或听觉无法感知的扰动，可能会使模型输出错误结果，并且，深度学习框架依赖生态建设。在应用方面，TensorFlow、PyTorch 等通用型深度学习框架应用于自然语言处理、计算机视觉、语音处理等领域，以及机器翻译、智慧金融、智能医疗、自动驾驶等行业。各细分领域还涌现出大批专业型深度学习框架，如编写机器人软件的 ROS、应用于计算机视觉领域的 OpenCV、擅长自然语言处理的 NLTK，以及应用于增强现实的 ARToolKit 等。我国深度学习框架起步较晚，在算法、芯片、终端和场景应用方面都依赖国外的深度学习框架生态。因此，我国人工智能需要从感知智能迈向智能认知，从专用智能向通用智能发展。

通过开源构建生态，并完善人工智能测试体系。开源的深度学习框架为开发者提供了可以直接使用的算法工具，减少二次开发，提高效率。国产厂商应利用开源的方式推广深度学习框架，布局开源人工智能生态，抢占产业制高点。同时，完善人工智能测试体系，加强体系化设计与建设，形成成熟的功能、性能测试基准，解决现有测试基准的测试内容和模型重复度高，但又有所遗漏的问题。

3) *应用层*

为了解决系统开发与维护费时低效的问题，人工智能产业需要与实体经济融合加速。具体来讲，一方面，在实践落地中，商用的人工智能产品缺乏开发、运维的二次应用能力。另一方面，在大型人工智能系统设计及实现中，从业者经验匮乏，迫使行业机构额外投入，支撑技术团队，阻碍智能技术的应用实践。智能应用场景通常需要云—端协同智能处理能力，但云侧组件繁多、配置复杂、部署成本较高。因此，人工智能与实体经济实现加速融合，能够为零售、交通、医疗、制造业、金融等产业带来提效降费、转型升级的实际效能。无人商店、无人送货车、病例细胞筛查、数字孪生、智慧工厂、3D 打印、智能投顾等新产品、新服务大量涌现，加速培育产业新动能，开辟实体经济新增长点，有力推动我国经济结构优化升级。我国人工智能市场潜力巨大，应用空间广阔，尤其是在数据规模和产品创新能力等方面占据优势。另外，5G 商用后，人工智能与行业深度融合，并逐步向复杂场景深入，推动更多行业进入智能化阶段。

最后，则是人工智能伦理挑战。一是受历史条件和发展阶段限制，人类对人工智能产品的道德风险存在认知滞后性；二是人工智能产品缺少完善的伦理控制，同时被赋予更多的自主决策权，催生更多的伦理道德问题。这个问题需要从法律、政策和标准的维度进行推进。

2.5 人工智能论文和专利发布成果分析及研究

研究和开发是推动人工智能快速发展的一股核心力量。每年各大高校、工业、政府和研究机构的专家和组织都会通过大量论文、专利和其他与人工智能相关的出版物以及开源软件库的开发，为人工智能的研发做出贡献。人工智能研发的关键特征是开放性，每年都有成千上万的人工智能出版物以开源形式发布，无论是在会议上还是在开源软件托管平台(如 GitHub)上：研究人员在会议和期刊上以论文的形式公开分享他们的发现；政府机构资助以开源方式形成的人工智能研究；开发人员将源代码上传至开源软件库，向公众免费提供前沿的人工智能应用程序。这种开放性也有助于新一代人工智能研发的国际合作。值得一提的是，尽管地缘政治紧张局势不断加剧，但从 2010 年到 2021 年，美国和中国在人工智能出版物中的跨国合作数量最多，自 2010 年以来增加了五倍。中美两国之间合作产生的出版物是英国和中国的 2.7 倍，位居榜单第二。

据斯坦福 HAI 分析，2021 年中国在人工智能期刊、会议和知识库出版物数量上继续保持世界领先地位，比美国高出 63.2%(三种出版物类型的总和)。与此同时，美国在人工智能会议和知识库引用数量方面在主要人工智能强国中占据主导地位。从 2010 年到 2021 年，教育和非营利组织之间的合作产生了最多的人工智能出版物，其次是私营公司和教育机构之间的合作以及教育和政府机构之间的合作。另外，2021 年申请的人工智能专利数量是 2015 年的 30 多倍，年复合增长率为 76.9%。

本节利用多个人工智能出版物数据集，包括会议论文和专利，分析 2021 年人工智能研发领域的主要趋势。

2.5.1　人工智能会议论文发布成果分析及研究

本小节主要通过 2021 年 AAAI、ICML、NeurIPS、CVPR 等 A 类人工智能顶级学术会议上发布的论文展开分析。

1. AAAI

在 AAAI 2021 上，本届 9034 篇提交论文的数量又创下了历史新高(2020 年为 8800 篇)，但增长速度有所下降。总共有来自 84 个国家的论文投稿，其中，来自中国的 3319 篇论文数量几乎是美国(1822 篇)的两倍。在最终 7911 篇经过评审的论文中，共有 1692 篇被接收。值得一提的是 AAAI 2021 大会主席为微众银行首席人工智能官杨强教授，他是 AAAI 大会历史上第二位大会主席，也是担任此职位的首位华人。本次会议共有三篇论文获得最佳论文奖项，其中两篇获奖论文的第一作者为华人学者，他们分别是来自北京航空航天大学的 Haoyi Zhou 和来自达特茅斯学院的 Ruibo Liu，他们分别提出了基于 Transformer 的长序列时序预测算法 Informer 和有效解决语言模型中政治偏见的强化学习框架。由此可以看出，目前学术界对于自然语言处理领域的重视和顶级学者在不同自然语言处理任务的重大突破。AAAI 2021 论文发表数量如图 2-5 所示。

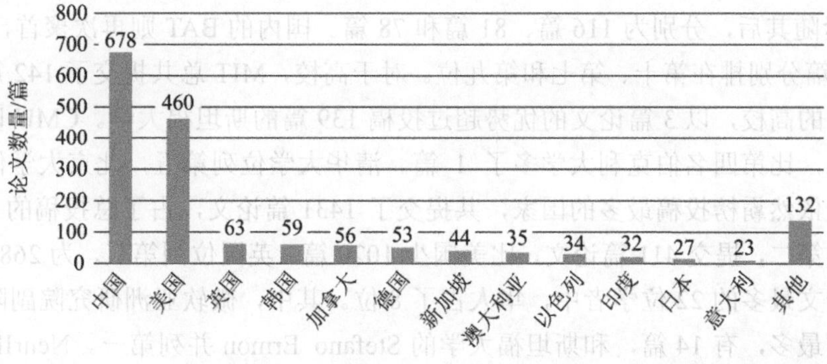

图 2-5　AAAI 2021 论文发表数量

2. ICML

国际机器学习顶级会议 ICML 2021 共有 5513 篇有效投稿，其中 1184 篇论文被接收，接收率为 21.5%，该值为近 5 年最低。首先按照机构来划分，排在第一位的毫无疑问仍然是谷歌——以 109 篇论文霸榜，而来自中国的机构，北京大学以 31 篇排在第十一位，清华大学以 26 篇排在第十五位。按照国家来划分，前两位是美国和中国，分别是 729 篇和 166 篇，其次是英国(124 篇)、加拿大(79 篇)、德国(48 篇)。中国论文发布量位居世界第一，证明了我国人工智能科研界的蓬勃发展。并且，学术界的论文有 935 篇，产业界的论文有 352 篇，意味着大多数论文至少与一所大学有联系。值得注意的是，日本人工智能和机器学习领域新一代的代表性人物——日本理化学研究所先进智能研究中心主任 Masashi Sugiyama 教授以 14 篇论文排在第一位，而他去年也以 11 篇论文同样排在第一位，证明日本的人工智能技术实力同样不容小觑。ICML 2021 论文发表数量如图 2-6 所示。

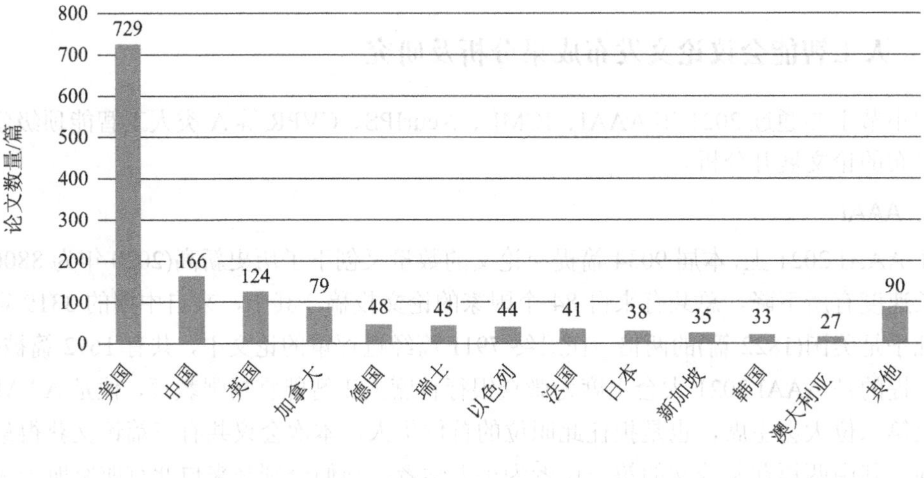

图 2-6　ICML 2021 论文发表数量

3. NeurIPS

在 NeurIPS 2021 上提交的论文总共有 9122 篇，其中有 2344 篇被接收，比例为 26%。相比于 2020 年，虽然投稿减少了 332 篇，但是被接收的反而增加了 444 篇。在 NeurIPS 2021 投稿的论文中，谷歌总共提交了 177 篇论文，成为投稿最多的公司。微软、DeepMind、Facebook 紧随其后，分别为 116 篇、81 篇和 78 篇。国内的 BAT 则再次聚首，以 16 篇、20 篇和 19 篇分别排在第十、第七和第九位。对于高校，MIT 总共提交了 142 篇论文，成为投稿最多的高校，以 3 篇论文的优势超过投稿 139 篇的斯坦福大学。CMU 以 117 篇论文排名第三，比第四名伯克利大学多了 1 篇。清华大学位列第五，北京大学位列第九。并且，美国依然霸榜投稿最多的国家，共提交了 1431 篇论文，占了总投稿的 15.7%。中国大陆排名第二，提交 411 篇论文，比美国少 1020 篇。英国位列第三，为 268 篇。但是，在被接收论文最多的 22 位学者中，华人占了 8 位。其中，微软亚洲研究院副院长刘铁岩被接收论文最多，有 14 篇，和斯坦福大学的 Stefano Ermon 并列第一。NeurIPS 2021 论文发表数量如图 2-7 所示。

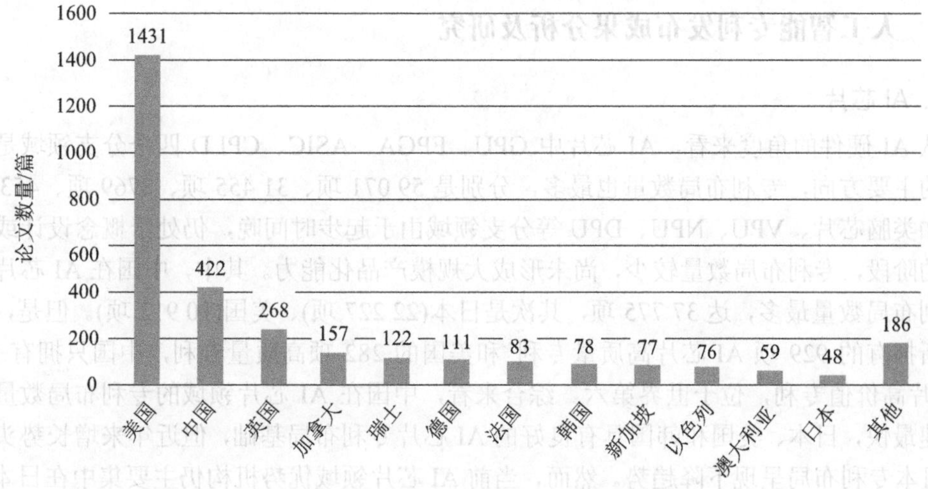

图 2-7　NeurIPS 2021 论文发表数量

4. CVPR

在计算机视觉的顶级学术会议 CVPR 2021 上收录的论文有 1668 篇(总共约 7000 篇投稿)。作为计算机视觉研究领域的领导者和赞助商，Google 在 CVPR 2021 中共被接受了超 70 篇论文，并组织和参与了多个研讨会，值得一提的是，其中 34 篇论文的第一作者为华人。并且，在 CVPR 官方的论文统计中，三维计算机视觉领域的论文发表数最多，为 203 篇，其中有 49 篇获得了公开演讲(Oral)的机会。这一数据表示学界已经不再满足于当前的二维图像识别范式，转而向三维数据处理迈进，三维计算机视觉领域也变成了计算机视觉领域的新宠儿。其次，计算成像(Computational Photography)领域有 147 篇论文发表，计算成像旨在对不同情境下的光场模拟，联系到医疗图像、显微、VR/AR 等热门应用领域。另外，紧随其后的领域分别是图像和视频合成(Image and Video Synthesis)，有 142 篇；表征学习、深度学习，有 133 篇；生物特征，面部、手势、姿势，有 116 篇；场景分析和理解(Scene Analysis and Understanding)，有 112 篇。

5. ACL-IJCNLP

ACL 作为自然语言处理领域影响力最大的国际学术组织，其自然语言处理顶会 ACL-IJCNLP 2021 中，超过半数的第一作者为华人，其中最佳论文来自字节跳动的火山翻译团队，该论文研究了字符词汇的选择和机器翻译的性能的关系。另外，百度共有 14 篇论文被大会收录，内容覆盖跨模态预训练、语言理解、人机对话、机器翻译、知识图谱等多个方向。

综上所述，不难发现大部分顶级学术会议的投稿数量增长均趋于平缓，有些甚至出现了下降趋势，并且接受率均有减少。大多数获奖论文不再强调理论研究，而是解决人工智能技术在实际应用时的问题。这一数据可以看出人工智能领域大部分技术泡沫逐渐被打破，表现出人工智能的发展慢慢遇到了瓶颈，审稿人更加注重论文质量，并开始强调学界和业界的融合。并且，来自美国的谷歌、MIT 等机构在论文数量和质量上都在领跑，虽然中国学者发表的论文数紧跟甚至超越了美国，说明国内的人工智能研究现状一片大好，但是在质量上还有所差距。

2.5.2 人工智能专利发布成果分析及研究

1. AI 芯片

从 AI 硬件的角度来看，AI 芯片中 GPU、FPGA、ASIC、CPLD 四个分支领域是技术研发的主要方向，专利布局数量也最多，分别是 59 071 项、31 455 项、8769 项、4531 项。其他如类脑芯片、VPU、NPU、DPU 等分支领域由于起步时间晚，仍处于概念设计或原型制造的阶段，专利布局数量较少，尚未形成大规模产品化能力。其中，中国在 AI 芯片领域的专利布局数量最多，达 37 775 项，其次是日本(22 227 项)、美国(10 912 项)。但是，相比日本所拥有的 929 项 AI 芯片高质量专利①和美国的 282 项高质量专利，中国只拥有 32 项 AI 芯片高价值专利，位于世界第六。综合来看，中国在 AI 芯片领域的专利布局数量最多且增速最快，日本、美国和韩国具有良好的 AI 芯片专利布局基础，但近年来增长势头不明显，日本专利布局呈现下降趋势。然而，当前 AI 芯片领域优势机构仍主要集中在日本，不过近年来，浪潮集团、中国科学院等中国机构在 AI 芯片领域的专利布局力度提升明显。中国 AI 芯片的高质量专利仍较日本和美国有很大的差距，专利整体质量有待进一步提升。中国在 FPGA 和 CPLD 领域的技术优势明显，在 GPU 领域与日本仍存在一定的差距，但是中国在上述分支领域持续保持着较强的专利布局力度。AI 芯片高质量专利数量如图 2-8 所示。

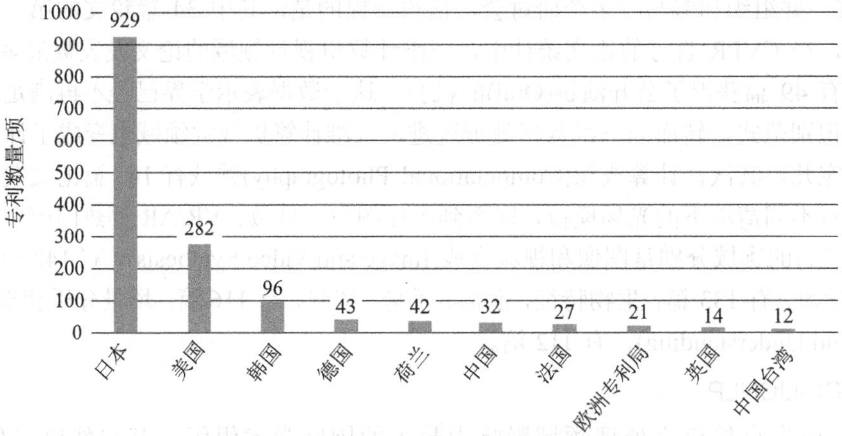

图 2-8 AI 芯片高质量专利数量 TOP10

2. AI 算法

中国在机器学习方面的专利布局数量居全球首位，且较美国具有显著优势，2000 年后的专利布局数量已达 14 万余项。美国位列第二，布局 67 763 项，日本和韩国分别排在第三和第四位，布局数量分别为 21 102 项和 14 169 项。并且，中国在近三年的专利申请占据绝对优势，并有持续上升趋势，共申请 99 324 项，是排名第二的美国的申请量的 5.2 倍。但是，高质量专利的布局情况与整体专利布局情况存在差别。专利布局数量排名第三的日本高质量专利布局数量排名第一，而总量排名第一的中国高质量专利排名第五。AI 算法高质量专利数量如图 2-9 所示。

① 本文中高质量专利指同时在中国专利局、欧洲专利局、日本专利局、美国专利与商标局提交专利申请的发明创造。

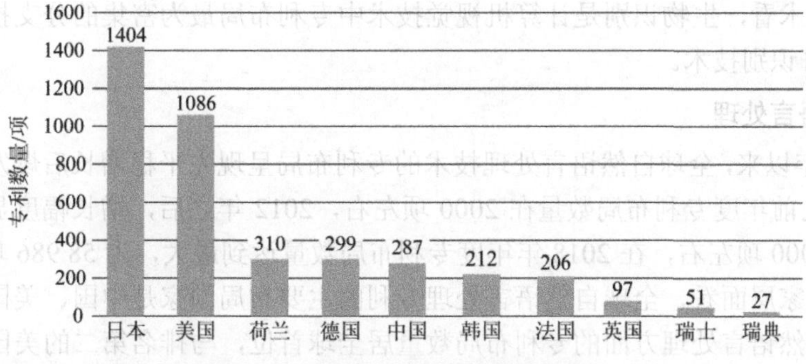

图 2-9　AI 算法高质量专利数量 TOP10

在神经网络和深度学习领域，中国的有效专利数量(6086 项和 3080 项)均位于世界首位，其次是美国、韩国与日本。但是，中国在该领域的有效专利占比较低，只有 14.40%和 10.95%。并且，从高质量专利的角度来看，中国只有 65 项关于神经网络和深度学习的高质量专利，而美国、日本、韩国均有 156、130、92 项。其中，美国的 IBM、谷歌、微软，中国的中国科学院、清华大学、百度，持有的神经网络和深度学习专利较多。

综合来讲，中国在机器学习技术方面的专利布局已经建立了一定专利优势，专利布局总量、有效专利数量和近三年专利布局量均在全球范围内具有较大优势，但是，在以高质量专利为代表的国际专利布局方面，距离美日韩等国家还有一定差距，国际化视野有待进一步拓宽。

3. 计算机视觉

从计算机视觉专利申请趋势看，近 20 年来，计算机视觉专利申请总体上呈增长趋势，自 2014 年开始，专利量进入快速增长阶段，2015 年专利量突破 1.5 万项，2016 年突破 2 万项，2018 年突破 3 万项，但在 2019 年之后，专利申请的数量逐步开始降低。

中国、美国、日本、韩国、德国等为计算机视觉专利申请量排名前 10 位的国家/地区。其中，中国拥有 97 130 项专利，占全球计算机视觉专利总量的 48.80%，排名第一位；美国专利量为 49 338 项，占全球计算机视觉专利总量的 24.79%，排名第二位；日本专利量为 26 820 项，占全球计算机视觉专利总量的 13.48%，排名第三位。中国在计算机视觉专利的申请量保持逐年上涨的趋势，并且增长势头相较其他国家明显，但是有效专利和高质量专利占比仅排名全球第七位和第三位，这可能是因为我国在计算机视觉技术布局刚刚起步，大量专利仍处于审查阶段。计算机视觉高质量专利数量如图 2-10 所示。

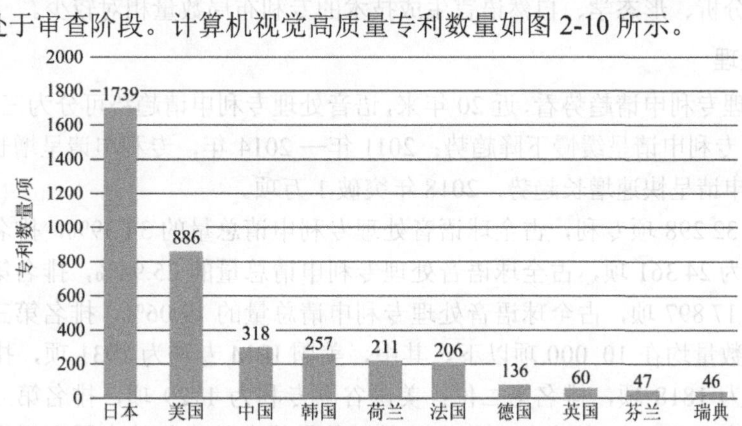

图 2-10　计算机视觉高质量专利数量 TOP10

从分支技术看，生物识别是计算机视觉技术中专利布局最为密集的分支技术，其次是AR/VR和字符识别技术。

4. 自然语言处理

自2000年以来，全球自然语言处理技术的专利布局呈现先平稳增长后爆发式增长的趋势。2012年之前年度专利布局数量在2000项左右，2012年之后，增长幅度显著提升，年度增长量在1000项左右，在2018年年度专利布局数量达到最大，为58 986项。

从布局国家层面看，全球自然语言处理专利的主要布局国家是中国、美国、日本和韩国。中国在自然语言处理方面的专利布局数量居全球首位，与排名第二的美国的专利数量均在2万项以上。从布局机构层面看，美国机构表现比较突出，IBM公司的专利布局数量位居全球首位，共布局4087项，微软和谷歌公司分别位列第二和第三。中国的百度公司和腾讯公司分别位列第四和第六，专利布局数量在900项左右。TOP10机构中的其他公司还包括来自日本的 NTT(日本电信电话株式会社)、富士通和东芝。但是，从高质量专利的角度来看，优势机构仍以美国机构表现更为突出，排在第一和第二位的分别是微软和谷歌。中国仅两家公司进入TOP10机构名单，分别是阿里巴巴公司和百度公司，排在第五和第六位。自然语言处理高质量专利数量如图2-11所示。

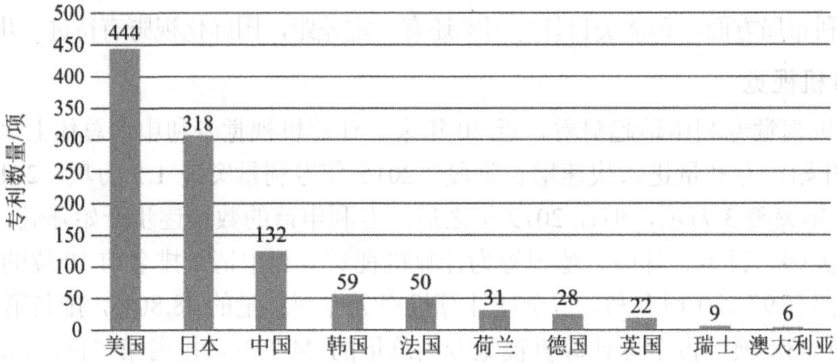

图2-11　自然语言处理高质量专利数量TOP10

分支技术方面，除通用技术外，机器翻译和语义学是自然语言处理专利布局的主要技术方向，情感分析、形态学、自然语言生成技术的专利布局数量相对较少。

5. 语音处理

从语音处理专利申请趋势看，近20年来，语音处理专利申请趋势可分为三个阶段：2000年—2010年，专利申请呈缓慢下降趋势；2011年— 2014年，专利申请呈增长趋势；2015年至今，专利申请呈快速增长趋势，2018年突破1万项。

中国拥有32 298项专利，占全球语音处理专利申请总量的34.39%，排名第一位；美国专利申请量为24 361项，占全球语音处理专利申请总量的25.94%，排名第二位；日本专利申请量为17 897项，占全球语音处理专利申请总量的19.06%，排名第三位；其他国家的专利申请数量均在10 000项以下。其中，美国IBM专利为1931项，排名第一位；韩国三星专利为1818项，排名第二位；美国谷歌专利为1729项，排名第三位。中国的百度公司专利为1035项，排名第九位。但是，总量排名第一位的中国高质量专利甚至没有机构进入 TOP10 排名中。从分支技术看，语音识别是语音处理技术中专利布局最为密集的分支技术，其次是声纹识别和语音合成技术。语音处理高质量专利数量如图 2-12 所示。

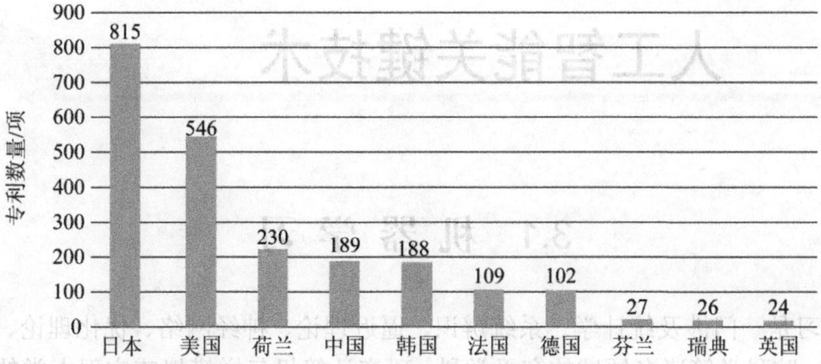

图 2-12　语音处理高质量专利数量 TOP10

第 3 章 人工智能关键技术

3.1 机器学习

机器学习是一门涉及统计学、系统辨识、逼近理论、神经网络、优化理论、泛函分析、计算机科学、脑科学等诸多领域的交叉学科，研究计算机怎样模拟或实现人类的学习行为，以获取新的知识或技能，重新组织已有的知识结构使之不断改善自身的性能，是人工智能技术的核心。基于数据的机器学习是现代智能技术中的重要方法之一，研究从观测数据(样本)出发寻找规律，利用这些规律对未来数据或无法观测的数据进行预测。根据学习模式、学习方法以及算法的不同，机器学习存在不同的分类方法。

根据学习模式将机器学习分为监督学习、无监督学习和强化学习等。根据学习方法可以将机器学习分为传统机器学习和深度学习。此外，机器学习的常见范式还可以分为迁移学习、主动学习和演化学习等。下面将依次介绍监督学习、无监督学习、强化学习、传统机器学习、深度学习、迁移学习、主动学习和演化学习。

3.1.1 监督学习

监督学习技术是机器学习领域中最常用的技术，其目的在于通过标记的训练数据推断出预测模型，如图 3-1 所示。监督学习的训练数据集$D = \{(x_1, y_1), (x_2, y_2), \cdots, (x_m, y_m)\}$中每个样本包含条件属性(特征) x_i 和决策属性(标记或标签) y_i，其中条件属性通常为矢量，而决策属性为标量。假设 $x_i \in X$，$y_i \in Y$，则监督学习的目的在于建立输入空间 X 到输出空间 Y 的映射 f: $X \mapsto Y$(即模型)，从而对于未知标签的新样本 x_i，监督学习通过训练的模型预测其标签，标签可以是离散值或连续值。对于分类任务，比如物种的分类，样本的标签为离散值，应用的模型统称为分类模型；对于回归任务，比如销售量预测，样本的标签则为连续值，应用的模型统称为回归模型。常用的监督学习模型有决策树、随机森林、逻辑回归、支持向量机(Support Vector Machine，SVM)、神经网络等。监督学习在自然语言处理、信息检索、文本挖掘、手写体辨识、垃圾邮件侦测等领域获得了广泛应用。

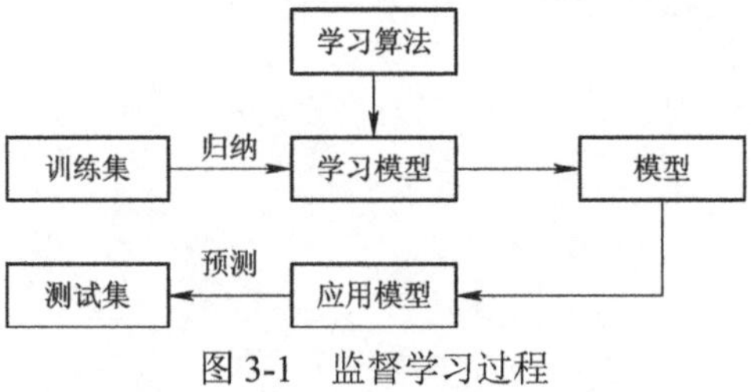

图 3-1 监督学习过程

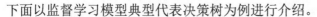

下面以监督学习模型典型代表决策树为例进行介绍。

决策树是一种简单且应用广泛的分类模型，可以通过树状结构表示。图 3-2 显示哺乳动物分类问题的决策树模型，树种包含三种节点：

(1) 根节点，没有入边，有零条或多条出边。

(2) 中间节点，有且仅有一条入边，有两条或多条出边。

(3) 叶子节点，有且仅有一条入边，没有出边。

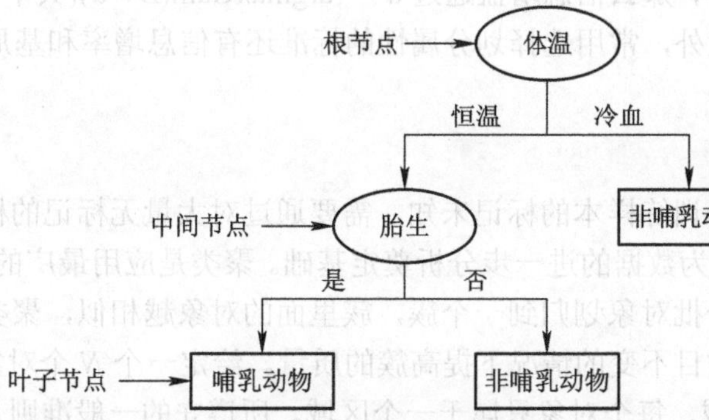

图 3-2 决策树结构图

决策树的根节点和中间节点对应着样本的属性(特征)，节点间的路径对应着属性的值，叶子节点对应着标签。图 3-2 所示的决策树可以转换成三条决策规则：恒温胎生动物是哺乳动物；恒温非胎生动物是非哺乳动物；冷血动物是非哺乳动物。这是一种 IF-THEN 规则，非常便于理解和计算机实现，而且执行速度快，因此决策树得到了广泛应用。

决策树的构建过程是一个对训练样本进行划分的过程。根据属性值的不同将训练样本划分到不同的节点，直到节点里样本的标签达到一定纯度(即绝大多数或所有样本具有相同的标签)，则停止划分样本，对应的节点成为叶子节点。理论上，对于给定的属性集，可以构造的决策树的数量达指数级。所以，对于绝大多数实际应用问题，从指数规模的搜索空间中找出最佳决策树是不可行的。于是，有的学者提出能够在合理的时间内构造出具有一定预测准确率的次最优决策树的方法。这些方法通常采用贪婪策略，在选择划分样本属性时，考虑的是局部最优的划分策略。决策树构建的关键在于选择最优的划分属性，即选择最适合用于划分样本的属性，使得划分后同一数据集内的样本尽可能属于同一类别，有较高的纯度。信息熵(Information Entropy)是一种常用的度量样本集合纯度的指标。假设样本集 D 中第 k 类样本所占的比例为 $p_k(k=1, 2, \cdots, |Y|)$，则 D 的信息熵定义为

$$\mathrm{Ent}(D) = -\sum_{k=1}^{|Y|} p_k \, \mathrm{lb} p_k$$

Ent(D)的值越小，说明 D 的“纯度”越高。

假设离散属性 a 有 V 个可能的取值$\{a^1, a^2, \cdots, a^V\}$，若使用 a 对样本集 D 进行划分，则会产生 V 个分支节点，其中第 v 个分支节点包含了 D 中所有在属性 a 上取值为 a^v 的样本，记为 D^v。通过属性 a 对样本集 D 进行划分获得的信息增益(Information Gain)为

$$\mathrm{Gain}(D,a)=\mathrm{Ent}(D)-\sum_{v=1}^{|V|}\frac{|D^v|}{D}\mathrm{Ent}(D^v)$$

其中，$|D^v|/|D|$根据各子数据集的样本数赋予 $\mathrm{Ent}(D^v)$权重，样本数量越多则权重越大。一般而言，信息增益越大，意味着通过该属性划分数据集获得的“纯度提升”越高。著名的 ID3 决策树算法就是以信息增益作为选择划分属性的标准。假设当前数据集 D 有属性集 $A=\{a_1, a_2, \cdots, a_d\}$，那么信息增益通过 $a^*=\mathrm{argmaxGain}(D, a)$(其中 $a\in A$)选择最佳划分属性。除了信息增益外，常用选择划分属性的标准还有信息增率和基尼系数。

3.1.2 无监督学习

在无监督学习中，训练样本的标记未知，需要通过对大量无标记的样本进行学习，寻找数据内在规律，进而为数据的进一步分析奠定基础。聚类是应用最广的无监督学习算法。聚类算法是将相似的一批对象划归到一个簇，簇里面的对象越相似，聚类的效果越好。聚类的目标是在保持簇数目不变的情况下提高簇的质量。给定一个 N 个对象的集合，把这 N 个对象划分到 K 个区域，每个对象只属于一个区域。所遵守的一般准则是同一个簇的对象尽可能地相互接近或者相关，而不同簇的对象尽可能地区分开。

传统的聚类分析方法包括重叠聚类法、系统聚类法、分解法、动态聚类法、加入法、有序样品聚类法和模糊聚类法。这些聚类分析的对象必须预先给定，而不能动态增加，它是一种基于全局的比较聚类，它们需要考察完所有的对象才能进行簇的划分。现有的聚类分析主要是基于距离的聚类，闵可夫斯基距离、欧几里得距离、马氏距离等是常用的距离函数。

接下来对常见的聚类分析方法及模型评价方法进行介绍。

1. 聚类分析方法

聚类分析是数据挖掘中一个很活跃的研究领域，人们提出了许多聚类算法。通常可以将这些算法分为划分方法、层次方法、基于密度的方法、基于网格的方法和基于模型的方法。

1) *划分方法*

给定 N 个对象，首先采用目标函数最小化策略构造 K 个划分，每一个划分代表一个聚类，然后通过迭代的方法改变分组，使每次改进后划分质量均提高。

典型的划分方法包括：*K*-means 算法、*K*-medoids 算法、CLARAS 算法、FMC 算法等。

2) *层次方法*

层次聚类算法按数据分层建立簇，形成一棵以簇为节点的树。该方法可以分为自底向上和自顶向下两种操作方式。如果按自底向上进行层次分解，则为凝聚方式；如果按自顶向下进行分解，则为分裂方式。在自底向上的凝聚方式中，初始时每一个对象都组成一个单独的分组，在随后的迭代中，相似度较高的邻近对象组合成一个新的分组，直到所有的对象组成一个分组或满足某一个给定条件为止。在自顶向下的分裂方式中，初始时所有对象都在同一个分组中，在随后的迭代中，相异度较高的邻近对象分裂成若干个分组，直到所有的对象都在单独的一个分组中获得满足某一个给定条件为止。

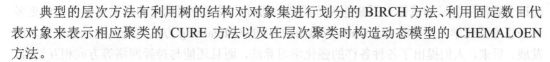

典型的层次方法有利用树的结构对对象集进行划分的 BIRCH 方法、利用固定数目代表对象来表示相应聚类的 CURE 方法以及在层次聚类时构造动态模型的 CHEMALOEN 方法。

3) 基于密度的方法

基于密度的方法区别于其他聚类，它不是基于距离而是基于邻近区域的密度。它的基本思想是，只要样本点的密度大于某个阈值，则将该样本添加到最近的簇中。这类算法可能发现不同形状的簇，但是也存在计算复杂度高的缺点。

典型的基于密度的方法有 DBSCAN 算法和 OPTICS 算法。

4) 基于网格的方法

基于网格的方法首先将对象空间划分为有限个单元组成的网格结构，所有处理都以网格单元进行，然后利用网格结构完成聚类。处理速度快是基于网格方法的一个突出优点，通常聚类个数只与原始空间中的单元数目相关。此方法直接聚类的对象是空间，而不是数据对象。STING 算法就是一个利用网格单元保存统计信息进行基于网格聚类的方法。CLIQUE 算法和 Wave-Cluster 算法则是一个将基于网格与基于密度相结合的方法。

5) 基于模型的方法

基于模型的方法首先为每一个聚类假定一个统计学模型，然后确定能够较好满足各个模型的对象集合。通常，由反映对象在空间中密度分布的函数来具体定位每一个模型。基于模型的算法试图优化给定的数据和某些数学模型之间的拟合，假设数据是根据潜在的概率分布生成的。

典型的基于模型的方法有期望最大化方法、概念聚类方法、基于神经网络的方法等。

2. 模型评价方法

聚类效果评价可以分为内部评价和外部评价两种类型。内部评价指标是利用数据集的属性特征来评价聚类算法的优劣。通过计算总体相似度、簇间平均相似度或簇内平均相似度来评价聚类质量。目前检验聚类的有效指标主要是通过簇间距离和簇内距离来衡量，这类指标常用的有紧密性(Compactness)、间隔性(Separation，SP)、CH(Calinski-Harabasz)等。外部评价指标是基于已知分类标签数据集进行的，这样可以将原有标签数据与聚类输出结果进行对比。外部评价指标的理想聚类结果是，具有不同类标签的数据聚合到不同的簇中，具有相同类标签的数据聚合相同的簇中。外部质量评价准则通常有互信息(Mutual Information，MI)与调整互信息(Adjusted Mutual Information，AMI)、兰德指数(Rand Index，RI)与调整兰德指数(Adjusted Rand Index，ARI)、混淆矩阵、准确率(Accuracy)、精确率(Precision)、召回率(Recall)和 F1 分数(F1-score)等。

3.1.3 强化学习

强化学习不同于前面的监督学习与无监督学习两种模式，它没有固定的训练样本，也不需要人为标记训练样本。它主要是通过智能体和环境不断进行交互，使累计的奖励值期望达到最大的一种模型。

强化学习是一种自适应算法，在 20 世纪 70 年代，人们将试错法用于早期的人工智能，通过无数次的尝试和试错来不断地训练模型。同时，研究控制优化的成果也促使人们更多地去思考强化学习。1989 年，Chris Watkins 提出的 Q-Learning 方法更是促进了强化学习的发展。后来，人们提出了各种各样的强化学习算法，而且还能与神经网络等方向相互结合，开创了一番崭新的局面。

在强化学习中，智能体可以根据周围的环境以及上一个行为所产生的奖励值和状态值选择合适的动作。环境则可以根据智能体选择动作，改变环境，并且能够将这个动作所产生的奖励值和状态值传递给智能体。起初，智能体并不知道每个动作的好坏，而是通过动作反馈回来的奖励值来判断。经过多次的尝试与试错，智能体积累了经验和奖励值，从而选择更加恰当的行为。强化学习过程如图 3-3 所示。

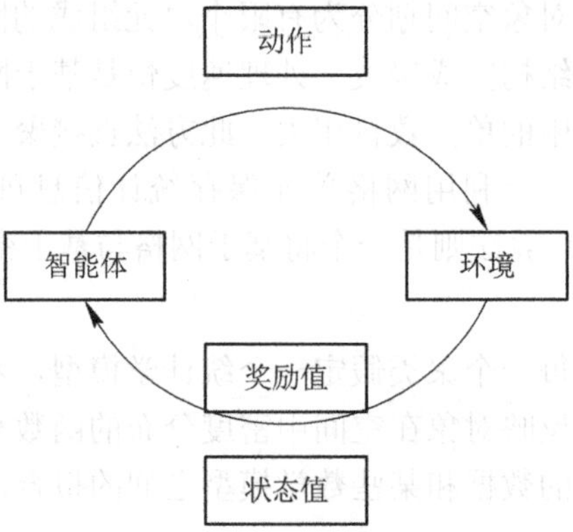

图 3-3　强化学习过程

强化学习根据有无模型可以分为两类：一类是有模型的学习算法，智能体知道环境模型，能够规划好行动路径，但是会存在理想模型表现良好，在真实环境条件下可能达不到预期效果的问题；另一类是无模型的算法，通过图 3-3 的不断交互与学习，建立环境与智能体之间的关系。

强化学习可以通过马尔可夫决策过程来定义，主要由四个要素组成，包括状态、动作、转换函数和奖励方程，记作 $M=(S, A, T, R)$。其中，S 是一个包含所有状态的集合，A 是一个包含所有动作的集合，T 是从一个状态经过一个动作并转移到下一个状态中的转换函数，R 是从一个状态经过一个动作并转移到下一个状态中的奖励方程。在转换函数中，在 $t+1$ 时刻，$P(S_{t+1} | S_t, a_t, S_{t-1}, a_{t-1}, \cdots)$ 为在 t 时刻下选择状态 S_{t+1} 的概率，可表示为

$$P(S_{t+1} | S_t, a_t, S_{t-1}, a_{t-1}, \cdots) = P(S_{t+1} | S_t, a_t)$$

当前的状态发生概率不依赖于历史的状态和历史的动作，只依赖于前一个状态和前一个动作，这就是马尔可夫特性。

此外，策略 $\pi(a | S, \theta)$ 表示的是对于一个状态 s，选择一个动作 a 的概率，可以通过函数或者神经网络建立相关的联系。在一个完整的马尔可夫决策过程中，首先产生初始状态 S_0，然后智能体根据策略生成动作 a_0 并传到环境中，根据定义好的转换函数和奖励方程得到奖励值 r_0，环境表现出状态 S_1，并将奖励值 r_0 和状态 S_1 传到智能体中，如此周而复始，最终将产生序列：S_0，a_0，r_0，S_1，a_1，r_1，…。

3.1.4 传统机器学习

传统机器学习从一些观测(训练)样本出发，试图发现不能通过原理分析获得的规律，实现对未来数据行为或趋势的准确预测。相关算法包括逻辑回归、马尔可夫方法、支持向量机方法、K 近邻方法、三层人工神经网络方法、贝叶斯方法以及决策树方法等。传统机器学习平衡了学习结果的有效性与学习模型的可解释性，为解决有限样本的学习问题提供了一种框架，主要用于有限样本情况下的模式分类、回归分析、概率密度估计等。传统机器学习方法共同的重要理论基础之一是统计学，在自然语言处理、语音识别、图像识别、信息检索和生物信息等许多计算机领域获得了广泛应用。机器学习过程如图 3-4 所示。

图 3-4　机器学习过程

3.1.5 深度学习

深度学习是对数据进行表征学习的机器学习方法，它通过深层神经网络将数据底层特征组合成高层特征表示，并用于分类、预测等任务。与传统神经网络、逻辑回归、支持向量机、决策树等传统浅层学习的机器学习方法相比，其网络深度更深，非线性表征能力更强，网络学习能力更强。浅层学习在处理复杂问题时往往效果欠佳(即使是在样本数充足的情况下)，这是因为网络复杂度较低，学习能力不强，即使输入大量的样本，也无法学习到某些重要细节特征。而过去由于计算能力的限制，盲目增加网络层数和参数，容易导致网络收敛过慢和过拟合。如今的深度学习技术能有效地解决这些问题，在增加网络深度的同时，利用贪婪逐层训练法防止过拟合，提高网络性能。

Hinton 在其文章中提出将受限玻尔兹曼机(Restricted Bdtzmann Machine，RBM)堆叠起来，并运用逐层贪婪训练法进行训练，可以将输入向量重建，得到更深层次的特征，该网络被称为深度置信网络(Deep Belief Network，DBN)，实验证明降维效果比主成分分析(Principal Component Analysis，PCA)好。2007 年，Hinton 提出了一种基于 RBM 的快速学习算法，称为对比散度算法，采用较少次吉布斯采样对原始数据进行多次重构，以重构数据和原始数据之间的差异作为梯度，更新参数。这个方法成为训练 DBN 的标准算法。DBN 是深度学习的一个重要网络结构，属于非监督学习。同一时期，Bengio 提出了另一个深度学习的重要网络结构，称为栈式自编码器(Stacked Auto Encoders，SAE)。它是由多个自编码器堆叠组成的神经网络，前一层自编码器的输出作为其后一层自编码器的输入。网络需要学习的是使得每个栈式自编码器的输出等于输入，即重构输入数据，从而得到的隐藏单元值作为学习到的特征。它们的原理相似，都是对数据进行逐层预训练，提取数据的深层特征，作为有监督学习的基础。在图像处理领域，卷积神经网络(Convolutional Neural Networks，CNN)是最主要的深度学习框架。1998 年，LeCun 提出了一种用于手写体字符识别的卷积神经网络，称为 LeNet 5。但是由于当时计算机的计算和存储能力较低，缺乏大规模训练数据，CNN 的发展一直停滞不前。

随着计算机能力的飞速发展，2012 年，Hinton 和他的学生 Alex Krizhevsky 设计了一个更深更宽的 CNN，也就是著名的 AlexNet。从此，深度学习在图像处理领域迅速发展，研究成果不断涌现。CNN 主要包含输入层、卷积层、池化层、全连接层和输出层，其原理与上述框架类似，首先利用卷积层提取特征，然后进行监督学习。通过卷积层和池化层的共享参数特点降低参数数量，减少计算复杂度。而针对时间序列问题，循环神经网络(Recurrent Neural Networks，RNN)扮演了重要的角色。最初的第一代 RNN 由于其梯度消失问题，效果并不理想。2002 年，改进的长短时记忆神经网络模型(Long Short-Term Memory，LSTM)横空出世，也就是今天常见的带有输入门、输出门和遗忘门的 LSTM 结构，解决了 RNN 的梯度消失问题，提升了网络精度。2014 年，Cho 对经典 LSTM 网络结构进行改进和简化，将 LSTM 的输入门和遗忘门合并成更新门，减少了网络参数，提高了网络收敛速度，这种循环单元称为门控循环单元(Gated Recurrent Unit，GRU)。

在实际任务中，具体网络结构根据目标任务不同会有相应的改进和调整，但是基本原理都是利用更深的网络结构学习深层数据特征表示，从而获得更好的分类或预测效果。

3.1.6 迁移学习

迁移学习是指当在某些领域无法取得足够多的数据进行模型训练时，利用另一领域数据获得的关系进行的学习。迁移学习可以把已训练好的模型参数迁移到新的模型指导新模型训练，可以更有效地学习底层规则，减少数据量。

迁移学习的定义为：存在两个领域 D_t、D_s，领域 D_t 的数据分布为 $P(D_t)$，学习任务为 $f(D_t)$；领域 D_s 的数据分布为 $P(D_s)$，学习任务为 $f(D_s)$。其中，$P(D_t) \neq P(D_s)$，$f(D_t) \neq f(D_s)$，迁移学习就是运用领域 D_t、D_s 的知识提高 $f(D_t)$ 的性能。

迁移学习对比传统学习方法有两个显著的区别：① 不再对训练样本与测试样本作相同独立分布的假设；② 放宽了对训练数据集规模的要求。正是由于迁移学习的这一优点，其得以广泛应用。在新兴领域中，迁移学习的学习机制可以比较好地解决传统机器学习方法在缺少训练数据时导致分类性能不佳的问题。从此，将迁移学习与传统意义上的机器学习彻底区分开来。图 3-5 体现了传统机器学习与迁移学习的区别。

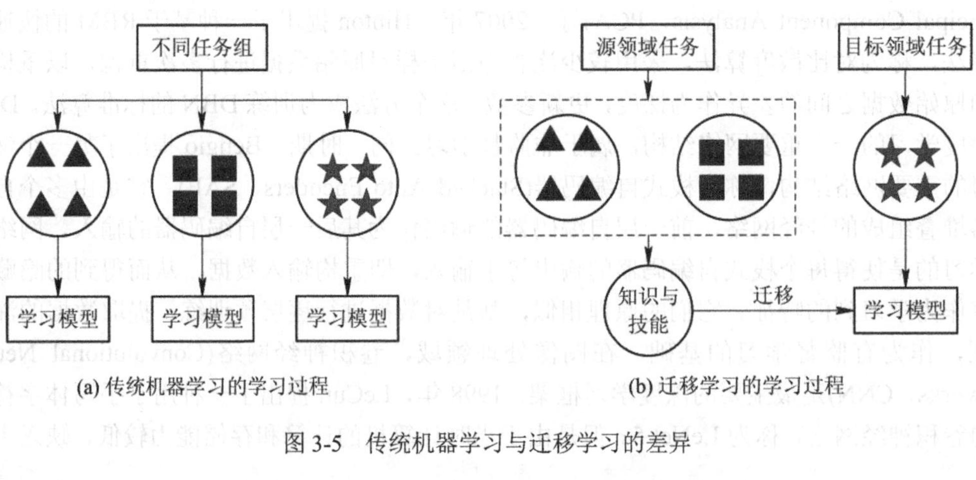

图 3-5　传统机器学习与迁移学习的差异

传统机器学习是从每个不同的领域进行单个任务的训练，然后再组建学习模型。迁移学习是在目标任务缺少大量高质量的训练数据的情况下，通过对先前的一些任务进行学习，然后将获取到的知识与技能运用到目标任务的学习模型组建中。

目前的迁移学习技术主要在变量有限的小规模应用中使用，如基于传感器网络的定位、文字分类和图像分类等。未来迁移学习将被广泛应用于解决更有挑战性的问题，如视频分类、社交网络分析、逻辑推理等。

3.1.7　主动学习

主动学习技术实际上是半监督学习的一种，最早是由 2009 年美国科学家 Burr Settles 在报告中进行总结，随着对主动学习技术研究的不断深入，在许多卷积网络结构中都可以引入主动学习的筛选结构以增强卷积神经网络的识别能力。主动学习本身是一种筛选式算法，可以很好地与机器学习以及深度神经网络相结合，例如与支持向量机、残差网络(Residual Networks，ResNet)、全卷积网络(Full Convdutional Networks，FCN)等常用的机器学习结构相结合。这些研究验证了主动学习技术与卷积神经网络的结合具有实际效果。

2013 年，由 Xin Li 等人提出主动学习中若仅仅使用不确定性很可能选取到边际样本，即与真实样本有偏差的部分样本。因此，他们提出了一种结合样本密度以及不确定性样本筛选策略，利用互信息的方式衡量筛选样本与其他样本之间所具有的关联性，通过设置权重的方式，在筛选算法上保证了样本不确定性的筛选指标，又确保了筛选样本不会是边际样本。

2018 年，Ozan Sener 团队提出了大量数据样本情况下，单样本无法体现样本分布，而一次主动学习查找多个样本点会使多个样本点相似的情况出现，他们发现通过扫描样本集，使筛选样本点半径包含一定数量样本，从而使其具有分布代表性，提出核心集这一概念。2019 年，Samarth Sinha 等人发现直接在全局样本寻找核心集代价较大，通过对抗网络的方式，利用前一次筛选结果与生成的筛选结果相对抗，使筛选出的样本与已知样本区别较大，丢弃相似样本。

主动学习架构是由识别网络以及样本筛选器组合而成的，其整体流程如图 3-6 所示。

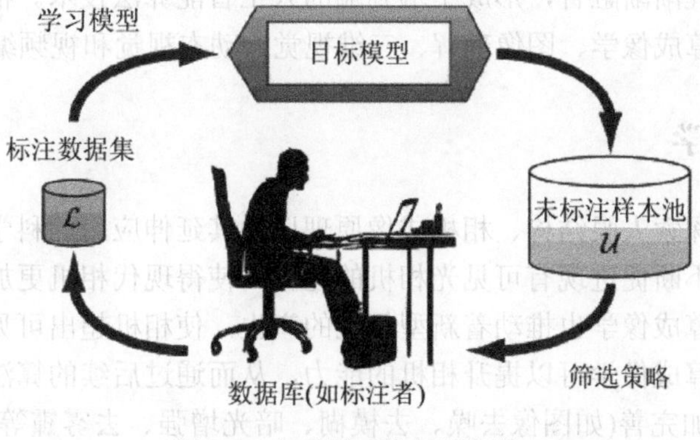

图 3-6　主动学习的主要流程

在图 3-6 中，样本筛选器是根据识别网络对样本识别的结果，对未知样本进行筛选的结构。识别网络根据主动学习的不同需求，使用神经网络的不同部分对未知样本进行计算。例如：在获取样本代表性时需要样本的特征表现，此时采用的部分网络则是某一层卷积层的输出；在获取样本不确定性时，则使用的是神经网络的输出层，利用该层输出结果判断样本类别的可能性。

主动学习的基础理论是基于一个假设，即不同样本对训练统一识别网络具有不同的价值。因此，主动学习就是为样本定义其价值的一种模式，它是根据算法来衡量样本在当前识别网络上所具有的价值，并在获得样本价值的基础上，抽取最具有价值的样本进行标注。

3.1.8 演化学习

演化学习基于演化算法提供的优化工具设计机器学习算法。演化算法起源于 20 世纪 50 年代，经过半个多世纪的发展，今天广义的演化算法还包括模拟退火算法、蚁群算法、粒子群算法等，成为启发式优化算法的一个重要家族。演化算法通常具有公共的算法结构：① 产生初始解集合，并计算解的目标函数值；② 使用启发式算子从解集合产生一批新解，并计算目标函数值，加入解集合；③ 根据启发式评价准则，将解集合中较差的一部分解删除；④ 重复第②步，直到设定的停止准则满足；⑤ 输出解集合中最优的解。

演化学习对优化问题性质要求极少，只需能够评估解的好坏即可，适用于求解复杂的优化问题，也能直接用于多目标优化。目前针对演化学习的研究主要集中在演化数据聚类、对演化数据更有效的分类，以及提供某种自适应机制以确定演化机制的影响等。

3.2 计算机视觉

计算机视觉是使用计算机模仿人类视觉系统的科学，让计算机拥有类似人类提取、处理、理解和分析图像以及图像序列的能力。自动驾驶、机器人、智能医疗等领域均需要通过计算机视觉技术从视觉信号中提取并处理信息。近年来，随着深度学习的发展，预处理、特征提取与算法处理渐渐融合，形成了端到端的人工智能算法技术。根据解决的问题，计算机视觉可分为计算成像学、图像理解、三维视觉、动态视觉和视频编解码五大类。

3.2.1 计算成像学

计算成像学是探索人眼结构、相机成像原理以及其延伸应用的科学。在相机成像原理方面，计算成像学不断促进现有可见光相机的完善，使得现代相机更加轻便，可以适用于不同场景。同时计算成像学也推动着新型相机的产生，使相机超出可见光的限制。在相机应用科学方面，计算成像学可以提升相机的能力，从而通过后续的算法处理使得在受限条件下拍摄的图像更加完善(如图像去噪、去模糊、暗光增强、去雾霾等)，以及实现新的功能(如全景图、软件虚化、超分辨率等)。

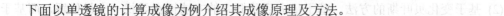

下面以单透镜的计算成像为例介绍其成像原理及方法。

最早提出单透镜计算成像系统的是 Schuler 等人。他们在 2011 年提出了一种交替去除马赛克和图像模糊的图像复原算法，制作了只包含一个镜片的单透镜相机，并利用该相机所拍摄的图像来验证他们的算法对消除像差模糊的有效性。这是最早的关于单透镜计算成像系统的概念。在 Schuler 等人研究的基础上，Heide 等人在 2013 年提出专门针对单透镜成像的图像复原算法。

Schuler 和 Heide 等人的工作都证明了利用图像复原算法消除由单透镜像差所导致的图像模糊的可能性，但是 Schuler 等人所提出的方法在估计单透镜的点扩散函数(Point Spread Function，PSF)，即模糊核(Blur Kernel)时，需要在暗室中利用通过小孔的点光源成像来测量，对实验环境以及测量设备要求很高，实际操作性不强。Heide 等人所提出的方法计算时间较长。

单透镜计算成像系统的实质在于，利用相应图像复原算法代替现代光学成像系统中复杂组合镜片的物理光学补偿作用，以得到可以媲美高端相机的高清晰图像。所以单透镜计算成像系统的关键在于充分结合单透镜成像的特点，设计针对单透镜像差的图像复原算法。下面介绍其图像复原方法。

图像复原是指从退化的模糊图像中恢复出清晰的原始图像。导致图像模糊的原因有很多，比如相机抖动或者被拍摄物体的运动、镜头的散焦模糊、天气变化等。模糊图像可以看作模糊核与清晰图像的卷积，一般情况还会存在一定的加性噪声：

$$B = K * I + N$$

式中：B 和 I 分别表示模糊图像和清晰图像；K 为退化函数或模糊核，也称为 PSF，PSF 可以理解为导致图像模糊信息的量化，在图像复原过程中起着重要作用；* 代表卷积算子；N 表示加性噪声。

图像复原大致可以分为非盲卷积图像复原(Non-Blind Deblurring)和盲卷积图像复原(Blind Deblurring)两种。如果模糊核已知或可以估算出来，则称为非盲卷积图像复原算法。这时图像去模糊问题就转化为常见的反卷积问题。如果模糊核未知，则称为盲卷积图像复原算法。这时在图像复原的反问题中，会出现模糊核和清晰图像两个未知项。因此，需要相应的优化算法来迭代计算出模糊核和清晰图像。

对于非盲复原算法，早期的逆滤波方法假定模糊图像中不存在噪声，通过逆运算直接得到原始未模糊图像。Helstron 对逆滤波进行了改进，提出基于最小均方误差的滤波方法，即维纳滤波。随后 Richardson 和 Lucy 在贝叶斯理论的基础上提出了 Richardson-Lucy 算法，该算法及其改进算法目前在图像非盲复原问题中被普遍使用。非盲卷积图像复原自身存在一定的病态特性，而且对噪声的干扰比较敏感，加之对模糊核估计不准，在图像反卷积过程中很容易造成图像的振铃效应。Yuan 等人提出了结合噪声图像的非盲复原算法来减少振铃效应，并研究了多尺度空间反卷积方法来提高算法速度。

盲卷积图像复原算法很早就受到信号处理、天文学和光学领域的广泛关注。Cho 在 2013 年 SIGGRAPH Asia 的课程报告中将近年来主流的盲复原算法分为以下三种：

(1) 基于最大后验概率(Maximum A Posterior，MAP)的方法。这种方法根据最大后验概率分布寻找最佳的可收敛方案，是目前图像复原领域应用最为广泛的算法。

(2) 基于变化贝叶斯的方法。基于最大后验概率的方法旨在寻找一个最佳解，而基于变化贝叶斯的方法是考虑所有尽可能的优化解，这种方法在理论上更加稳健，但是计算效率相对较低。

(3) 基于边缘信息的方法。这种方法主要利用模糊图像中的边缘信息来估计模糊核，其计算效率较前两种方法高。

3.2.2 图像理解

图像理解是通过用计算机系统解释图像，实现类似人类视觉系统理解外部世界的一门科学。传统的图像理解技术只能实现图像的识别与分类等初级任务，然后利用识别的结果进行分析处理，并未达到利用计算机对图像进行直接理解的层面。深度学习提出以后，图像理解技术有了一个质的飞跃，从传统的简单识别图像到能够读懂图像所表达的内容。基于深度学习的图像理解技术主要有三类：早期主要是采用基于检索的方法；随着技术的发展，基于模板技术的图像理解方法被提出；近年来，端到端方法能够更加有效地实现对图像内容的理解。

基于检索的图像理解方法通过深度网络提取图像的特征信息，然后从已有的图像信息库中检索对应的相似图像，从而获得图像的词语表达，这就要求图像数据库具有丰富的种子信息。

基于模板的图像理解方法通过图像目标识别以及语言模型两个模块完成图像的理解。图像目标识别算法检测出图像中所包含的目标关键词，然后利用语言模板生成完整的句子。这两部分具有相对的独立性，目标检测算法负责图像内目标的识别，可单独进行训练；语言模型利用目标识别结果生成合理的句子，语言模型的训练同样可单独进行。然而在这种方式下，图像目标的检测与语言的生成是脱节的，语言模型无法根据图像的背景信息等对图像进行综合表达。

基于端到端的图像理解技术能够实现输入图像到语言表达的一体化训练，从而克服了基于模板的图像理解技术的缺陷，利用深度神经网络，建立输入图像与目的标注之间的映射，基于端到端的图像理解模型包括基于神经网络的图像标签(Neural Image Caption，NIC)模型、基于注意力的图像理解模型、稠密图像标准模型等。在建立输入图像与语言模型之间的映射关系时，主要还是利用目标检测技术实现目标的检测，并用于语言模型的生成，只是这两部分得到了有机统一，实现了网络的一体化训练，从而实现了网络对图像更好的理解。在对图像进行理解的过程中，图像内的目标固然很重要，但背景信息有时也起决定性作用，因此背景信息的使用也是不可忽视的。

下面就基于内容的图像检索系统展开介绍。

基于内容的图像检索系统主要划分为两个子系统：特征提取和查询。特征提取子系统就是首先对原始图像数据进行预处理，然后按照给定的提取方法提取图像的特征，用这些特征建立特征数据库。查询子系统是根据用户给定的范例图像，在特征库中查询出和其具有相同或者相似特征值的图像，返回给使用者，以便达到使用者的要求。基于内容的图像检索系统结构如图 3-7 所示。

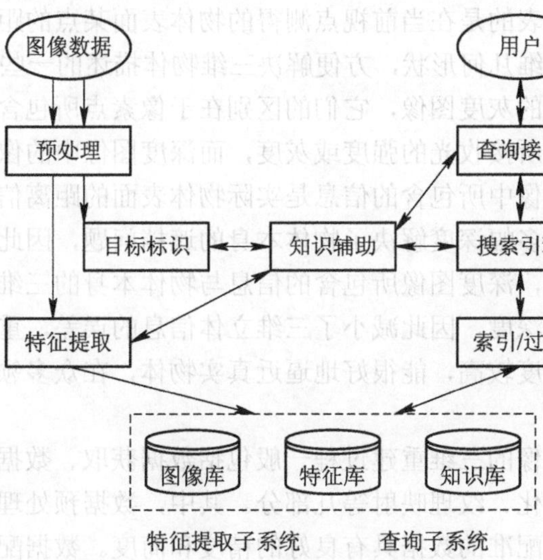

图 3-7　基于内容的图像检索系统结构

(1) 图像数据的预处理主要是根据检索要求将原始的图像数据规范成所需要的格式和分辨率，进行图像增强、去噪等处理，为图像特征提取做好前期准备。根据选用的特征提取方法选择不同的前期处理方法。图像特征的预处理严重影响特征提取，从而对图像检索产生影响。

(2) 图像目标标识是根据用户感兴趣的部分内容或者物体，对这部分感兴趣的目标进行标识，以便更有效地进行特征提取，使得检索量急剧减少，提高检索效率。

(3) 图像特征提取是按照给定的算法和要求，提取图像的相关特征，以便进行相似性比对。

(4) 数据库主要由图像库、特征库和知识库三个部分组成。图像库用来存储在经过预处理后的数字化图像信息；特征库用来存储经过特征提取后的图像特征数据；知识库中不仅有专用知识，还有通用知识，而且为了适用不同的应用领域可以更换，有利于提高查询和匹配的效率。

(5) 查询接口为使用者提供了一个人性化的交流界面，使用者可以通过这个界面获得所需要的结果。

(6) 搜索引擎通过给定的算法计算出范例图像和库中图像的特征值，然后检测两者之间的相似度。

(7) 索引/过滤模块主要是对检索的结果建立起一个索引机制。

3.2.3　三维视觉

三维视觉即研究如何通过视觉获取三维信息(三维重建)以及如何理解所获取的三维信息的科学。三维重建可以根据重建的信息来源分为单目图像重建、多目图像重建和深度图像(Depth Map)重建等。

下面以基于深度图像三维重建技术为例介绍三维视觉技术及方法。

深度图像也称距离图像，图像中的像素按照矩阵形式排列，符合图像的基本格式。由于图像中的每个像素点代表的是在当前视点测得的物体表面某点的距离值，因此，通过深度图像可以获得物体的三维几何形状，方便解决三维物体描述的一些相关问题。

深度图像不同于常见的灰度图像，它们的区别在于像素点所包含的信息不同。灰度图像中的像素点代表了该点所接收光的强度或灰度，而深度图像中的像素点包含的是对应扫描点的三维信息。深度图像中所包含的信息是实际物体表面的距离信息，与物体本身特性及光照方向联系较弱，且多幅深度解决了物体本身的遮挡问题，因此可以较完整地体现实际物体的三维信息。另外，深度图像所包含的信息与物体本身的三维信息直接相关，而不需要通过提取特征来计算深度，因此减小了三维立体信息的误差，重建模型时精度较高。由深度图像重建的模型精度较高，能很好地逼近真实物体，在众多领域中有着越来越广泛的应用。

针对点云数据深度图像的三维重建过程一般包括数据获取、数据预处理、深度图像配准、数据融合、模型网络化、纹理映射等几部分。其中，数据预处理是为了对点云数据进行去噪和精简，使得需要配准的数据具有良好的精度和简度。数据配准之后重叠区域容易产生数据冗余，所以在数据配准之后需要进行数据融合。一个完整的由深度图像进行三维重建的过程一般应该具有以下过程，如图 3-8 所示。

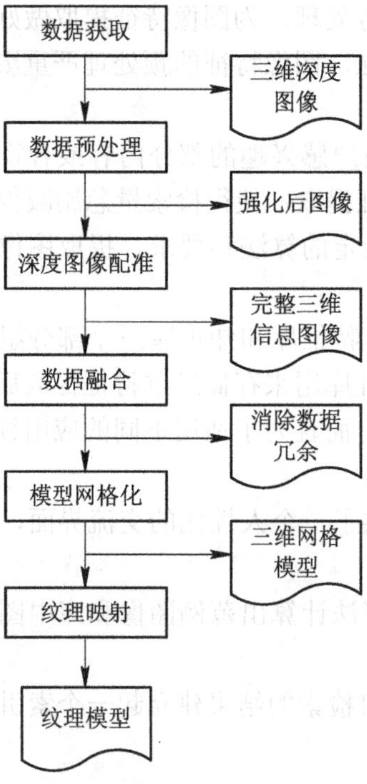

图 3-8　基于深度图像三维重建的流程

(1) 数据获取：是指对模型的三维数据的获取，这一步主要是由激光扫描仪来完成的。在获取数据之前，需要完成一些前期工作，比如扫描仪分辨率的选择等。

(2) 数据预处理：通过扫描仪获得的初始点云数据量较大，而且包含了许多噪声点等一些杂点，因此，直接对初始点云进行操作时会降低运算速度，并影响最终模型的重建效果。

(3) 深度图像配准：是三维重建过程中的一个重要步骤。在扫描被测物体的过程中，由于物体表面存在遮挡关系，需要从多个视角对物体进行扫描，以获得物体完整的三维信息，而每幅图像都有各自的坐标系，因此，需要将不同的深度图像转换到一个统一的坐标系中，即对深度图像进行配准操作。

(4) 数据融合：由于进行配准的两幅深度图像上存在重叠区域，因此，当把两幅深度图像配准到一个统一的坐标系之后，重叠区域会出现重复数据，即数据冗余和不一致现象。所以，图像配准之后，为了消除冗余，需要对数据进行融合处理。

(5) 模型网格化：通常所用的深度数据为散乱点云，为了很好地表现物体表面特征就需要进行表面重建，其中三角网格化是一种常用的有效方法，简单方便，能很好地逼近物体表面。

(6) 纹理映射：对深度数据进行三角网格化之后，可以得到物体的一个初始模型。为了更好地表现物体，需要对几何模型进行纹理映射，使物体具有较强的真实感。纹理映射主要有两种方法：一种是获得物体的彩色照片，然后将其映射到模型表面；另一种是在进行激光扫描时，采用红绿蓝三色激光，在获得点的三维信息的同时获得该点的颜色信息，从而生成真实感的三维模型。

三维视觉技术可以广泛应用于机器人、无人驾驶、智慧工厂、虚拟/增强现实等方面。

3.2.4　动态视觉

动态视觉即分析视频或图像序列，模拟人处理时序图像的科学。通常动态视觉问题可以定义为寻找图像元素，如像素、区域、物体在时序上的对应，以及提取其语义信息的问题。动态视觉研究被广泛应用在视频分析以及人机交互等方面。此外，动态视觉也能够应用于影视、动画或游戏制作产业。除了传感器技术以外，动态视觉应用主要基于核心技术——姿态估计(Pose Estimation)。

人体姿态估计是计算机视觉中一个很基础的问题。从其名字来看，可以理解为对人体的姿态(关键点，比如头、左手、右脚等)的位置估计。一般可以将这个问题细分成以下四个任务：

(1) 单人姿态估计(Single-person Skeleton Estimation)：输入应为裁剪后的单个行人，然后在行人身体区域内找出需要的关键点，比如头部、手、膝盖等。经过这几年相关人工智能算法的提升，单人姿态估计整体结果目前最高的已经能够接近95%。

(2) 多人姿态估计(Multi-person Pose Estimation)：单人姿态估计算法往往会被用来做多人姿态估计。多人姿态估计的输入是一张整图，可能包含多个行人，目的是需要把图片中所有行人的关键点都能正确地做出估计。针对这个问题，一般有两种做法，分别是从上到下(Top-down)以及从下到上(Bottom-up)的方法。对于从上到下的方法，往往先找到图片中的所有行人，然后对每个行人做姿态估计，分别找到每个行人的关键点。单人姿态估计往往可以被直接用于这个场景。对于从下到上的方法，思路正好相反，先是找图片中的所有关键点，比如所有头部、左手、膝盖等，然后把这些关键点对应到每个行人身上。

(3) 人体姿态跟踪(Video Pose Tracking)：如果把姿态估计扩展至视频数据，就有了人体姿态跟踪的任务。其主要针对视频场景中的每一个行人，进行人体以及每个关键点的跟踪。这个问题本身其实难度是很大的。相比行人跟踪，人体关键点在视频中的时序移动(Temporal Motion)可能比较大，比如一个行走的人，手和脚会不停地摆动，所以跟踪难度会比一般物体/人体跟踪更高。

(4) 3D 人体姿态估计(3D Skeleton Estimation)：3D 人体姿态估计目前限制在 RGB 输入数据的情况下，不考虑输入数据本身是 RGB-D(RGB + Depth)的情况。这个问题可以分成两个子问题：第一个是找出人体的 3D 关键点，相比之前的 2D 关键点，这里需要给出每个点的 3D 位置；第二个是 3D 形状，可以将关键点对应到人体的 3D 表面，可以认为是更稠密的骨骼信息。

人体姿势估计所面临的挑战主要体现在三个方面：① 灵活的身体构造表示复杂的关节和高自由度肢体，这可能会导致自我闭塞或罕见/复杂的姿势；② 身体外观包括不同的衣服和彼此相似的部分；③ 复杂的环境可能会导致前景遮挡、附近人遮挡或类似的部分、各种视角以及相机视图中的截断。通过利用人工智能技术，姿态估计能够解决以上挑战，做到快速且准确，大大降低了相关应用的开发周期和成本。

3.2.5 视频编解码

视频编解码是指通过特定的压缩技术将视频流进行压缩。视频流传输中最为重要的编解码标准有国际电联的 H.261、H.263、H.264、H.265、M-JPEG 和 MPEG 系列标准。国际主要视频编码标准发展史以及压缩性能如表 3-1 所示，可以看到随着编码标准的不断更新，视频的压缩效率从最开始的 30 倍左右，发展到如今，已经提升到 100 Mb/s 以上。同时视频的应用场景不断丰富，从开始的 VCD 到如今的 4 K 电视的高清体验。

表 3-1　国际主要视频编码发展史及压缩性能

性 能	制定起止时间	压 缩 性 能	应 用
H.261	1984—1990 年	比特率为 40 kb/s～2 Mb/s	ISDN 视频会议
MPEG-1	1988—1992 年	不超过 1.5 Mb/s 光盘存储	影音光盘
H.262/MEPG-2	1990—1994 年	比特率为 1.5～35 Mb/s	数字电视、卫星电视、地面广播
H.263	1993—1996 年	比特率为 8 kb/s～15 Mb/s	移动视频电话
H.264/Mepg-4	1998—2003 年	比特率为 3～70 Mb/s	因特网、移动通信、交互式视频
HEVC/H.265	2010—2013 年	比特率为 10～100 Mb/s	4 K 视频、3D 蓝光

视频压缩编码主要分为两大类：无损压缩和有损压缩。无损压缩指使用压缩后的数据进行重构时，重构后的数据与原来的数据完全相同，如磁盘文件的压缩。有损压缩也称为不可逆编码，指使用压缩后的数据进行重构时，重构后的数据与原来的数据有差异，但不会影响人们对原始资料所表达的信息产生误解。有损压缩的应用范围广泛，如视频会议、可视电话、视频广播、视频监控等。

视频编码是一种特殊数据的压缩方法。为了获得更高的压缩率，视频编码通常采用的是有损压缩。视频编码的国际标准较多，下面以 H.264 标准为例，介绍视频压缩编解码的基本原理。

1. H.264 编解码器原理

视频系列具有较强的时间相关性和空间相关性，利用帧间预测编码和帧内预测编码能有效地降低这种相关冗余。同时，变换技术能够分离视频系列的高低频分量，用于熵编码实现数据的压缩。预测编码和变换编码使得视频压缩变为可能，视频编码系统的基本结构如图 3-9 所示，包括预测、变换、量化和熵编码四个基本模块。

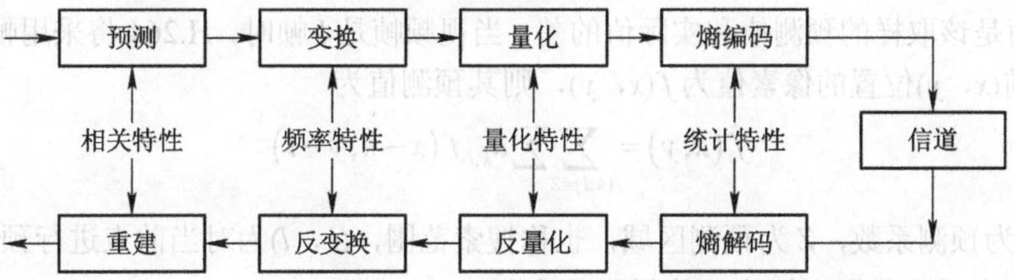

图 3-9　视频编码系统的基本结构

视频编码方法与待编码的信源模型参数有关。如果信源模型的参数是像素的亮度和色度值，则称为基于波形的编码；如果信源模型的参数是各个物体的形状、纹理和运动，则称为基于内容的编码。H.264 采用的是基于块的混合编码方法，属于基于波形的编码，其视频编码系统的基本结构如图 3-10 所示。由于在整个视频编码系统中，编码器既实现了编码功能也实现了解码功能，因此，图 3-10 中只展示了 H.264 编码器的结构。

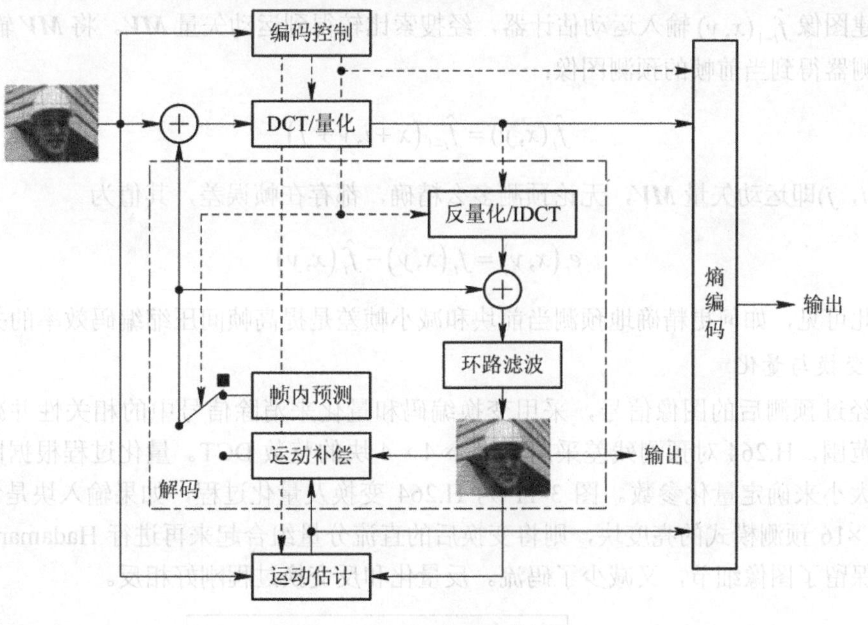

图 3-10　H.264 编码器的结构

输入视频信号首先将当前帧分割成宏块(处理的基本单元)，然后与前面经过解码重建的参考帧进行预测编码(帧内预测或帧间预测)，预测系数使用离散余弦变换(Discrete Cosine Transform，DCT)处理后，经过量化的系数进行熵编码。在整个编码过程中的编码控制参数和运动估计参数与编码后视频系列一起打包成符合 H.264 码流规范的网络提取层(Network

Abstraction Layer，NAL)单元交予信道传输。在解码端经过解码，提取目标数据和控制数据，对目标数据进行熵解码、反量化和 IDCT 变换，再与参考帧预测重建后，经过环路滤波去除图像边缘的块效应，从而重构原视频。

2. H.264 视频编码标准的关键技术

1) 帧内预测

预测法是最简单、实用的视频压缩编码方法，经过压缩编码后输出的不是像素本身的取样值，而是该取样的预测值和实际值的差。当视频帧是 I 帧时，H.264 将采用帧内预测编码。设当前$(x，y)$位置的像素值为$f(x，y)$，则其预测值为

$$\hat{f}(x,y)=\sum_{(k,l)\in Z}\sum a_{k,l}f(x-k,y-l)$$

其中，$a_{k,l}$为预测系数，Z为预测区域，也称搜索范围，$(k，l)$为对当前点进行预测的像素的相对水平和垂直位置坐标值。其预测误差为

$$e(x,y)=f(x-y)-\hat{f}(x,y)$$

H.264 的帧内预测对不同子块提供了多种可选的预测模式，以实现率失真优化。

2) 帧间预测

帧间预测主要包括运动估计和运动补偿，一般而言，帧间预测编码的编码效率比帧内编码更高。例如，t时刻当前帧图像为$f_t(x,y)$，当前帧重建图像为$\hat{f}_t(x,y)$，把$\hat{f}_t(x,y)$和前一帧重建图像$\hat{f}_{t-1}(x,y)$输入运动估计器，经搜索比较得到运动矢量 ***MV***。将 ***MV*** 输入运动补偿预测器得到当前帧的预测图像：

$$\hat{f}_t(x,y)=\hat{f}_{t-1}(x+i,y+j)$$

其中，$(i，j)$即运动矢量 ***MV***，无论预测多么精确，都存在帧误差，其值为

$$e_t(x,y)=f_t(x,y)-\hat{f}_t(x,y)$$

由此可见，如何更精确地预测当前块和减小帧差是提高帧间压缩编码效率的关键。

3) 变换与量化

对经过预测后的图像信号，采用变换编码和量化来消除信号中的相关性并减小数据的动态范围。H.264 对预测残差采用了最小 4 × 4 块的整数 DCT。量化过程根据图像的动态范围大小来确定量化参数。图 3-11 为 H.264 变换及量化过程，如果输入块是色度块或帧内 16 ×16 预测模式的亮度块，则将变换后的直流分量组合起来再进行 Hadamard 变换，这样既保留了图像细节，又减少了码流。反量化和反变换过程刚好相反。

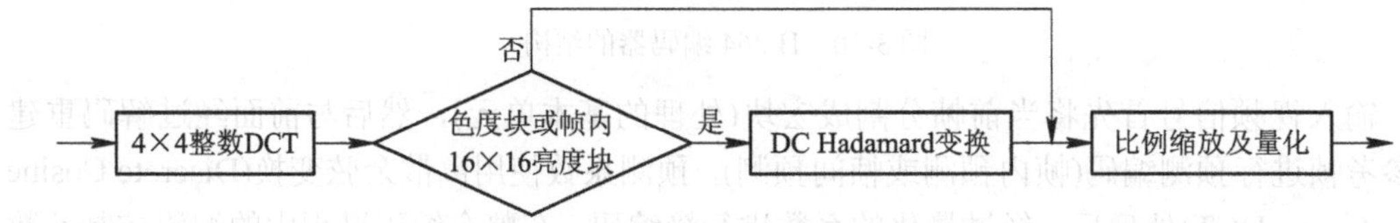

图 3-11　H.264 变换及量化过程

4) 环路滤波

H.264 解码器在反变换和反量化后，视频帧会出现方块效应，因为基于块的帧内和帧间预测残差的 DCT 系数在量化过程中相对粗糙，因而反量化过程恢复的变换系数带有误差，造成图像块边界上视觉不连续。另外，在运动补偿中，块匹配不可能绝对准确，所以在边界上也会产生块效应。H.264 中使用环路滤波器来实现去方块的功能，主要是进行边界分析，找到边界滤波条件进行边界滤波。

5) 熵编码

利用统计特性进行压缩的编码称为熵编码。H.264 使用了变长编码(CAVLC/UVLC)和算术编码(CABAC)。变长编码又称哈夫曼编码或最佳编码，通过统计信息确定一个码字代表一个输入符号，使平均码长最短，而算术编码使用区间递进的方法找到一个 0～1 区间上的浮点数来代替一串输入符号。

6) 码率控制

码率控制为图 3-10 中的编码控制模块，编码控制器对系统中的功能模块进行设定。码率控制是编码器实现的核心问题，编码器通过相应的编码控制算法以确定各种编码模式，如宏块的划分类型、运动矢量以及量化参数等。已确定的各种编码模式进一步控制编码器输出比特流的比特率和失真度，解码器则通过编码控制器中的参数准确重建视频。H.264 编码器采用的是基于 Lagrangian 优化算法的编码控制模型。

假设信源样本集为 S，给定的限定码率为 R_C，需要求得的编码模式参数集为 I，H.264 码率控制要求在限定码率的条件下使编码后失真度最小，即

$$R(S,I) \leqslant R_C \text{ st. } \min D(S,I)$$

其中，$R(S,I)$ 和 $D(S,I)$ 分别表示输出比特流的码率和失真度，满足上式的 I 即为编码控制参数集。在 H.264 的编码控制模型中使用下式来选择 I 的值。

$$I^* = \operatorname{argmin} J(S,I|\gamma) = \operatorname{argmin}\left[D(S,I) + D(S,I) + \gamma R(S,I)\right]$$

其中，γ 是 Lagrange 参数，即选定的编码参数集使编码后比特率和失真度的线性组合最小时，此编码参数集最优。

3.2.6　未来的挑战

目前，计算机视觉技术发展迅速，已具备初步的产业规模。未来计算机视觉技术的发展主要面临以下挑战：

一是如何在不同的应用领域与其他技术更好地结合。计算机视觉在解决某些问题时可以广泛利用大数据，已经逐渐成熟并且可以超过人类，而在某些问题上却无法达到很高的精度。

二是如何降低计算机视觉算法的开发时间和人力成本。目前计算机视觉算法需要大量的数据与人工标注，需要较长的研发周期以达到应用领域所要求的精度与耗时。

三是如何加快新型算法的设计开发。随着新的成像硬件与人工智能芯片的出现，针对不同芯片与数据采集设备的计算机视觉算法的设计与开发也是挑战之一。

四是如何向立体视觉过渡。随着自动驾驶、无人零售等应用需求的增加，三维传感器成本高、三维图像数据集少的问题开始显现，进一步制约了立体视觉模型算法的研究发展。

3.3 自然语言处理技术

自然语言处理是计算机科学领域与人工智能领域中的一个重要方向，研究能够实现人与计算机之间用自然语言进行有效通信的各种理论和方法，涉及的领域较多，主要包括机器翻译、语义理解和问答系统等。

3.3.1 机器翻译

机器翻译技术是指利用计算机技术实现从一种自然语言到另外一种自然语言的翻译过程。基于统计的机器翻译方法突破了之前基于规则和实例翻译方法的局限性，翻译性能取得巨大提升。基于深度神经网络的机器翻译在日常口语等一些场景的成功应用已经显现出了巨大的潜力。随着上下文的语境表征和知识逻辑推理能力的发展，自然语言知识图谱不断扩充，机器翻译将会在多轮对话翻译及篇章翻译等领域取得更大进展。

1990 年，Peter F. Brown 等人提出了一种基于统计的法英机器翻译实现方法，并给出了初步结果；1992 年，Hiroshi 等人提出了一种基于实例的机器翻译，并通过使用词库将大量实例推广到机器翻译研究中；2002 年，Franz Josef Och 等人提出了一种基于最大熵模型的统计机器翻译构架；2002 年，Daniel Marcu 等人提出了一种统计机器翻译的联合概率模型，这种模型可以自动学习双语语料库中的单词和短语的信息；2004 年，Chris Quirk 等人利用统计机器翻译(Statistical Machine Translation，SMT)生成了词汇和短语的释义；2005 年，David Chiang 等人提出了一种基于短语的统计机器翻译模型，该模型可以利用上下文无关文法学习文本中的语法信息；2014 年，Lya Sutskever 等人提出了一种通用的端到端的序列学习方法，这种方法使用多层长短期记忆(Long Short Term Memory，LSTM)模型将输入序列映射到固定维度的矢量，然后用另一个深层 LSTM 来解码矢量的目标序列；2016 年，Mohammad Norouzi 等人代表谷歌发布了谷歌神经机器翻译(Google Neural Machine Translation，GNMT)系统，该系统拥有 8 个编码器的深层 LSTM 网络和 8 个注意力机制的解码器层。

国内机器翻译的相关研究从 20 世纪 60 年代开启了研究热潮，从最初萌芽期使用的基于规则的机器翻译方法，到发展期使用的统计机器翻译方法，一直到目前繁荣期使用的神经网络机器翻译方法。1982 年，刘涌泉等人与中国科学院计算技术研究所合作开发了 ECMT-78 英汉机器翻译系统；1993 年，戚世远等人通过 IBM-PC/XT 机器上采用语义分析方法实现了英汉机器翻译系统；2009 年，蒋宏飞等人提出了一种基于同步树序列替换文法(Synchronous Tree Sequence Substitution Grammar，STSSG)的统计机器翻译模型；2010 年，马永亮等人研究了汉文分词对统计机器翻译的影响，提出了一种基于策略融合的多分词方法，并将这种方法应用在统计机器翻译系统中；2018 年，吴焕钦等人提出了一种面向目标数据集的伪数据构建方法，同时采用伪数据预训练与模型精调相结合的方式对模型进行训练，并针对不同伪数据规模设计了相应的实验。

下面分别介绍目前主要的 4 种机器翻译的方法。

1. 基于规则的机器翻译

1957 年，V. Yingve 提出了一种基于规则的机器翻译方法(称之为理性主义法)，这种方法的主要思想是通过人类所掌握的语言规则和语言知识建立规则库，从而实现不同语言之间的机器翻译，可以将其分为直接翻译法、转换翻译法和间接翻译法。直接翻译法的主要思想是对输入的源语言句子进行逐词翻译，这种方法在忽略语法信息的条件下，将源语言中的单词和短语直接替换成相对应的目标语言单词和短语，并在必要时对词序进行调整；转换翻译法是利用中间语言在源语言和目标语言之间进行过渡；间接翻译法与转换翻译法的原理类似。

2. 基于统计的机器翻译

1947 年，Shannon 等人提出了噪声信道模型，并利用噪声信道模型对机器翻译过程进行描述。其主要思想是，设源语言为 x，经过噪声信道模型后变成目标语言 y，也就是说，目标语言 y 是由源语言 x 经过某种编码得到的，那么翻译的目标就是要将 y 还原成 x，这种翻译过程可以看作是一个编码和解码的过程。统计机器翻译流程如图 3-12 所示。

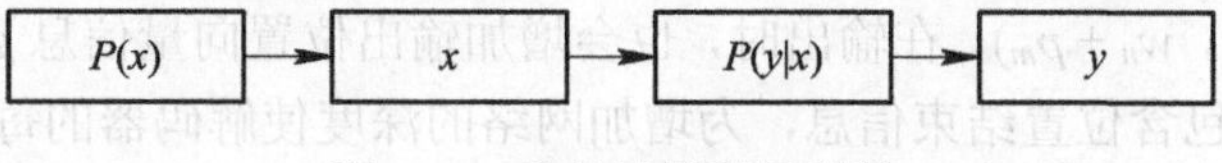

图 3-12　统计机器翻译流程

3. 基于神经网络的机器翻译

随着统计机器翻译方法逐渐陷入瓶颈，研究者们开始不断地探索新的机器翻译方法和理论。2014 年，Kalch 等人提出了一种基于端到端的编码器—解码器结构的神经网络机器翻译架构，其基本思想是通过模拟人类大脑的神经元，将每个神经元看作一个词的输入，利用编码器和解码器结构对整句进行翻译，开辟了机器翻译的新纪元。此后，随着深度学习、人工智能、大数据等概念引入自然语言处理研究领域，机器翻译的水平也突破了瓶颈，得到了不断的提升。这种基于神经网络的新构架的主要优势在于可以直接对输入和输出的映射关系进行建模，而不再需要传统机器翻译系统中对多个模块进行独立的操作和优化。

随着计算机硬件技术的不断革新，基于神经网络机器翻译的翻译模型逐渐演化为适用于自然语言处理不同研究领域的多种类型的模型，由最开始的 CNN 和 RNN 模型演化为 LSTM，再到目前主流的基于自注意力(Self-Attention)机制的 Transformer 架构。随着模型的不断演变和优化，机器翻译的水平也在不断地提升，时刻改变和影响着自然语言处理的各个领域，同时也推动着整个自然语言处理的发展。

4. 基于卷积神经网络的机器翻译

1987 年，Alexander Waibel 等提出了一个应用于语音识别的 CNN，并在语音识别上优于隐马尔可夫模型(Hidden Markov Model，HMM)。随着时间的推移和人们不断地探索研究，CNN 模型演变成了目前应用广泛的模型，并将其应用于图像识别、语音处理、机器翻译等任务中。CNN 模型与其他神经网络一样都采用梯度下降算法对输入的特征进行标准化处理，然后进行归一化操作，最终得到输出。其主要结构分为输入层、隐含层和输出层。

(1) 输入层：处理多维数据，如文字、图像、语音等。一维 CNN 的输入层主要以时间和频率作为采样数据，通常为文字序列；二维 CNN 的输入层主要以二维或者三维数据作为输入，通常为图像、语音等。

(2) 隐含层：由卷积层、池化层和全连接层组成。卷积层主要是对数据进行特征提取，在卷积层进行特征提取后，输出的特征值会被传递至池化层进行特征选择和信息过滤，最后将选择和过滤的数据通过全连接层进行归一化函数(Softmax Function)处理，最终进入输出层。

(3) 输出层：在训练过程中，输出层通过将输出值和正确值进行对比得到损失值，用于反向传播(Back Propagation)；在部署推理过程中，输出层与下游应用 API 连接，通过将各个特征值整合，对提取出的特征进行分析，最后根据不同的隐藏层权重和自身偏置，对结果进行识别分类。

2017 年，FaceBook 提出了一种完全使用 CNN 的神经网络机器翻译构架 ConvS2S (Convolutional Sequence to Sequence)模型，这个模型构架能够很好地缓解自然语言处理中的序列相关的问题。在该模型中，假设输入序列 $\boldsymbol{x}=(x_1, x_2, x_3, \cdots, x_m)$的向量表示为 $\boldsymbol{w}=(w_1, w_2, w_3, \cdots, w_n)$，位置向量为 $\boldsymbol{p}=(p_1, p_2, p_3, \cdots, p_m)$，$\boldsymbol{w}$ 和 $\boldsymbol{p}$ 的叠加作为输入 $\boldsymbol{e}=(w_1+p_1, w_2+p_2, w_3+p_3, \cdots, w_n+p_m)$，在输出时，也会增加输出位置向量信息 $\boldsymbol{g}=(g_1, g_2, g_3, \cdots, g_m)$，直到解码生成包含位置结束信息，为增加网络的深度使解码器的每个隐藏层输出都能包含输入序列中的信息，多个 CNN 层之间使用了残差连接的方式，如以下公式所示：

$$h_i^l = v\left(\boldsymbol{W}^l\left[h_{i-\frac{k}{2}}^{l-1}, \cdots, h_{i-\frac{k}{2}}^{l-1}\right] + \boldsymbol{b}^l\right) + h_i^{l-1}$$

h_i^l 为解码器的第l层第i个词的输出，$\boldsymbol{W}^l$ 表示第l层卷积的参数矩阵，$\boldsymbol{b}^l$ 是偏置向量。

在模型 ConvS2S 的解码器每层单独计算注意力权重。解码器第l层的注意力权重的计算方法如下：

$$d_i^l = \boldsymbol{W}_d^l h_i^l + \boldsymbol{b}_d^l + \boldsymbol{g}_i$$

$$a_{i,j}^l = \frac{\exp\left(d_i^l z_i^u\right)}{\sum_{i=1}^{m} \exp(d_i^l z_j^u)}$$

$$d_i^l = \sum_{j=1}^{m} a_{i,j}^l (z_j^u + e_j)$$

式中：$\boldsymbol{W}_d^l$ 与 $\boldsymbol{b}_d^l$ 为解码器第l层注意力网络的参数矩阵；$\boldsymbol{g}_i$ 表示上一时刻解码器输出词对应的包含位置信息的向量；z_j^u 表示解码器第 u 层的第 j 个隐状态。通过以上公式可以计算出 z^u 相对于解码器第 l 层的状态向量 $\boldsymbol{c}^l$，得到 $\boldsymbol{c}^l$ 之后，将其添加到解码器当前层的隐藏状态l中，然后再输入解码器的第 $l+1$ 层，最后在解码器最后一层获得最终隐藏层状态的表示 h^l。在 h^l 已知的情况下，就可以使用 softmax 来计算解码器在i时刻的输出结果，如下列公式所示：

$$p(y_{i+1}|y_1,\cdots,y_i,x)=\text{softmax}(W_o h_i^l+b_o)$$

3.3.2　语义理解

语义理解技术是指利用计算机技术(AI 算法)将文本解析为结构化的、机器可读的信息，实现对文本篇章的理解，并且回答与篇章相关问题的过程。语义理解更注重于对上下文的理解以及对答案精准程度的把控。随着 MCTest 数据集的发布，语义理解受到更多关注，取得了快速发展，相关数据集和对应的神经网络模型层出不穷。其中，自然语言语义表示分为以下三部分：

(1) 领域(Domain)：指同一类型的数据或者资源，以及围绕这些数据或资源组成的语义理解场景，比如天气、音乐等。

(2) 意图(Intent)：指对于领域数据的操作，是用户或文本所要表达的目的，一般以动宾短语来命名，比如询问天气、查找音乐等。

(3) 词槽(Slot)：用来存放领域的属性，是意图下用户附带的一些限制条件，比如天气领域的日期、天气，音乐领域的歌手、歌曲名等。

语义理解是一个很宽泛的话题，主要是因为输入的信息源有很多种，这里可以选择其中的人机对话来介绍。例如，家庭服务机器人是要为人类服务的，那么它必须能够理解人类的意思。人类传达信息的主要方式就是语言(无论是对话的方式还是文字的方式)。通常情况下，人在理解语义时大脑会搜寻与之相关的知识。所以理解人类对话所表达的意思，并给予合理的回答是人机交互的前提。

最基本的做法是打标签，即将输入与输出一一对应，高级的就需要语义理解。语义理解系统通过对文章内容的分析，理解文章的大致内容，再生成相应的回复。从某种程度上讲，语义理解与搜索引擎类似，用户输入要搜索的内容，平台需要给出相应的答案。知识图谱的创始人认为，构成这个世界的是实体，而不是字符串，这从根本上改变了过去的搜索体系。语义理解其实是基于知识、概念以及这些概念之间的关系。人们在解答问题时，往往会讲述与这个问题相关的知识，这是语义理解的过程。这种机制完全不同于人对图像或者语音的认识。

人工智能、互联网、人机交互等相关头部企业都在切入语义理解领域。例如，小孩从出生到长大是如何一步步完成和大人的对话，本质上也是一步一步地学习，通过观察大人的反馈，及时纠正自己的理解。小冰、siri、天猫精灵、小艾等都在不断地搜集语料，不断地进行学习。现在我们接触到的网络客服，很多就是基于语义理解的机器人客服，可以解放很多劳动力。语义理解技术将在智能客服、产品自动问答等相关领域发挥重要作用，进一步提高问答与对话系统的精度。

3.3.3　问答系统

问答系统分为开放领域的对话系统和特定领域的问答系统。问答系统技术是指让计算机像人类一样用自然语言与人交流的技术。人们可以向问答系统提交用自然语言表达的问题，系统会返回关联性较高的答案。尽管目前问答系统已经出现了不少应用产品，但大多是在实际信息服务系统和智能手机助手等领域中的应用，在问答系统鲁棒性方面仍然存在着问题和挑战。

伴随人工智能技术及应用场景的落地，尤其是深度学习带动 NLP 技术的快速发展，问答系统已成为 NLP 技术的研究热点及下一代信息搜索的必争之地。问答系统最早可追溯到具有代表性的 IBM Watson，后来由于其应用领域与要求不同，问答系统的分类出现了各种不同的维度：开放信息抽取问答、开放领域的问答对、开放领域的自由文本问答、知识库问答和知识图谱问答等，其中 Costa 和 Kulkarni 利用知识图谱解决事实和非事实类型问题的问答系统架构。事实上，问答系统的相关研究虽然使国内外学者面临着诸多挑战和困难，但还是得到了研究 NLP 学者的青睐。例如，Diefenbach 等人描述问答系统面临的挑战及主要技术的优缺点，问答系统主要包含 NLP、信息检索、机器学习和语义网等技术，他们还指出了主流基准 WebQuestions 和 SimpleQuestions 数据集的使用情况。

当然，很多研究学者借助信息抽取的思想对答案抽取进行研究，其中 Zhao 等人提出在问答系统中的一种基于词重要性语言模型的管道方法。而 Wang 等人提出了基于关键词的问答系统，该方法在单文档根据给定问题从维基百科抽取网络类型作为背景知识。随着数据量的增长与自然语言表示的复杂性的增加，基于模板的方法、资源描述框架(Resource Deion Framework，RDF)表示、基于文本特征工程的方法等检索方法难以满足海量数据的增长，从而显现出众多弊端。

基于深度学习的 NLP 技术快速发展，宛如“他山之石，可以攻玉”。一方面，国内外不断涌现创新的 NLP 技术促进了问答系统的提高，如 Tom 等人回顾了深度学习方法在 NLP 领域获得的最新研究成果和应用情况。另一方面，问答系统作为 NLP 技术的分支，深度学习方法促进了问答系统模型设计与方法的蓬勃发展，其中包括：依靠大规模知识库回答开放领域的问题，基于一些句子或阅读理解的段落来回答问题，以及 CNN 和 RNN 等主流模型在问答系统的研究成果。从 2015 年至今，很多研究人员发表了利用及改进现有深度神经网络的研究成果，如 Fu 等人在中文开放领域问答系统提出基于 CNN 架构学习问答对的文本表示和计算问答对的匹配得分，并且取得了不错的结果。如 Feng 等人针对非事实类型问答系统的答案选择任务提出基于 CNN 模型的 6 个结构，鉴于 NLP 领域的分类算法有较好的效果，故他们把答案选择看成二分类方法而不依赖语言工具，并用保险领域数据集进行方法验证且取得了不错的效果。特别是 Wang 等人提出了一种卷积递归神经网络的语义理解模型，并在该模型中完成了句子分类及基于注意力的答案选择模型，该模型结合了 CNN 和 RNN。这些方法与模型均在问答系统中有较大的进步与提高。

国内外研究人员对问答系统的相关研究取得了较大的成就。从问答系统构成部分来讲，问答系统主要由问句文本表示、信息检索、知识库和答案生成四个部分组成。这里选择问句文本表示进行简单介绍。问句文本表示方法有浅层和深层特征模型及其改进或混合模型，下面介绍 n-gram 及 CNN 模型的相关研究。

1. n-gram 模型

n-gram 也叫 n 元模型，是问答系统中十分重要的文本特征提取方法。n-gram 包含一个 n 个标记的序列，是基于隐马尔可夫模型的假设：第 n 个词的出现只与最近的 $n-1$ 个词有关，而与之前的其他词无关。因此，n-gram 定义了一个条件概率，计算公式为：

$$P(x_1,\cdots,x_t)=P(x_1,\cdots,x_{n-1})\prod_{t=n}^{t}P(x_t\mid x_{t-n+1},\cdots,x_{t-1})$$

表明可以通过概率的链式法则来分解 n-gram。但是 n-gram 较容易引起维数灾难，早期为了尽量避免出现维数灾难，大多数n-gram采用带有某种方式的平滑技术解决维数灾难的问题。后来出现了神经网络语言模型规避维数灾难方法，以及 n-gram 与 CNN 相结合的模型。此外，还可以使用词分布表示，词分布表示也称为词嵌入或词向量。

2. CNN 模型

2014 年，Kim 通过实验说明，使用 CNN 进行文本分类是确实有效的，并且针对文本任务中的输入不等长问题提出了有效的解决方法。他提出，通过对输入使用一个与词向量等长的卷积窗对输入进行卷积，然后对卷积得到的一维向量进行 max-pooling 操作，通过这种操作，可以借由卷积核的数量控制第一层卷积之后的输出节点数量，就能解决输入不等长对神经网络的影响。这种将卷积核设置成与词向量等长的做法被后续研究者广泛应用。在图像处理中卷积窗口可以为任意大小，此种处理方式被认为能将每个词作为一个整体进行处理，能较为完整地保留和表达输入的信息。而相对于这种处理方法，也有部分研究沿用图像处理中的卷积核大小设置方式且取得了较好的结果。Cai 等人用 CNN 和 BILSTM 融合模型分析问句对的语义信息，其中利用 CNN 提取有效的问句对文本特征。近年来，学者们发布了多个自然语言处理预训练模型，如 Google 的 Devlin 等人提出的 BERT(Bidirectional Encoder Representations From Transformers)模型，又如 Kim 等人提出的预训练隐单元条件随机场的无监督方法，并在此基础上应用于 LSTM 模型。

3.3.4　未来的挑战

自然语言处理面临五大挑战：一是在词法、句法、语义、语用和语音等不同层面存在不确定性；二是新的词汇、术语、语义和语法导致未知语言现象的不可预测性；三是数据资源的不充分使其难以覆盖复杂的语言现象；四是语义知识的模糊性和错综复杂的关联性难以用简单的数学模型描述，语义计算需要参数庞大的非线性计算；五是对跨语言或混合语言的处理，不同语言的结构特点不同，需要独特的数据预处理方式。

3.4　语音识别技术

语音识别通常称为自动语音识别(Automatic Speech Recognition，ASR)，主要是将人类语音中的词汇内容转换为计算机可读的输入，一般都是可以理解的文本内容，也有可能是二进制编码或者字符序列。语音识别是一项融合多学科知识的前沿技术，覆盖了数学与统计学、声学与语言学、计算机与人工智能等基础学科和前沿学科，是人机自然交互技术中的关键环节。但是，一般理解的语音识别其实都是狭义的语音转文字的过程，简称语音转文本识别(Speech To Text, STT)更合适，这样就能与语音合成(Text To Speech, TTS)对应起来。

语音识别技术从 20 世纪 30 年代开始，处于一个不断进步的状态，到 50 年代近 20 年的研究过程中，着重研究的是人耳特征和语音频域特性等。

在 20 世纪 40 年代，美国 Bell 实验室研制了出声码机器。日本紧接着研究了声学、心理学和生理学，为确认声音和音调之间的关系奠定了基础。最具有代表性的成果是在 20 世纪 50 年代，Bell 实验室成功研制可以识别 10 个英文数字的语音识别系统 Audry System，该系统在当时引起了极大的轰动。在 20 世纪 60 年代，世界上诞生了声学理论。

1960 年到 1965 年期间，各个国家都在探索语音识别技术。日本的大学和实验室在语音识别技术的硬件方面做出了杰出贡献，完成了硬件的设计。同时，苏联科学家提出动态时间归整算法(Dynamic Time Warping，DTW)和规划算法(Dynamic Programming，DP)，作用是将语音信号在时间上进行校准，从而解决语音信号具有时序性这个特点。在 1965 年到 1970 年期间，计算机的发展给语音识别技术在硬件和软件方面提供了有力的支撑，同期，一些理论例如傅里叶变换、倒谱计算等相继出现，成功地将语音识别信号过渡到了数字处理阶段。

20 世纪 70 年代期间，矢量量化算法(Vector Quantization，VQ)和隐马尔可夫模型理论形成，极大地促进了语音识别技术的发展，尤其是 HMM 理论，很长一段时间在语音识别中占据主导地位。实践方面，孤立语音识别技术已经发展成熟了，利用的理论基础是频谱分析、倒谱分析以及线性预测分析。从 80 年代起，多层感知机模型的形成使人类进入机器学习时代。在 20 世纪 80 年代末期，将人工神经网络(Artificial Neural Network，ANN)与语音识别技术结合，出现了 Sphinx 系统，该系统具有可以识别非特定人的讲话和多词汇的特点。在这一时期，人工神经网络和反向传播算法(Back Propagation, BP)发展成熟，促进了机器学习。1990 年以后，随着世界信息的开放，语音识别系统得到了各国的重视，一些发达国家投入了大量的金钱发展语音识别技术，市场上也出现了一些关于语音识别的产品，如美国公司 IBM 生产的 TANGORA 语音打字系统。与此同时，基于 HMM 的语音识别系统更加成熟，利用了一些方法，例如最大似然回归(Maximum Likelihoad Linear Regression，MLLR)等弥补了单纯使用 HMM 模型的不足。从 20 世纪 70 年代到 20 世纪结束，30 年的时间，语音识别的理论研究和实际应用都得到了很大的发展，识别方法由最初的模板匹配衍生到基于统计模型框架，形成了基于高斯混合一隐马尔可夫的混合模型(GMM-HMM)，此模型应用非常广泛，但也是属于浅层学习模型。

进入 21 世纪，在大数据和硬件设备的支持下，有足够的能力建成语音库，语音识别进入了 DNN 阶段。由于图像和语音等方面的刺激，又形成了 CNN、RNN 等。总体来说深度神经网络在语音识别方面比隐马尔可夫模型更加自主，发展的空间更大。

连接时序分类(Connectionist Temporal Classifier，CTC)模型最早是在 2006 年由 Alex Graves 提出来的，解决了类因素分类等问题。2012 年，Alex Graves 在 CTC 的基础上改进了基于传统的语音识别方式，利用两套 RNN 模型分别用于声学模型和语言模型，算出后验概率和先验概率，然后将两者进行数学上的乘积运算，得到输出音素概率。与此同时，各大商业公司开始研究基于 CTC 的语言识别。2015 年，百度硅谷实验室发布了基于 CTC 的大词汇连续语音识别系统，2016 年又在此系统上进行更新，实现了兼容汉语和英语的识别系统。

中国在语音识别研究的起步大概在 20 世纪 50 年代，近 30 年发展迅速，从 863 计划国家成立专门的专项组开始，到各个知名大学、研究所和公司都在不断地探索，国内的语音

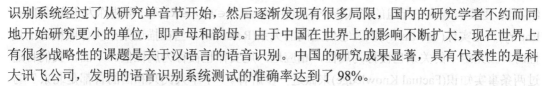

识别系统经过了从研究单音节开始，然后逐渐发现有很多局限，国内的研究学者不约而同地开始研究更小的单位，即声母和韵母。由于中国在世界上的影响不断扩大，现在世界上有很多战略性的课题是关于汉语言的语音识别。中国的研究成果显著，具有代表性的是科大讯飞公司，发明的语音识别系统测试的准确率达到了98%。

下面介绍 CTC 技术的原理。

在 CTC 模型中，加入了空白的“blank”标签，一方面防止 CTC 无法输出连续的相同字符，例如“s”对应的语音信号中只有一个尖峰被当作“s”，其余的被当作“blank”，最终 CTC 只输出尖峰序列，与音素发音持续时间长短无关，所以 CTC 不需要对语料进行分割对齐；另一方面，“blank”标签解决了语音识别中的停顿现象，可以预测一整句话而不只是一个单词。每个 CTC 预测序列，输入序列为 $x=(x_1, x_2, x_3, \cdots, x_T)$，表示时间 t 观察到标签 k 的概率，π_t 指输出序列 π 的第 t 个，T 表示输入音频长度，假设每个时间输出的概率和其他时间输出概率是相互独立的，那么可得到输出路径的条件概率为

$$p(\pi|x)=\prod_{t=1}^{T} y_{\pi_t}^{t}$$

在实际序列和空白标签中，设计了路径结构，最终通过删除路径中重复和空白标签，将路径包含在最终标签序列中。其中，c 定义一种输出序列 π 到目标标签的多对一映射规则，$c^{-1}(l)$是指逆映射，则输出序列的概率为所有路径概率和

$$p(l|x)=\sum_{\pi c^{-1}(l)} p(\pi|x)$$

最终通过取的负对数得到 CTC 损失函数：

$$\mathrm{CTC}(x)=-\log P(l|x)$$

3.5 知识图谱

知识图谱本质上是结构化的语义知识库，是一种由节点和边组成的图数据结构，以符号形式描述物理世界中的概念及其相互关系，其基本组成单位是“实体—关系—实体”三元组，以及实体及其相关“属性—值”对。不同实体之间通过关系相互连接，构成网状的知识结构。在知识图谱中，每个节点表示现实世界的“实体”，每条边为实体与实体之间的“关系”。通俗地讲，知识图谱就是把所有不同种类的信息连接在一起而得到的一个关系网络，提供了从“关系”的角度去分析问题的能力。

搜索引擎巨头谷歌于2012年5月发布的知识搜索产品 Google Knowledge Graph(谷歌知识图谱)，旨在实现对其搜索引擎的语义搜索质量的提升。与此同时，这也宣示了知识工程正式进入了大数据知识工程的全新阶段。

近年来，随着认知智能技术的深入发展，知识图谱的内涵也愈加丰富，已成为大数据时代的一种重要的知识表示形式。从上述角度出发，知识图谱可被视为一种大规模的语义网络，其主要以结构化三元组(Triple)的形式表示并存储现实世界中的实体、概念，以及它们之间的各种语义关系。遵循图的表示形式，知识图谱可表示为 $\vartheta=(\varepsilon, R)$，其中 $\varepsilon=\{e_1,\cdots,e_{|\varepsilon|}\}$ 表示实体的集合，$R=\{r_1,\cdots,r_{|R|}\}$ 表示关系的集合，ϑ 中的每个元素称为事实、关系实例或三元

组实例，主要表现为三元组的形式(h, r, t)，其中$h \in \varepsilon$, $t \in \varepsilon$, $r \in R$, 又分别被称为头实体(Head Entitry)、尾实体(Tail Entity)以及它们之间的关系(Relation)。当在描述某个实体或概念的属性时，三元组中的关系也被称为属性，相应地，尾实体也被称为属性值。下面，我们将通过两条事实知识(Factual Knowledge)来做进一步解释。“中华人民共和国的首都是北京”与“北京市海淀区的邮政编码为 100089”是两条事实，知识图谱可将它们结构化表示并存储为：(中华人民共和国，首都，北京)和(北京市海淀区，邮政编码，100089)。当下，一方面，随着人们对高效储存与利用结构化知识的需求的日益增加，另一方面，得益于互联网上不断产生的、大量的、高质量的用户生成内容，研究者们结合专家知识、机器学习以及深度学习等技术，面向通用领域与垂直领域，构建了种类丰富的知识图谱，形成了知识图谱的体系架构。

知识图谱的体系架构是指其构建模式结构，如图 3-13 所示。其中虚线框内的部分为知识图谱的构建过程，也包含知识图谱的更新过程。知识图谱构建从最原始的数据(包括结构化、半结构化、非结构化数据)出发，采用一系列自动或者半自动的技术手段，从原始数据库和第三方数据库中提取知识事实，并将其存入知识库的数据层和模式层，这一过程包含信息抽取、知识表示、知识融合、知识推理四个过程，每一次更新迭代均包含这四个阶段。知识图谱主要有自顶向下(Top-down)与自底向上(Bottom-up)两种构建方式。自顶向下指的是先为知识图谱定义好本体与数据模式，再将实体加入知识库。该构建方式需要利用一些现有的结构化知识库作为其基础知识库，例如 Freebase 项目就是采用这种方式，其绝大部分数据是从维基百科中得到的。自底向上指的是从一些开放链接数据中提取出实体，选择其中置信度较高的加入知识库，再构建顶层的本体模式。目前，大多数知识图谱都采用自底向上的方式进行构建，其中最典型的是谷歌的 Knowledge Vault 和微软的 Satori 知识库。现在也符合互联网数据内容知识产生的特点。

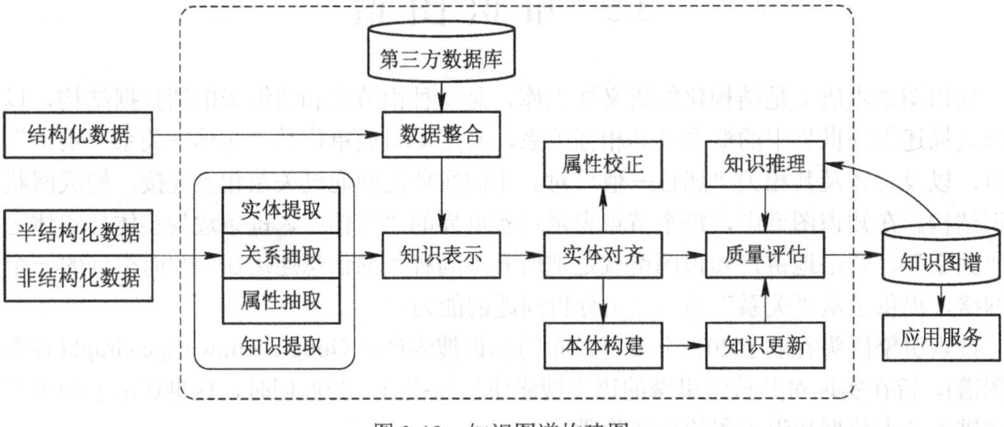

图 3-13　知识图谱构建图

知识图谱也可分为开放域通用知识图谱和垂直行业知识图谱。开放通用知识图谱注重广度，强调融合更多的实体，较垂直行业知识图谱而言，其准确度不够高，并且受概念范围的影响，很难借助本体库对公理、规则以及约束条件的支持能力规范其实体、属性、实体间的关系等。通用知识图谱主要应用于智能搜索等领域。行业知识图谱通常需要依靠特定行业的数据来构建，具有特定的行业意义。行业知识图谱中，实体的属性与数据模式往往比较丰富，需要考虑到不同的业务场景与使用人员。表 3-2 展示了现在知名度较高的大规模知识库。

表 3-2　常见知识图谱概况

知识库名称	开始时间	领域	依赖资源	规模#(实体/概念/关系/事实)	构建方式	类型
Cyc/ResearchCyc	1984	通用	专家知识	239,261/116,822/18,014/2,093,000	人工	常识图谱
WordNet	1985	通用	专家知识	155,287/117,659/18/-	人工	词汇图谱
ConceptNet	1999	通用	群体智能(多语言)	-/8,000,000/36/21,000,000	自动	常识图谱
DBpedia	2007	通用	Wikipedia + 专家知识	17,315,785/754/2,843/79,030,098	半自动	百科图谱
YAGO	2007	通用	WordNet + Wikipedia	4,595,906/48,846,977/40m	自动	百科图谱
Freebase	2008	通用	Wikipedia + 领域知识+群体智能	58,726,427/2,209/39,151/3,197,653,841	半自动	百科图谱
NELL	2010	通用	机器学习	-/287/327/2,309,095	自动	文本图谱
BabeNet	2012	通用	WordNet + Wikipedia(多语言)	9,671,518/6,117,108/1,307,706,673/-	自动	词汇图谱
Wikidata	2012	通用	Freebase+群体智能	45,766,755/-/-/-	半自动	百科图谱
Google Knowledge Graph	2012	通用	基于 Freebase	570M/500/35,000/18000M	自动	综合图谱
Probase	2012	通用	基于微软搜索引擎 Bing 的网页以及搜索日志	-	自动	概念图谱
搜狗知立方	2012	通用	基于搜狗百科(汉语)	-	自动	百科图谱
Knowledge Vault	2014	通用	机器学习	45M/1,100/4,469/271M	自动	百科图谱
百度知心	2013	通用	基于百度百科	-	自动	百科图谱
XLORE	2013	通用	基于中英文维基、法语维基和百度百科(多语言)	16,284,901/2,466,956/446,236/-	自动	百科图谱
CN-DBpedia	2015	通用	基于中文百科类网站	16M/-/2200M/-	自动	百科图谱
Probase+	2017	通用	Probase	-/10,378,743/21,332,357/-	自动	概念图谱

大规模知识库的构建与应用需要多种技术的支持。通过知识提取技术，可以从一些公开的半结构化、非结构化和第三方结构化数据库的数据中提取出实体、关系、属性等知识要素。知识表示则通过一定有效手段对知识要素表示，便于进一步处理使用。然后通过知识融合，可消除实体、关系、属性等指称项与事实对象之间的歧义，形成高质量的知识库。知识推理则是在已有的知识库基础上进一步挖掘隐含的知识，从而丰富、扩展知识库。分布式的知识表示形成的综合向量对知识库的构建、推理、融合以及应用均具有重要的意义。

知识图谱作为人工智能研究和智能信息服务基础的核心技术，能够赋予机器智能体以精准查询、分析，深度理解与逻辑推理等能力，应用在数据分析、智慧搜索智能推荐、自然人机交互等多个垂直领域的场景中。同时知识图谱可用于反欺诈、不一致性验证、组团欺诈等公共安全保障领域，需要用到异常分析、静态分析、动态分析等数据挖掘方法。特别地，知识图谱在搜索引擎、可视化展示和精准营销方面有很大的优势，已成为业界的热门工具。但是，知识图谱的发展还有很大的挑战，如数据的噪声问题，即数据本身有错误或者数据存在冗余。随着知识图谱应用的不断深入，还有一系列关键技术需要突破。

下面将以知识抽取、知识表示、知识融合以及知识推理技术为重点，选取代表性的方法进行说明介绍。

3.5.1 知识抽取

知识抽取主要是面向开放的链接数据，通常典型的输入是自然语言文本或者多媒体内容文档等。通过自动化或者半自动化的技术抽取出可用的知识单元，知识单元主要包括实体、关系以及属性三个知识要素，并以此为基础，形成一系列高质量的事实表达，为上层模式层的构建奠定基础。

1. 实体抽取

实体抽取也称为命名实体学习或命名实体识别，指的是从原始数据语料中自动识别出命名实体。由于实体是知识图谱中的最基本元素，其抽取的完整性、准确率、召回率等将直接影响知识图谱构建的质量。

我们将实体抽取的方法分为四种：基于百科站点或垂直站点的抽取方法、基于规则与词典的抽取方法、基于统计机器学习的抽取方法以及面向开放域的抽取方法。

2. 语义类抽取

语义类抽取是指从文本中自动抽取信息来构造语义类并建立实体和语义类的关联，作为实体层面上的规整和抽象。有一种行之有效的语义类抽取方法，包含三个模块：并列度相似计算、上下位关系提取以及语义类生成。

3. 属性和属性值抽取

属性提取的任务是为每个本体语义类构造属性列表，而属性值抽取则为一个语义类的实体附加属性值。属性和属性值的抽取能够形成完整的实体概念的知识图谱维度。

4. 关系抽取

关系抽取的目标是解决实体语义链接的问题。关系的基本信息包括参数类型、满足此关系的元组模式等。

3.5.2　知识表示

传统的知识表示方法主要是以RDF的三元组SPO(Subject，Predicate，Object)来符号性描述实体之间的关系。但是其在计算效率、数据稀疏性等方面面临诸多问题。

近年来，以深度学习为代表的学习技术取得了重要的进展，可以将实体的语义信息表示为稠密低维实值向量，进而在低维空间中高效计算实体、关系及其之间的复杂语义关联，对知识库的构建、推理、融合以及应用均具有重要的意义。

1. 代表模型

知识表示学习的代表模型有距离模型、单层神经网络模型、双线性模型、神经张量模型、矩阵分解模型、翻译模型等。

2. 复杂关系模型

知识库中的实体关系类型也可分为1-to-1、1-to-N、N-to-1、N-to-N四种类型，而复杂关系主要指的是1-to-N、N-to-1、N-to-N这三种关系类型。

3.5.3　知识融合

通过知识提取实现了从非结构化和半结构化数据中获取实体、关系以及实体属性信息的目标。由于知识来源广泛，存在知识质量良莠不齐、来自不同数据源的知识重复、层次结构缺失等问题，因此必须要进行知识融合。

1. 实体对齐

实体对齐也称为实体匹配、实体解析或者实体链接，主要是用于消除异构数据中实体冲突、指向不明等不一致性问题，可以从顶层创建一个大规模的统一知识库，从而帮助机器理解多源异质的数据，形成高质量的知识。

2. 知识加工

通过实体对齐可以得到一系列基本事实表达或初步的本体雏形，然而事实并不等于知识，它只是知识的基本单位。要形成高质量的知识，还需要经过知识加工的过程，从层次上形成一个大规模的知识体系，统一对知识进行管理。

3. 知识更新

人类的认知能力、知识储备以及业务需求都会随时间而不断递增。因此，知识图谱的内容也需要与时俱进，不论是通用知识图谱，还是行业知识图谱，它们都需要不断地迭代更新，扩展现有的知识，增加新的知识。

3.5.4　知识推理

知识推理是在已有的知识库基础上进一步挖掘隐含的知识，从而丰富、扩展知识库。在推理的过程中，往往需要关联规则的支持。由于实体、实体属性以及关系的多样性，人们很难穷举所有的推理规则，一些较为复杂的推理规则往往是手动总结的。

对于推理规则的挖掘，主要还是依赖于实体以及关系间的丰富同现情况。知识推理的对象可以是实体、实体的属性、实体间的关系、本体库中概念的层次结构等。知识推理方法主要可分为基于逻辑的推理和基于图的推理两种类别。

1. 基于逻辑的推理

基于逻辑的推理方式主要包括一阶谓词逻辑、描述逻辑以及规则等。一阶谓词逻辑推理是以命题为基础进行推理，而命题又包含个体和谓词。逻辑中的个体对应知识库中的实体对象，具有客观独立性，可以是具体一个或泛指一类；谓词则描述了个体的性质或个体间的关系。

2. 基于图的推理

在基于图的推理方法中，主要是利用了关系路径中的蕴涵信息，通过图中两个实体间的多步路径来预测它们之间的语义关系，即从源节点开始，在图上根据路径建模算法进行游走，如果能够到达目标节点，则推测源节点和目标节点之间存在联系。关系路径的建模方法研究工作尚处于初期，其中在关系路径的可靠性计算、关系路径的语义组合操作等方面仍有很多工作需要进一步探索。

3.6 人机交互技术

人机交互主要研究人和计算机之间的信息交换，主要包括人到计算机和计算机到人的两部分信息交换，是人工智能领域的重要外围技术。人机交互是与认知心理学、人机工程学、多媒体技术、虚拟现实技术等密切相关的综合学科。传统的人与计算机之间的信息交换主要依靠交互设备进行，包括键盘、鼠标、操纵杆、数据服装、眼动跟踪器、位置跟踪器、数据手套、压力笔等输入设备，以及打印机、绘图仪、显示器、头盔式显示器、音响等输出设备。人机交互技术除了传统的基本交互和图形交互外，还包括语音交互、情感交互、体感交互及脑机交互等技术，以下对后四种与人工智能关联密切的典型交互手段进行介绍。

3.6.1 语音交互

语音交互是一种高效的交互方式，是人以自然语音或机器合成语音同计算机进行交互的综合性技术，结合了语言学、心理学、工程和计算机技术等领域的知识。语音交互不仅要对语音识别和语音合成进行研究，还要对人在语音通道下的交互机理、行为方式等进行研究。语音交互过程包括四部分：语音采集、语音识别、语义理解和语音合成。语音采集完成音频的录入、采样及编码；语音识别完成语音信息到机器可识别的文本信息的转化；语义理解根据语音识别转换后的文本字符或命令完成相应的操作；语音合成完成文本信息到声音信息的转换。作为人类沟通和获取信息最自然便捷的手段，语音交互比其他交互方式具备更多优势，能为人机交互带来根本性变革，是大数据和认知计算时代未来发展的制高点，具有广阔的发展前景和应用前景。

语音识别技术简称 ASR(Automatic Speech Recognition)技术，是将语音信息转化为机器可识别的文本信息。ASR 技术是一项综合性技术，涉及信号处理、声学、模式识别、计算机科学等多学科。当前人说话方式的要求、词汇量大小、对说话人的依赖程度是语音识别系统分类的三个依据。人说话方式的要求分为孤立词语音识别和连续语音识别，对说话人的依赖程度分为特定人和非特定人语音识别。不同的语音识别系统构建的流程及方法也不同，图 3-14 是一个比较通用的语音识别系统构建示意图。

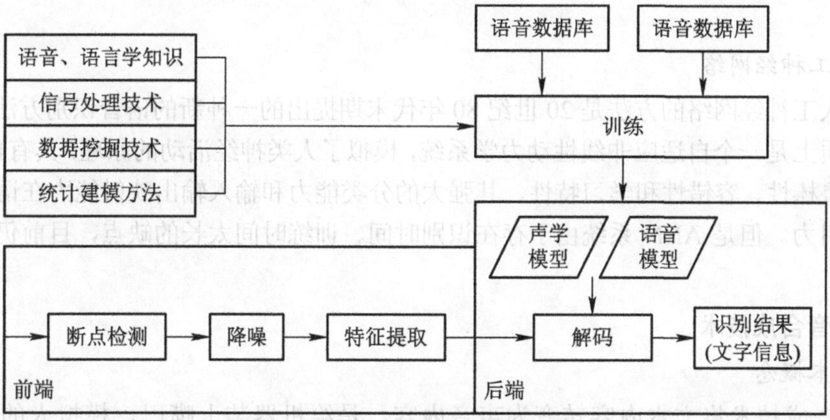

图 3-14　语音识别系统构建图

语音识别系统的搭建包含两个阶段：数据训练阶段和语音识别阶段。数据训练阶段，首先对提前收集的语音数据进行信号处理及特征挖掘，得到语音识别阶段所需的语言模型和声学模型，该阶段是离线完成的；语音识别阶段，是对用户的语音数据进行自动匹配与识别，该过程通常是在线完成的。识别过程通常又可以分为“前端”和“后端”两大模块：“前端”模块的主要作用是进行断点检测(去除多余的静音和非说话声)、降噪、特征提取等；“后端”模块的作用是利用训练好的“声学模型”和“语言模型”对用户说话的特征向量进行统计模式识别(又称“解码”)，得到其包含的文字信息，此外，后端模块还存在一个“自适应”的反馈模块，可以对用户的语音进行自学习，从而对“声学模型”和“语音模型”进行必要的校正，进一步提高识别的准确率。

下面就语音交互中两个重要的部分——语音识别方法和语音合成技术进行说明。

1. 语音识别方法

1) DTW

语音信号是随机的，同一个人说同一句话结果也会有所不同，在声调、时间等方面必然存在差距。算法的思想就是把未知量均匀地伸长或缩短，直到与参考模式的长度一致。在这一过程中，未知单词的时间轴要不均匀地扭曲或弯折，以使其特征与模型特征匹配，实际是在规定范围内对不同的路径进行比较匹配，找到最优解作为匹配结果。该算法计算量较大，识别效果不错，但实时性较差。

2) HMM

HMM 方法现已成为语音识别的主流技术，目前大多数大词汇量、连续语音的非特定人语音识别系统都是基于 HMM 模型。语音信号虽然有很大的不确定性，但每次的语音信号的语义是确定的。基于这种特性，HMM 是对语音信号的时间序列结构建立统计模型，将之看作一个数学上的双重随机过程：一个是用具有有限状态数的 Markov 链来模拟语音信号统计特性变化的隐含的随机过程，另一个是与 Markov 链的每一个状态相关联的观测序列的随机过程。前者通过后者表现出来，但前者的具体参数是不可测的。人的言语过程实际上就是一个双重随机过程，语音信号本身是一个可观测的时变序列，是由大脑根据语法知识和言语需要(不可观测的状态)发出的音素的参数流。可见 HMM 合理地模仿了这一过程，很好地描述了语音信号的整体非平稳性和局部平稳性，是较为理想的一种语音模型。

3) 人工神经网络

利用人工神经网络的方法是 20 世纪 80 年代末期提出的一种新的语音识别方法。人工神经网络本质上是一个自适应非线性动力学系统，模拟了人类神经活动的原理，具有自适应性、并行性、鲁棒性、容错性和学习特性，其强大的分类能力和输入输出映射能力在语音识别中都很有吸引力。但是 ANN 系统由于存在识别时间、训练时间太长的缺点，目前仍处于实验探索阶段。

2. 语音合成技术

1) 基本概念

语音合成技术将文本内容转变为声音内容，是给机器装上嘴巴，模拟人的声音，让其开口说话，从而自动将任意文本实时转换为自然语言。语音合成技术通过使用语音学规则、语义学规则、词汇规则等各种规则及方法，保证语音合成的效果能够满足清晰度和自然度的要求。文本转换为语音要把文本信息按照相应规则变换成音韵序列，再将音韵序列转换为声音波形，因此文本信息转换为声音信息可分为两个阶段：第一阶段，文本转化为声音，该部分除使用韵律生成规则外，还涉及了字音转换、分词等处理技术；第二阶段，生成语音波形，应用了语音学、语义学等语言学规则及算法，保证能够实时输出自然度高和清晰度高的语音流。由此可见，语音合成系统研究涉及语言学知识及相应的数字信号处理技术。

2) 语音合成的方法

语音合成技术的核心是按照一定规则将文本信息转换成声音信息。在多年的研究中，目前能够满足实用要求的语音合成技术主要使用了两种方法：波形拼接法和参数合成法。两种方法的实现原理和基本思想如下：

(1) 基于波形拼接的语音合成技术。

波形拼接法的基本思想是先将合成语音的基本单元存储到语音库中，在合成时根据文本合成的要求，从语音库中读取基本单元，通过对波形的拼接和处理，最终合成所需要的语音。波形拼接法有两种实现形式，一是波形编码合成，类似于语音编码中的波形编解码，直接把要合成的语音的发音波形进行波形编码压缩，然后在合成时再解码组合输出。二是波形编辑合成，语音合成使用波形编辑技术，在语音库中选择自然语音的合成单元的波形，然后将这些波形编辑拼接后输出。波形拼接合成法是一种比较简单的语音合成技术，通常用来合成有限词汇的语音段。

(2) 基于参数合成的语音合成系统。

参数合成法是一种比较复杂的方法，首先需要录制大量用来训练的声音，这些声音涵盖了人发音过程中所有读音，再对语音信号进行预处理，提取出语音的声学参数，使用 HMM

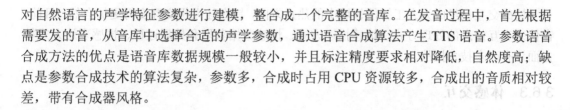

对自然语言的声学特征参数进行建模，整合成一个完整的音库。在发音过程中，首先根据需要发的音，从音库中选择合适的声学参数，通过语音合成算法产生 TTS 语音。参数语音合成方法的优点是语音库数据规模一般较小，并且标注精度要求相对降低，自然度高；缺点是参数合成技术的算法复杂，参数多，合成时占用 CPU 资源较多，合成出的音质相对较差，带有合成器风格。

3.6.2　情感交互

情感是一种高层次的信息传递，而情感交互是一种交互状态，它在表达功能和信息时传递情感，勾起人们的记忆或内心的情愫。传统的人机交互无法理解和适应人的情绪或心境，缺乏情感理解和表达能力，计算机难以具有类似人一样的智能，也难以通过人机交互做到真正的和谐与自然。情感交互就是要赋予计算机类似于人一样的观察、理解和生成各种情感的能力，最终使计算机像人一样能进行自然、亲切和生动的交互。而情感计算是建立这种和谐人机环境的基础之一。

情感计算是一个多学科交叉的崭新的研究领域。它包括传感器技术、计算机科学、认知科学、心理学、行为学、生理学、哲学、社会学等。情感计算的最终目标是赋予计算机类似于人的情感能力。要达到这个目标，有许多基本科学问题有待解决，并具有很大的难度。这些问题的突破对各学科的发展都会有很大的推动作用。情感计算的关键技术包括以下几项：人类生理、心理及行为特征的情感状态分析；人类情感信息信号采集传感器的研究；人类情感及各种行为特征的计算机建模；人类生物特征的识别技术；各种感知数据的融合、集成和知识推理体系；情感感知结果的有效表达方式。下面介绍情感计算的关键技术。

(1) 人物的准确验证与识别。情感计算是针对个人的，其模型和理解过程应该在普适性情况下具有个性化的特点。这就要求在情感计算的理论和技术应用之前，准确判断用户的身份，更高的要求是对不同用户的准确识别。

(2) 情感机理的研究是一个非常古老的课题。这方面的研究主要是心理学家和生理学家的工作。情感机理研究首先应借鉴这些方面的工作，且应把重点放在普适性理论的研究方面，而后才是个性化的研究阶段。

(3) 情感信号的测量。所谓情感信号就是基于或关于情感而反映出来的多种生理或行为特征所表现出来的信息进行测量的结果，该方面信息的精确、可靠测量是至关重要的。但是有些信号的提取是有难度的。可采用多传感器集成的方式，对各种不同的情感信号进行测量，运用检测层和时空层信息融合技术。

(4) 情感信号分析、建模与识别。情感信号表现出较强的多样性和复杂性。这主要包括非线性、时变性、信号反应延时和饱和效应、信噪比低等特征。各类情感信号对于各种情感特征敏感度也不同。情感信号分析与识别的目的是为正确选择情感信号提供理论与实验依据，为情感的理解和表达提供可靠的原始数据。

(5) 情感信号的融合算法研究。某一情感的变化对应于多种生理或行为的变化，不能从单一生理或行为的变化引出相应的情感的变化，因此，情感的判定是融合各种生理或行为的过程，应该研究有关情感计算的信息融合理论与技术。

情感交互已经成为人工智能领域中的热点方向，旨在让人机交互变得更加自然。目前，在情感交互信息的处理方式、情感描述方式、情感数据获取和处理过程、情感表达方式等方面还有诸多技术挑战。

3.6.3 体感交互

体感交互是个体不需要借助任何复杂的控制系统，以体感技术为基础，直接通过肢体动作与周边数字设备装置和环境进行自然的交互。依照体感方式与原理的不同，体感技术主要分为三类：惯性感测、光学感测以及光学联合感测。

惯性感测主要以惯性传感器为主，例如用重力传感器、陀螺仪以及磁传感器等来感测，使用者肢体动作的物理参数分别为加速度、角速度以及磁场，再根据这些物理参数来求得使用者在空间中的各种动作。易金花等人设计了一种基于嵌入式计算机的上肢康复机器人虚拟现实训练系统，上肢康复机器人带动患者上肢实现肘关节屈伸、肩关节内收—外展和肩关节屈伸，在上肢康复机器人中每个关节处安装光电编码器实时测量各关节转动的速度和角位移，上肢康复机器人将得到的角度信息无线传输到嵌入式计算机中，与虚拟现实场景进行匹配。邢科新等人设计了一种新型的穿戴式手功能康复机器人，各关节处都安装角度传感器用于测量关节旋转的角度，计算机根据各关节旋转角度实现患手运动功能康复训练过程的游戏画面。Han 等人提出了一种基于惯性测量单元传感器的上肢主动康复训练系统，通过在患者手臂上设置两个六轴惯性测量单元传感器获取患者肘关节和肩关节的活动范围。该系统设计的训练游戏主要为肘关节的旋前/旋后和屈曲运动训练以及肩关节的伸展/屈曲和外展运动而设计，患者通过主动活动肘关节和肩关节完成康复训练游戏中的任务。

光学感测以微软的 Kinect 为代表，无须任何控制器，通过数字视频摄像头捕捉使用者的肢体动作来实现人机交互。Kineet 是微软在 2009 年所开发的一种 3D 体感摄影机，拥有动态捕捉、影像识别等功能。目前，越来越多的研究将 Kinect 传感器应用在康复训练中。王爽等人设计了一套上肢康复训练系统，根据 MoCA 评估量表对患者的认知功能受损程度进行评估，针对不同受损程度进行相应的康复训练计划，系统通过 Kinect 传感器追踪患者上肢骨骼，使用 The—Chin 的近似算法来提取上肢轮廓，计算出相应关节连线的夹角，再根据关节点的具体位置进行相关动作得分的评判，使患者在 Unity3D 搭建的虚拟场景中进行康复训练。La 等将 Kinect 应用到下肢康复，基于 Kinect 开发了平衡训练康复系统，通过 Kinect 感测身体姿态来检测平衡偏移，并设计了一种基于太极锻炼的游戏系统引导患者以正确的姿势进行训练，且已被证明有利于脑卒中患者平衡功能恢复。

惯性及光学联合感测的代表为任天堂的 VR Wii 游戏机，由无线控制杆、红外线传感器和显示屏组成，控制杆中的重力传感器用以检测手部三轴向的加速度，红外线传感器用以侦测手部在垂直及水平方向的位移。Mouawad 等人将任天堂 Wii 游戏机应用到了上肢康复训练中，康复训练包括玩网球、高尔夫、拳击、保龄球和棒球等 Wii 运动游戏。在两周的训练后，运动功能测试任务的平均表现时间显著减少，从 3.2 s 减少到 2.8 s，Fugl-Meyer 评分从 42.3 分提高到 47.3 分。被动和主动运动的上肢活动范围分别增加了 20.1 和 14.33，验证了 Wii 对脑卒中患者功能性运动能力有显著改善。任天堂于 2009 年推出了 Wii

MotionPlus 新款手柄配件，在原有的基础上新增了加速度传感器，从而提高了 3D 空间中的位置检测能力。Li 等人对 Wii Motion Plus 应用在康复中的可行性进行了研究，研究表明该传感器可帮助康复医师检测出患者在训练时不正确的动作，从而提高康复效率。Pirovano 等人同样使用了任天堂 Wii 游戏机进行设计，结合 Kinect 和 Wii 平衡板开发了三个平衡训练游戏，跨栏游戏训练患者重心转移和单腿站立，接水果游戏训练患者重心转移和踩踏的动作，骑马游戏通过患者深蹲来完成，加强患者的下肢肌肉。

与其他交互手段相比，体感交互技术无论是硬件还是软件方面都有了较大的提升，交互设备向小型化、便携化、使用方便化等方面发展，大大降低了对用户的约束，使得交互过程更加自然。

3.6.4　脑机交互

脑机交互又称为脑机接口(Brain-Computer Interface，BCI)，指不依赖于外围神经和肌肉等神经通道，直接实现大脑与外界信息传递的通路。系统检测中枢神经系统活动，并将其转化为人工输出指令，能够替代、修复、增强、补充或者改善中枢神经系统的正常输出，从而改变中枢神经系统与内外环境之间的交互作用。

BCI 技术是通过信号采集设备从大脑皮层采集脑电信号经过放大、滤波、A/D 转换等处理转换为可以被计算机识别的信号，然后对信号进行预处理，提取特征信号，再利用这些特征进行模式识别，最后转化为控制外部设备的具体指令，实现对外部设备的控制。一个典型的 BCI 系统主要包含四个组成部分：信号采集、信号处理、控制设备和反馈环节。

1. 信号采集

BCI 根据信号采集方式的不同分为侵入式脑机接口、部分侵入式脑机接口和非侵入式脑机接口。

侵入式脑机接口是指将信号采集电极通过手术直接植入大脑灰质中，该类接口主要用于对特殊感觉的重建以及恢复瘫痪患者的运动功能。侵入式脑机接口的优缺点非常明显，优点是能够获得质量相对较高的脑电信号；缺点是植入手术容易引发免疫反应和创伤，植入过久容易有信号质量下降甚至消失的问题。

部分侵入式脑机接口是指将信号采集电极植入到颅腔内，但在灰质外。与侵入式相比，该采集方式引发免疫反应和创伤的概率较低，但是采集到的脑电信号清晰度较差。

与上述两种方式相比，将信号采集电极置于头皮外部的非侵入式脑机接口是对人体创伤最小，采集方法最为简单的脑电信号采集方式。然而，由于电极与神经元距离较远，测得的信号噪声较大，对信号后期的处理要求较高。非侵入式脑机接口技术主要包括脑电图(Electroencephalo-graph，EEG)、脑磁图(Magnetoencephalography，MEG)以及功能核磁共振成像(Functional Magnetic Resonance Imaging, FMRI)三种。EEG 因具有良好的时间分辨率、易用性、便携性和相对较低的技术价格已得到广泛和深入的研究，成为非侵入式脑机接口主要的研究方向。然而，对噪声的强敏感性使其发展受到了制约。

2. 信号处理

BCI 系统的信号处理过程包括信号预处理、特征提取、特征分类识别等，其中特征提取和分类识别是 BCI 信号处理的关键环节。传统脑电信号的处理方法是对信号进行多次检测并进行均值滤波，再用统计学方法寻找 EEG 的变化规律。该方法的信息传输率较低，不能满足实时控制的要求。目前普遍采用的是先对离线 EEG 信号进行处理和分析，再进行在线调试。

1) 信号预处理

在采集过程中，脑电信号会受到多种噪声的干扰，如眼电、肌电、心电以及设备和实验环境的电磁干扰等，信号的预处理是利用滤波器和相应算法对原始信号进行滤波降噪，以消除这些噪声和伪迹，提高信噪比。目前脑电信号的预处理算法比较成熟，常用的方法有空间滤波器、时间滤波器、通道选择以及频带选择。

2) 特征提取

特征提取是将特征信号作为源信号来确定各种参数，并以此组成表征信号的特征向量。特征参数包括时域信号和频域信号两大类，相应的特征提取方法也分为时域法、频域法和时频域方法。

3) 特征分类识别

在 EEG 特征提取的基础上，需要对特征信号进行分类识别，较为普遍的分类方法有支持向量机、深度学习神经网络、贝叶斯—卡尔曼滤波、线性判别分析(Linear Discriminant Analysis，LDA)、遗传算法概率模型等。信号分类的质量决定了信号分类识别准确率的高低。分类的质量取决于两个主要因素：一是待分类的特征信号是否具有明显特征，即特征信号的性质；二是分类方法是否有效。

深度学习模型和应用方面提供了 BCI 系统研究和设计的指南。图 3-15 显示了前沿的基于深度学习的 BCI 研究在信号特征分类和深度学习模型上的分布。

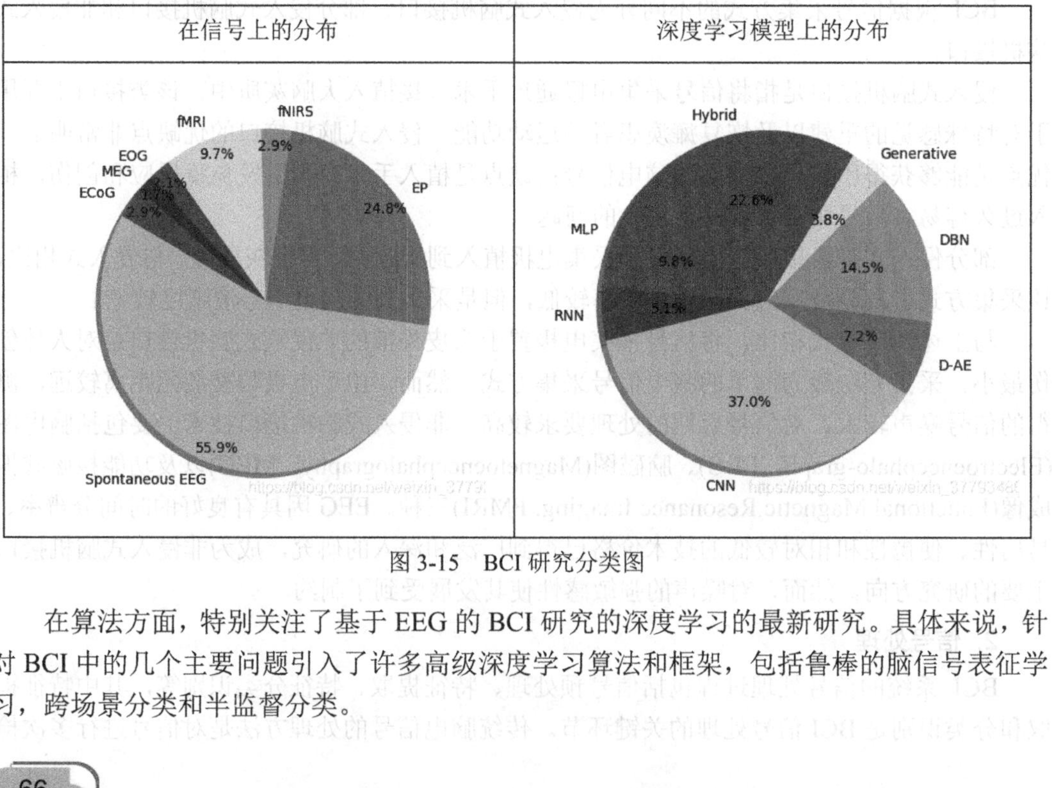

图 3-15　BCI 研究分类图

在算法方面，特别关注了基于 EEG 的 BCI 研究的深度学习的最新研究。具体来说，针对 BCI 中的几个主要问题引入了许多高级深度学习算法和框架，包括鲁棒的脑信号表征学习，跨场景分类和半监督分类。

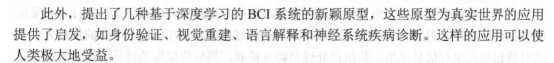

此外，提出了几种基于深度学习的BCI系统的新颖原型，这些原型为真实世界的应用提供了启发，如身份验证、视觉重建、语言解释和神经系统疾病诊断。这样的应用可以使人类极大地受益。

3. 关键技术发展

1) 脑电采集技术

BCI 技术在向实用化、市场化方向发展的过程中，首先需要实现脑电信号采集设备的小型化和无线化。小型化的脑电采集设备目前已有一些原型机(Prototype)出现，但是与传统脑电采集设备相比，其功能差距还比较大。2017 年 6 月，柏林工业大学的 BCI 研究小组发布了一款多功能无线模块化硬件架构(M3BA：A Mobile，Modular，Multimodal，Biosignal Acquisition Architecture)，该架构具有脑电采集、近红外脑功能成像、其他常规生理参数采集等功能，单个模块(不含电池)的边长仅为 42 mm。这是首款既包含多种采集功能，又具有良好应用前景的采集架构，对推动 BCI 技术的市场化应用具有重要意义。

2) 脑电信号处理算法

BCI 研究领域的一个重要课题是如何提高信息的传输速率。因为脑电信号的信噪比较低，与正常输出通路相比，BCI 的信息传输速率较低，如 P300 脑机接口系统在字符拼写上的信息传输速率只有 0.5 b/s 左右。清华大学及合作研究团队在 2015 年实验了一种基于稳态视觉诱发电位的 BCI 系统，该系统的通信速率达到了 4.5 b/s。中国科学院半导体研究所及合作研究团队在 2017 年提出了一种任务相关成分分析算法，将该算法与稳态视觉诱发电位的 BCI 相结合，实现了平均 5.4 b/s、最优 6.3 b/s 的通信速率，这是目前已报道的头皮脑电脑机接口系统的最快通信速率。

目前，主流的消费级 BCI 研究主要运用非侵入式的脑电技术，尽管相对侵入式技术容易获得分辨率更高的信号，但风险和成本依然很高。不过，随着人才、资本的大量涌入，非侵入式脑电技术势必将往小型化、便携化、可穿戴化及简单易用化方向发展。

而对于侵入式脑机接口技术，在未来如果能解决人体排异反应及颅骨向外传输信息会减损这两大问题，再加上对于大脑神经元研究的深入，将有望实现对人的思维意识的实时准确识别。这一方面将有助于电脑更加了解人类大脑活动特征，以指导电脑更好地模仿人脑；另一方面可以让电脑更好地与人协同工作。

总的来说，目前的 BCI 技术还是只能实现一些并不复杂的对于脑电信号的读取和转换，从而实现对于计算机/机器人的简单控制。要想实现更为复杂的、精细化的交互和功能，实现所想即所得，甚至实现将思维与计算机的完美对接，实现通过“下载”能够熟练地掌握新知识、新技能，而这还有很漫长的路要走。

3.7　生物特征识别

生物特征识别技术(Biometric Technology)是指通过个体生理特征或行为特征对个体身份进行识别认证的技术。从应用流程看，生物特征识别通常分为注册和识别两个阶段。注册阶段通过传感器对人体的生物表征信息进行采集，如利用图像传感器对指纹和人脸等光学信息、麦克风对说话声等声学信息进行采集，利用数据预处理以及特征提取技术对采集的数据进行处理，得到相应的特征进行存储。识别过程采用与注册过程一致的信息采集方式对待识别人进行信息采集、数据预处理和特征提取，然后将提取的特征与存储的特征进行比对分析，完成识别。从应用任务来看，生物特征识别一般分为辨认与确认两种任务，辨认是指从存储库中确定待识别人身份的过程，是一对多的问题；确认是指将待识别人信息与存储库中特定单人信息进行比对，确定身份的过程，是一对一的问题。

生物特征识别技术涉及的内容十分广泛，包括指纹、掌纹、人脸、虹膜、指静脉、声纹、步态等多种生物特征，其识别过程涉及图像处理、计算机视觉、语音识别、机器学习等多项技术。目前生物特征识别作为重要的智能化身份认证技术，在金融、公共安全、教育、交通等领域得到了广泛的应用。下面对指纹识别、人脸识别、虹膜识别、指静脉识别、声纹识别以及步态识别等技术进行介绍。

3.7.1 指纹识别

指纹识别过程通常包括数据采集、数据处理、分析判别三个过程。数据采集通过光、电、力、热等物理传感器获取指纹图像；数据处理包括预处理、畸变校正、特征提取三个过程；分析判别是对提取的特征进行分析判别的过程。指纹识别系统流程如图 3-16 所示。

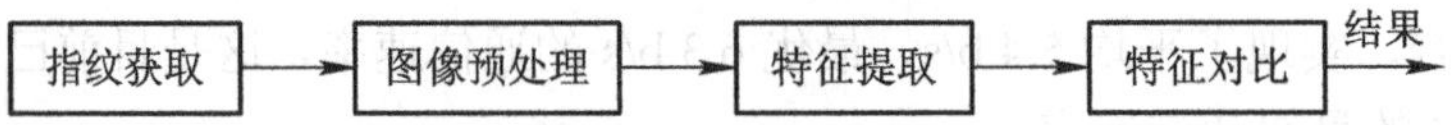

图 3-16　指纹识别系统流程图

1. 指纹获取

利用指纹取像仪器来获取目标手指指纹。指纹取像仪器可以分为三类：光学取像仪器、晶体传感器以及超声波扫描。光学取像仪器主要依据指纹的生理特征和光的全反射原理设计。从生理上来讲，指纹的纹路是手指皮肤的隆起部分，称为脊，纹路之间凹陷的地方，称为谷。当光线照射到压有指纹的玻璃表面时，射到谷的光线就会在玻璃和空气的晃面上发生全反射，反射光线由图像传感器获得，而射向脊的光线则不发生全反射，却是被脊与玻璃的接触面吸收掉或者漫反射到别的地方，这样就会在图像传感器上形成指纹的图像。随着光学技术的发展，光学取像仪器不断更新，为了尽量缩小体积，则可以用微型三棱镜来代替玻璃。即将含有微型三棱镜的平面安装在弹性的指纹采集板上，当手指挤压采集板时，由于脊和谷的压力不同而改变了微型三棱镜的表面，这些变化通过三棱镜的反射被反映出来。

最常见的晶体传感器是硅电容式传感器。该传感器在其半导体金属阵列上装载了大约十万个电容传感器，当手指挤压半导体表面时，皮肤形成了电容阵列的另一面。由于指纹的脊和谷与半导体间的距离不同而造成电容值不同，再将其转化为电压记录下来后，就可以得到指纹的灰度图像。另外还有压感晶体式传感器和温度感应传感器，它们分别依据指纹的脊和谷在传感器表面的压力不同和温度不同而采集指纹信息，值得一提的是温度感应传感器可以区分真假手指。晶体传感器因为易受静电影响，容易损坏，所以不如光学取像设备耐磨损。

利用超声波扫描得到的图像是指纹表面脊和谷分布的真实反映，不受皮肤上的污渍和油脂的干扰，成像效果很好。超声波先将信号发射到指纹的表面，再由接收设备获取其反射回来的信号，由于指纹表面脊和谷的声阻抗不同而造成接收到的超声波的能量不同，这样即可得到指纹的灰度图像。这种方法应用起来更为方便，但缺点是设备的价格非常昂贵。

各种指纹取像设备的比较如表 3-3 所示。

表 3-3 各种指纹取像设备比较

比较项目	光学取像设备	晶体传感器	超声波扫描
体积	大	小	中
耐用性	非常耐用	容易损坏	一般
成像能力	受手指表面污渍影响	一般	较好
耗电	较多	较少	较多
成本	低	低	高

2. 指纹图像预处理

在指纹识别系统中，指纹图像的预处理过程是指在进行指纹特征提取、指纹匹配等操作前的准备过程。在指纹图像采集过程中，由于表面皮肤的特性、采集条件及成像传感器性能差异等各种原因的影响，采集后的指纹图像是一幅含多种不同程度噪声干扰的灰度图像，比如指纹脊线可能被断开、桥接或者模糊等，这种粗糙的指纹脊线结构严重影响了指纹识别系统的性能。

图像预处理的目的是利用信号处理技术去除图像中的各种噪声干扰，尽可能地还原真实图像，最终结果是要把它转化成一幅纹理清晰的指纹图像或二值的指纹图像，提高可靠性。图像预处理是指纹识别系统中的第一步，其处理的好坏直接影响指纹识别的效果。

根据所要提取的指纹特征的不同，指纹图像预处理的过程也是不同的。以基于细节特征点的指纹识别方法为例进行说明，为了便于进行细节特征提取，比较典型的预处理过程是增强滤波化、二值化和细化。

(1) 增强滤波化：采用滤波化的方法对取得的指纹原图进行滤波处理，消除指纹取像时带来的噪声干扰。

(2) 二值化：将原灰度图转换为只有黑和白两种灰阶的图像，并对其进行消除噪声处理。这样能大大压缩原指纹图像的数据量。由于指纹图像特点是脊、谷相间，故将其化为二值图后有利于后续的细节特征点提取。二值化的方法有很多，但关键操作就是阈值的选取。

(3) 细化：将二值图的脊线宽度降为单个像素宽度。对于一幅比较理想的细化图，后续的细节特征点提取将会是很简单的事。

总而言之，指纹图像预处理中的每一个步骤并不是孤立的，而是相互依赖的。前一步的输出是后一步的输入，即前一步处理得好，就会提高后一步的处理质量。

3. 指纹特征提取

指纹的全局特征主要是用来进行指纹分类的。将指纹按照其全局特征进行初步分类并存储在数据库中，这是一个很重要的数据库索引方法，能减少查询花费的匹配时间。但是指纹的全局特征不能唯一地识别指纹。指纹的唯一性是由其局部细节特征来决定的。科学家 F. Gallon 最早在指纹分析中引入细节特征点的概念，他指出指纹存在的四种基本细节特征点为端点、分叉点、短线和眼型线。后继的研究者在此基础上又进行了扩展，到目前为止已经约有上百种不同的局部细节特征点。但这些细节特征出现的概率并不是均等的，他们在很大程度上受输入条件和指纹本身的影响，并且大多数细节特征在一般情况下并不出现。

指纹中最常见的两种细节特征点为脊线端点和脊线分叉点，它们一般被用来作为重要的指纹区分标志，这些细节特征点的相对位置可以用来表明指纹的特征。脊线端点是一条脊线终止处的位置，而脊线分叉点定义为两条脊线相交处的位置。一幅质量较好的指纹图像中应该有 70～80 个这样的细节特征点，而在质量比较差的指纹图像中大约只有 20～30 个这样的细节特征点。

细节特征的坐标可以直接标识该指纹，因此特征提取的好坏直接影响了以后指纹匹配的结果，所以特征提取是指纹识别系统最为关键的一部分。如果输入图像的质量很好，就很容易确定其结构，而此时的特征提取就只是从细化的脊线上得到细节特征点的简单过程。但实际上，因为受很多因素的影响，输入指纹图像并不能具备很好的脊线结构，这使得特征提取的准确性受到很大的影响。

在特征提取的过程中一般都要进行细节特征点处理。一般在提取细节特征点之前，我们将对细化后的指纹图像进行去噪，这样就可以大量减少伪端点和伪分叉点的数量。尽量去除指纹图像边缘的细节特征点，特别是在图像边缘提取出的端点，几乎 100%是伪端点。细节特征点提取后还要进行伪细节特征点的去除，但目前大多数算法都是经验算法，如相邻细节特征点距离不能小于一定像素，否则认为其为伪细节点。对最终取到的每个细节特征点，我们一般会记录其类型、相对参考点的位置关系。有些系统记录了更多的信息，如细节特征点的相互位置关系、细节特征点到其他细节特征点的距离、细节特征点到图像中心点的距离、细节特征点之间的脊线数等。像这样，就将一幅指纹图像转化成了一个由细节特征点组成的平面点集。

4. 指纹匹配

指纹匹配方法中最典型的是根据指纹的细节特征点进行唯一匹配，指纹的细节特征往往很多，根据它们出现的概率和稳定性，常选用脊线端点和脊线分叉点来进行指纹匹配。统计数字表明，每个指纹中平均有一百个细节特征。在人工查对时，两个指纹间只要有十二个细节特征点类型及其相对中心点的位置相同，便可以断定这两个指纹是从同一个人的同一个手指上得到的。

在整个指纹识别系统中，指纹图像预处理和细节特征提取是两个关键步骤，直接关系到最终结果的好坏。图像预处理的主要目的是由输入的灰度图像得到适合于细节特征提取的图像，细节特征提取一般采用的是脊线跟踪法的基本思想，直接对灰度图像进行脊线跟踪，并在跟踪过程中检测细节特征点。

3.7.2　人脸识别

人脸识别是典型的计算机视觉应用，从应用过程来看，可将人脸识别技术划分为检测定位、面部特征提取以及人脸确认三个过程。人脸识别技术的应用主要受到光照、拍摄角度、图像遮挡、年龄等多个因素的影响。在约束条件下人脸识别技术相对成熟，在自由条件下人脸识别技术还在不断改进。

人脸识别是针对采集到的图像或者视频，首先判断其中是否存有人脸，如果有人脸存在，则进一步对人脸进行定位，然后提取出该人脸中所蕴含的身份特征信息，并将其与人脸库中所收集的每个人脸作对比，最终给出该人脸的身份识别结果。图 3-17 为人脸识别流程，一个比较典型的人脸识别系统应分为训练过程和测试过程。训练过程主要完成对已知身份图像的人脸检测、特征提取以及分类器设计等功能；测试过程则对未知图像进行相应的处理，并通过训练好的分类器得出识别结果。

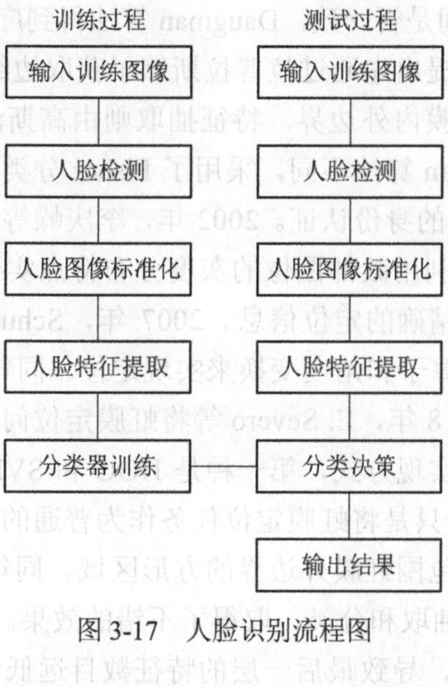

图 3-17　人脸识别流程图

1. 人脸检测

人脸检测的目的是在采集到的图像或者视频序列中寻找人脸区域。如果检测出来有人脸存在，需要给出它的位置并确定其大小。在大部分情况下，人脸是位于一个相当复杂的场景内，人脸图像很容易受到光照、噪声以及头部倾斜的影响，致使准确地进行人脸检测比较困难。在人脸检测之前一般要先对采集到的图像进行预处理，去除噪声。此外，还要对定位出来的人脸进行标准化处理，包括人脸旋转，大小和灰度校正，以提高所提取特征的鉴别性能。

2. 人脸特征提取

为了区分不同的人脸，就需要提取各人脸的独特性质。人脸图像信息数据量大，若以图像的全部像素作为特征会降低识别的运算速度，所以要从人脸图像中提取一组反映人脸特征的数值来表示该图像。这样做就可以对图像进行数据压缩，降低特征向量维数。

3. 分类识别

人脸特征提取完成之后，选择合适的判别准则，可将待识别的人脸与数据库中的已收集的人脸进行匹配比较，并给出识别结果。训练分类器的目的是确定这样的一个判别准则，用它可以鉴别出未知人脸图像的类别归属。

3.7.3 虹膜识别

1936 年，Frank Burch 发现了每个人的虹膜纹理独一无二，提出可以将虹膜纹理特征应用到身份认证的设想。1987 年，Leonard 提出借助计算机作为载体实现虹膜识别的想法。1991 年，Johnson 将虹膜识别由理论变为现实，虹膜识别系统至此面世。1993 年，John G. Daugman 首先利用微积分算子得到虹膜内外边界的信息，然后根据定位信息对虹膜区域进行归一化操作，之后的特征提取和编码部分则是利用 Gabor 滤波器，特征匹配部分较为简单，通过海明距离判断虹膜间是否一致，Daugman 算法得到广泛应用。

2002 年，RP Wildes 等提出先通过拉普拉斯算子获取边缘信息，然后通过 Hough 变换拟合边缘点，从而得到虹膜内外边界，特征抽取则由高斯滤波器和拉普拉斯金字塔多分辨率技术实现，与 Daugman 算法不同，采用了 Fisher 分类器进行分类。但是该方法存在一定问题，只适用于 1∶1 的身份认证。2002 年，李庆嵘等提出将虹膜定位过程分为粗定位和精定位两个部分，先利用眼部图像的灰度分布特点实现粗定位，再根据粗定位信息，利用变圆模板获取更加精确的定位信息。2007 年，Schuchkers 等针对非理想情况下的虹膜，提出结合椭圆积分算子和角度变换来实现定位。同年，A. Basit 等提出基于强度值分析的虹膜定位算法。2018 年，E. Severo 等将虹膜定位问题转换为求包围虹膜区域的最小方形框，并提出了两种实现方式，第一种是 HOG 和 SVM 组合成的检测器，第二种则是 YOLO 检测器。该算法只是将虹膜定位任务作为普通的目标检测任务，输出的是单个方形框，能够大概定位出包围虹膜外边界的方形区域。同年，K.Wang 等利用 Facenet 以及 Siamese 进行虹膜特征抽取和分类，取得了不错的效果。Softmax 作为网络的最后一层可能会因为虹膜数量太多，导致最后一层的特征数目远低于目标个数而无法收敛。因此当虹膜数量庞大时，采用基于距离度量的模型成为必要，可以减少特征的存储容量，同时加速检索。

常见的虹膜识别系统的实现由虹膜图像采集、虹膜图像预处理、虹膜特征提取和编码以及虹膜特征匹配四个部分组成。从虹膜识别系统的应用角度看，包括身份信息注册即虹膜模板库的建立和身份鉴定及虹膜识别两个阶段，前者是指将已知身份的虹膜图像模板存入数据库中，后者是通过将被采集者的虹膜特征与数据库中的虹膜特征进行比对来确定该用户的身份。两者在实现上的区别在于是否需要进行最后的匹配，即录入信息只需在编码后将描述虹膜信息的特征向量存入数据库中，而后者需要在提取完特征向量后再与数据库中已有的特征向量进行对比实现匹配。虹膜识别流程如图 3-18 所示。

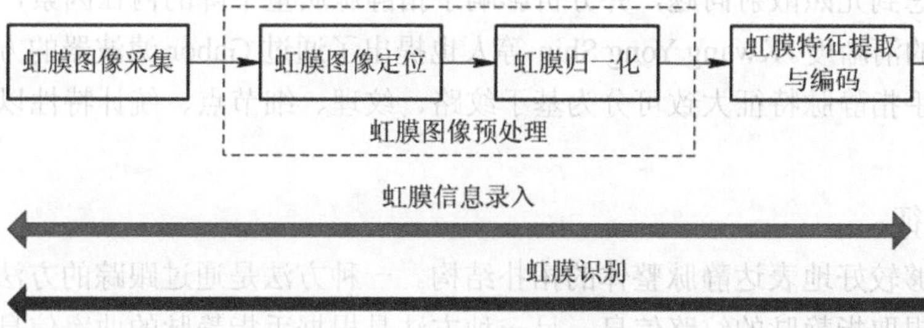

图 3-18　虹膜识别流程

1. 虹膜图像采集

该过程主要由硬件设备完成，通过光学传感器、光源、计算机等设备以及友好的人机交互界面来实现对人体虹膜图像的采集。

2. 虹膜图像预处理

预处理过程包含对虹膜图像的定位、归一化与增强。对虹膜图像定位前，需要对图像进行降噪，降低人眼的眼睑睫毛以及采集设备光线问题等客观因素对精确定位的影响。一般认为瞳孔中心与圆环状的虹膜中心是相近的，对虹膜图像的定位即将圆环状虹膜的内外边缘的确定。由于虹膜与瞳孔有不可分割的亲密联系，瞳孔的扩张与收缩会导致虹膜大小的改变，即使是同一个人的人眼，在不同的时间和不同的条件下得到的虹膜大小也会不一致，这种形变会对识别结果产生影响，而归一化在一定程度上起到纠正形变的作用。

3. 虹膜特征提取与编码

虹膜中包含丰富的纹理信息，提取特征是指通过某种算法来获取其中可以描述某个个体的信息，并将提取出来的信息进行编码，从而得到可以描述虹膜纹理信息的特征模板。

4. 虹膜特征匹配

将待匹配的虹膜特征信息与数据库中的特征模板进行比对来确定其身份的行为。

3.7.4　指静脉识别

指静脉识别是利用人体静脉血管中的脱氧血红蛋白对特定波长范围内的近红外线有很好的吸收作用这一特性，采用近红外光对指静脉进行成像与识别的技术。由于指静脉血管分布随机性很强，其网络特征具有很好的唯一性，且属于人体内部特征，不受外界影响，因此模态特性十分稳定。指静脉识别技术应用面临的主要难题来自成像单元。

与指纹、人脸、虹膜等生物特征识别技术相比，指静脉识别研究开始较晚。2000 年，日本学者 Kono 等人提出近红外可以用来照射手指静脉，从而会产生相应的图像作为身份识别的数据，主要是因为手指静脉具有唯一性。十多年来，指静脉识别的研发呈现出迅速繁荣的趋势。

手指静脉识别的任务在一般情况下由四个部分组成，分别是采集手指静脉图像、对图像做预处理、特征提取和图像匹配。一般来说，由于设备存在质量问题，或者外界条件的影响，会导致采集到的数据具有一定的噪声。为了解决这些问题，杨金锋等人提出多种图像增强方法，充分考虑到光照散射问题，并分析影响手指静脉质量下降的内在因素，用散射移除方法提高图像的清晰度。Kwang Yong Shin 等人也提出了通过 Gabor 滤波器的方法进行图像增强。现有的手指静脉特征大致可分为基于纹路、纹理、细节点、统计特性以及二值码特征等。

1. 基于纹路的特征

静脉纹路特征能够较好地表达静脉整体的拓扑结构。一种方法是通过跟踪的方法跟踪纹路的走向，以此来提取指静脉的纹路信息。另一种方法是根据手指静脉的曲率信息来计算提取纹路。

2. 基于纹理的特征

纹理特点在一定程度上能够描述指静脉的纹路信息，因此，该类特征在手指静脉识别中受到了较多研究者的关注。为了提取到有效的纹理信息，Yang 等人提出了基于全局和局部的 Gabor 滤波器组。为了更好地刻画手指静脉的局部特性，Yang 等人提出了 Steerable 滤波器来获取指静脉的局部能量。纹理特征多用局部二值模式来表达。

3. 基于细节点的特征

细节点特征主要用于描述静脉血管的拓扑结构。Yu 等人提取的细节点特征包含交叉点和端点。其中，提取每个细节点在手指静脉的空间信息，并用豪斯多夫距离进行匹配。Liu 等人在 Yu 等人的基础上，在细节点特征中引入了局部特性等新的信息，提高了特征的有效性，最后用 SVD 作为识别方法，进一步提高了识别算法对于旋转平移的鲁棒性。Prabhakar 等人提取了一种去除细节点中噪声的信息，进一步提高了细节点特征的有效性。Cui 等人提出了基于 Harris 检测的细节点，与上述细节点特性不同，Cui 等人将角点作为细节点。为了提高特征点对旋转平移的鲁棒性，Pang 等人提出了基于 SIFT 的细节点特征。细节点特征分别通过提取细节点或者细节点的局部特征，包括灰度、纹理以及对平移旋转鲁棒的 SIFT 特征来获取细节点信息。

4. 基于统计特性的特征

鉴于机器学习模型强大的学习能力，很多研究者将机器学习模型应用到了手指静脉识别中。Wu 等人使用 PCA 和神经网络分别学习手指静脉的低维特征并进行分类。考虑到 PCA 缺乏较好的区分性，Wu 等人先利用 PCA 降维，然后使用 LDA 学习区别性特征，最后利用 SVM 进行分类。Wu 等人使用 Radon 转换提取静脉特征，然后使用神经网络进行分类。为了更有效地利用手指静脉的多个方向的信息，Guan 等人提出了加权的 B2DPCA 算法。Xin 等人认为手指静脉与人脸图像类似，也存在一定的稀疏性，利用稀疏表达方法来学习指静脉特征，取得了较好的实验结果。为了学到合适的特征空间，Yang 等人提出了基于度量学习的手指静脉识别，利用 LMNN 算法学习一个新的特征空间，实现异类之间被 Margin 隔开，同类之间的样本具有较高的相似性。受人脸识别启发，Liu 等人发现手指的旋转、光照获得的图像类似于人脸，能够通过流形(Manifold)的特征进行拆分，基于该思想，提出了基于流形学习的手指静脉识别方法，学习低维特征，同时保持样本间的局部近邻不变。

5. 基于二值码的特征

二值码特征由于其表达简单、存储方便、匹配速度快受到研究者们的广泛关注。Lee 等人分别利用 LBP 和 LDP 提取二值码特征，并通过实验证明了 LDP 编码方式要优于 LBP。传统的 LBP 编码将每个二值码看成同等重要，忽略了主要特征的重要性。针对该问题，Lee 等人提出了一种加权的 LBP 的特征提取方法，在最后匹配时赋予每个二值码不同的权重，从而提高了特征的重要性和有效性。ROSdI 等人针对手指静脉的方向特点，提出了 LLBP 编码特征，可以通过使用直线来刻画局部特点，更符合手指静脉图像的特性。Yang 等人基于 LBP，融合了用户的个性化信息，从 LBP 编码中选择较为稳定的位，提高了特征的有效性。Meng 等人借鉴 LDW 的思想，提出了局部的方向编码特征。在已有的特征中，二值码特征的计算效率最高，然而，现有的二值码方法并未考虑到特征的区分性，而且忽略了用户个体之间的差异性，降低了二值码特征的有效性。

6. 通过学习获得的特征

通过机器学习方法也可以提取指静脉特征从而用于识别，称之为通过学习获得的特征。学习的方法主要包括 PCA 和双向 PCA，这两种方法都是通过 PCA 获取特征值较大的特征向量作为手指静脉的特征。除此之外，由于手指静脉的旋转、光照等的变化具有流形性，因此基于这点考虑，正交邻域保持投影(Orthogonal Neighborhood Preserving Projections, ONPP)方法被提出，并取得了较好的效果。由于人脸识别中稀疏表示应用广泛，同样研究人员也尝试利用稀疏表示提取手指静脉特征，并取得了不错的效果。

3.7.5　声纹识别

声纹识别(Voice Print Recognition,VPR)又称说话人识别，是把声音信号转换成电信号，通过某种算法自动识别说话人的过程。声纹识别拥有其他生物识别技术所不具有的独特优势：不用像指纹识别一样接触传感器或者像虹膜识别一样把眼睛凑近摄像头，只需要说一两句话就可以认证身份。例如在国内新冠疫情向好的今天，部分企业采用了声纹门禁系统助力复工来保证人员的安全。

国外的声纹识别技术起步较早。1945 年，Bell 实验室的学者 Kesta 通过目视语音频谱图的匹配，首先提出了“声纹”这一概念。1962 年，他采用了同一方法进行声纹识别。由于早期技术还不是很发达，声纹识别方法还要依赖人耳分辨。声纹识别的首次应用是在 1966 年，美国法院采用声纹识别技术对某案件进行了取证。

1969 年，Luck 第一个将倒谱引入到声纹识别领域，开创了声纹识别新的时代。后来 Atal 引入线性预测倒谱系数(Linear Predictive Cepstral Coefficient, LPCC)，提高了声纹识别的准确率。

20 世纪 80 年代，商用的声纹识别系统如雨后春笋般问世。比较知名的是美国的 Home Shopping Network，该系统的主要功能是通过声纹识别进行身份验证后的电话订货。1999 年，Apple 公司在自主研发的操作系统中增加了声纹识别功能，用于个人计算机的使用控制。

2000 年，Reynolds 把声纹识别带到生活中，他提出的 UBM-MAP 结构降低了 GMM 模型对训练集的依赖，模型的训练不再需要大量的语音，也为声纹识别的商用创造了条件。2004 年 5 月，美国加利福尼亚州 Beep Card 公司发明了一种具有声纹识别功能的信用卡，用户只有在通过说话确认身份后才能进行正常操作。2006 年，荷兰的 ABN AMRO 银行首先使用了美国 Voice Vault 的声纹识别系统，借助个人预先录制的私密问题进行身份验证。2017 年，谷歌推出支持多用户的智能音箱，最多 6 个用户可以凭借声音操控音箱。

中国的声纹识别研究工作起步较晚，但目前已有中国科学院、清华大学、北京大学等多家科研单位正在从事这方面的研究。在国际上著名的 NIST 声纹识别比赛中，中国科学技术大学戴蓓蒨老师带领的团队首次提出的 2-speaker 声纹确认系统，分别于 2003 年和 2004 年斩获亚军和季军。科大讯飞公司的声纹识别小组也不甘落后，于 2008 年以自主研究的 USTC-iFly 系统获得了综合评比的冠军。2012 年，微软声学研究团队的邓力将后续深度神经网络首次应用到声纹识别中，较大地提高了识别的准确率，也引起了一波研究 DNN-HMM(Deep Neural Networks-Hidden Markov Model)声学模型的热潮。2015 年，张晶提出了基于基因周期的梅尔倒谱系数，引入了 Delta 特征改善由于时变引起的识别率下降问题，并通过分块合并映射算法改善系统鲁棒性。2016 年，朱华虹采用了特征降维的方法解决了正交变换泄露原始特征信息的问题，并证明了此方法适用于 GMM 模型。从 2016 年起，多家银行都采用了北京得意音通公司提供的声纹识别功能，广泛应用于账户登录、大额转账、无卡取款、密码找回等多种业务场景。近年来，支付宝和微信都加入了声纹验证等功能。2017 年，百度声纹识别团队提出了使用 RestNet 和 GRU 架构的 Deep Speaker，并通过余弦相似性描述声纹相似性，使用了基于余弦相似性的三联体损失进行训练。识别准确率较基于 DNN 的 I-Vector 基准方法提高了 60%。

声纹识别流程如图 3-19 所示，主要包括语音数据采集、预处理、特征提取、训练模型与识别四个步骤。

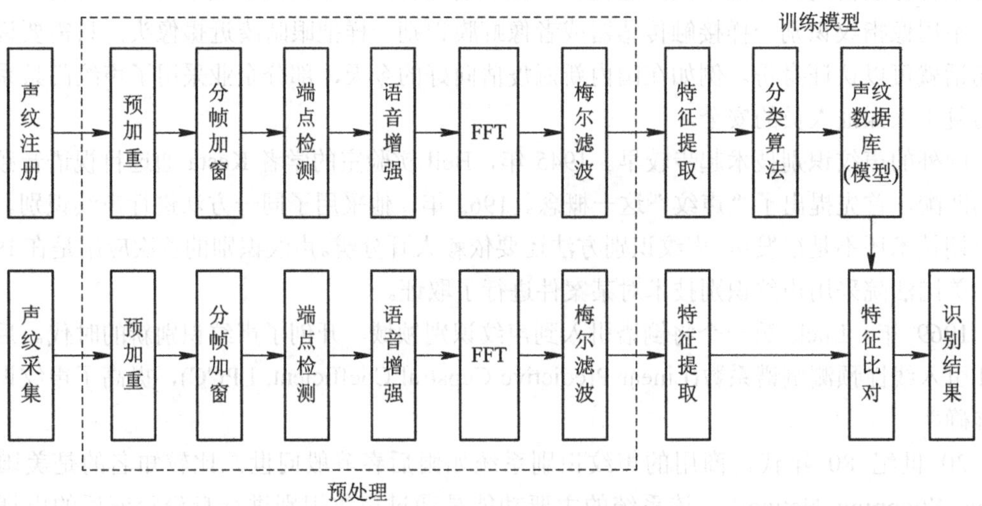

图 3-19　声纹识别流程示意图

图 3-19 中虚线框前的声纹注册、声纹采集属于语音数据采集步骤，虚线框中的预加重

等方法属于语音预处理步骤，虚线框后还包括特征提取、训练模型与识别两个步骤。

1. 数据采集

通过音频输入设备获取待识别人的音频数据，需要考虑不同环境、不同音频输入设备、不同时间、网络传输过程等因素对音频数据的影响。

2. 预处理

音频的预处理包括对输入音频的预加重、分帧加窗、端点检测、语音增强、快速傅里叶变化(FFT)、梅尔滤波等。输入音频数据的品质对声纹识别结果有一定影响，预处理的目的就是消除由于人的发声器官、音频输入设备、环境等因素带来的混叠、失真等不良因素造成的影响，使后续语音信号更平滑均匀，为训练学习提供更准确的参数。

3. 特征提取

声音信号是一种复杂的信号，在特征提取阶段，必须对声音信号参数化，再从中提取一些具有代表性的数据作为特征。特征提取将声音的每个片段映射到多维特征空间，从而得到具有说话人特征的向量序列。特征提取的基本要求是：特征对说话人具有很高的区分度，能够充分体现不同人之间的差异，而同一人的声音之间特征无差异。

4. 训练模型与识别

训练模型指的是利用已知说话人的音频样本对分类算法进行训练，最终会得到一个分类模型。识别指的是通过已经训练出的分类模型对待识别的音频进行识别，并给出识别的结果。

3.7.6　步态识别

步态识别技术通过人体行走姿态进行身份识别与认证，20 世纪 90 年代开始在国际上得到发展，而国内起步较晚。步态识别技术的优点在于，它无须实际物理接触，可远距离采集数据，具有非侵犯性和隐蔽性，正因其自身的特点，步态识别技术拥有巨大的发展和应用潜力。近几年，步态识别理论研究取得了不错的成果，因此步态识别逐渐成为炙手可热的研究课题，很多国际上知名的实验室和机构都已经开始对步态识别进行研究。目前，步态识别一般应用于智能监控和人体行为计算机分析两个方面。

1. 步态识别系统原理

步态识别流程如图 3-20 所示，具体如下：

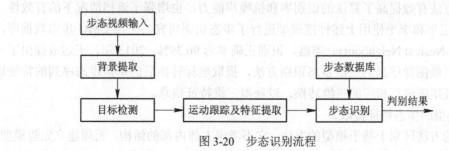

(1) 采集步态视频。

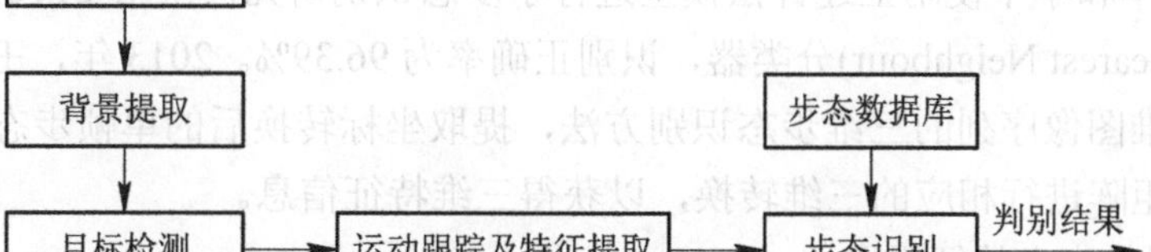

图 3-20　步态识别流程

(2) 利用运动目标分割技术，将目标轮廓从背景图像中提取出来，并对分割出来的图像进行预处理。

(3) 根据实际情况，选取具有针对性的方法从图片中提取出所需的特征，但要求提取足够识别的步态特征信息，并保证其鲁棒性。

(4) 选择合适的分类器将特征信息分类，进而与事先已存在的步态数据库进行比较，如出现异常结果提示，可以进行预/报警。

2. 步态识别关键技术现状

1) 运动目标检测

运动目标检测常被看作是步态识别过程的前期处理部分，因为运动目标提取的好坏直接影响特征提取和身份识别等后续流程。目前主流方法有基于特征的方法、帧间相差法、背景减除法、光流法等。基于特征的方法能极好地记录人体运动，但特征点隐蔽，不易定位和匹配，且缺乏快速算法，这些都限制了它在智能监控系统中的应用；帧间相差法是最为常用的运动目标检测和分割方法之一，但它对噪声很敏感，当物体内部亮度较均匀时，无法检测出整个物体，提取的目标存在空洞和边缘不连续等问题，需要对提取的目标进行后期处理；光流法是依据视觉的光流特性实现运动区域检测的一种技术，但大多数光流法计算复杂，且抗噪性比较差。另外，最近提出了一些改进的方法，如将背景减除法和帧差法结合的方法，可有效改善目标提取的质量。

2) 步态特征提取

迄今为止，关于人体步态特征提取的文献和报道已有很多。从广义上讲，可用于步态识别的步态特征可以分为静态特征和动态特征，而特征的提取方法有基于模型的方法、非模型的方法和融合方法 3 种。

(1) 基于模型的步态特征提取。

基于模型的方法通过对人体的部位，如膝盖、腿部、手臂和大腿等，进行建模和跟踪来获得一系列人体参数，从这些参数中获得的静态和动态特征被用于分析和识别。使用基于模型的方法提取出来的特征具有方向独立性和模型独立性的优点，但基于模型的方法对步态序列的敏感度比较高，而且参数运算量比较大。南安普敦大学的 Cunado 等人提出钟摆模型，将大腿和小腿模拟成两个相连的钟摆，选取小腿和大腿关节的旋转角度、大腿摆动的相位和频率等参数，采集大腿倾角的变换数据，从该信号的频率分量中提取步态特征。六年后，他们对原有的模型和方法进行了改进，首先，使用傅里叶级数和快速霍夫变换对髋关节的旋转运动建模；然后，采用泛型算法(Generic Algorithm，GA)降低模型中各个参数的维数，该方法有效提高了算法的识别率和抗噪声能力，也增强了遮挡情况下的有效性。2010 年，何卫华和李平使用上述钟摆模型进行了步态识别研究，采用 CMU 步态数据库，使用 KNN(K-Nearest Neighbour)分类器，识别正确率为 96.39%。2013 年，王运成提出了一种基于动态二维图像序列的三维步态识别方法，提取坐标转换后的单帧步态序列的特征矩阵，再对特征矩阵进行相应的三维转换，以获得三维特征信息。

(2) 非模型的步态特征提取。

非模型的方法区别于基于模型的方法，它不考虑人体内部的结构，无须建立先验模型，

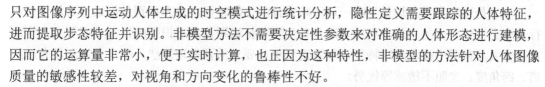

只对图像序列中运动人体生成的时空模式进行统计分析，隐性定义需要跟踪的人体特征，进而提取步态特征并识别。非模型方法不需要决定性参数来对准确的人体形态进行建模，因而它的运算量非常小，便于实时计算，也正因为这种特性，非模型的方法针对人体图像质量的敏感性较差，对视角和方向变化的鲁棒性不好。

(3) 融合的步态特征提取。

在人类感知系统中，身份识别不仅依靠单一生物特征，而且融合多种特征进行识别。多特征融合是先过滤不同方式获得的生物特征，再融合需要的特征，以得到比单一特征识别更优的性能。步态识别中较常用的融合方式为：① 融合几种不同步态特征；② 融合其他生物特征和步态特征。

2012年，林敏等人将动、静态特征进行加法融合，形成一个八维的新特征向量，使用CASIA步态数据库实现仿真，证明了将从下肢运动提取的动态特征与从人体外观采集的静态特征相融合，能取得优于单一特征的识别率。2014年，李林杰等人将步态能量图与典型相关分析结合，并使用特征融合技术对局部特征、频域特征和轮廓特征进行融合，使用最邻近分类器，与单个步态特征相比，识别性能有显著提升。

3) 分类判决

分类判决就是比较测试样本和训练样本的相似度，按照一定的判决规则完成分类，识别出人的身份。分类判决主要部分在于相似性度量方式的选择和分类器的设计，下面介绍几种步态分类器。

(1) 贝叶斯分类器。

贝叶斯决策理论是模式识别的重要基础理论之一，以它为基础的分类器分类错误率最小，分类结果是理论上性能最优的。但贝叶斯决策理论需要前提条件：必须已知分类类别数目、各类别先验概率和类条件概率。而在实际应用中，这些条件无法满足，常常采用前提条件，这会导致分类错误率上升。

(2) HMM 分类器。

在基于隐式马尔可夫链的步态识别中，假设每走一次都分为几步。HMM 已经运用于建模语音、图像和视频中的时域信息，也可应用于步态识别中。目前还存在很多改进的隐马尔可夫模型，如伪二维 HMM、分层 HMM 等。

(3) 神经网络分类器。

人工神经网络是一种基于模仿人类大脑结构与功能的信息处理系统或计算机系统，其具有很多与人类智能相似的特征，如通过训练学习具有适应外在环境的能力、模糊识别能力以及综合推理能力。其优点是能获取分类条件密度，但训练识别的时间很长。

(4) SVM。

SVM 的主要思想是找到一个满足要求的最优分类超平面。支持向量机易于解决小样本、非线性及高维问题。先将样本数据空间转换到高维空间，再通过核函数求解最优线性分类面。核函数将这个求解过程转到输入空间进行计算，这是应用 SVM 进行模式识别的关键，求得决策函数再做出判决。但是，支持向量数量繁多导致训练过程复杂，耗时过多，而且核函数的选择也是难点，需根据样本个数和特征个数之间的比例选取。

步态是远距离复杂场景下唯一可清晰成像的生物特征。步态识别是指通过身体体型和行走姿态来识别人的身份。相比上述几种生物特征识别，步态识别的技术难度更大，体现在其需要从视频中提取运动特征，以及需要更高要求的预处理算法，但步态识别具有远距离、跨角度、光照不敏感等优势。

3.8 虚拟现实/增强现实技术

虚拟现实(Virtual Reality，VR)/增强现实(Augmented Reality，AR)是以计算机为核心的新型视听技术。其结合相关科学技术，在一定范围内生成与真实环境在视觉、听觉、触觉等方面高度近似的数字化环境，用户借助必要的装备与数字化环境中的对象进行交互，相互影响，获得近似真实环境的感受和体验。虚拟现实/增强现实通过显示设备、跟踪定位设备、力触觉交互设备、数据获取设备、专用芯片等实现。

3.8.1 VR 技术

VR 是一门由多种技术集合而成的前沿学科，包括多媒体技术、网络技术等，极富挑战性和创造力。参与者通过特制的传感器，在视觉、听觉、触觉等感知系统方面达到模拟真实的效果，形成一种虚拟世界。参与者依照自己的需要，在虚拟世界中进行操作，从而使自己沉浸其中，达到人机交互的效果。纵使周围的环境并不真实存在，但仿真的三维世界可以使参与者身临其境。

VR 技术的特点包括(见图 3-21)：

(1) 沉浸感：应用电脑根据真实情况构建一个虚拟模型，操作人员从虚拟环境中可以获得各种感官上的体验，如同身临其境一般，操作人员在虚拟环境中获得真实的存在感。

(2) 交互性：操作人员与机器人彼此得到对方的反馈，各自获得想要的数据或者体验。在虚拟环境中，各种感官上的体验如同真实环境，人机交互变得更加亲切自然。

(3) 想象性：虚拟图像给予操作人员构造真实环境及想象的空间，能够根据用户的想象随意构造存在或者不存在的环境。

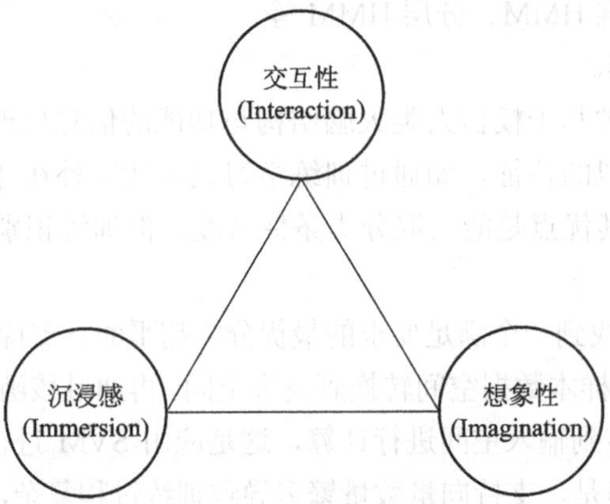

图 3-21　虚拟现实技术特点

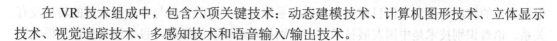

在 VR 技术组成中，包含六项关键技术：动态建模技术、计算机图形技术、立体显示技术、视觉追踪技术、多感知技术和语音输入/输出技术。

1. 动态建模技术

动态建模技术是虚拟现实技术的核心，其主要是针对现实环境或想象模拟环境进行计算机模拟实现，其最终目的就是借助计算机强大的数据处理能力将真实客观环境和虚拟环境数据转化为三维立体虚拟环境。基于建模技术建立的虚拟环境虽然需要极大的内存，但是便于操作和人机交互。目前的建模技术包括几何建模、行为建模和物理建模。

2. 计算机图形技术

计算机图形技术是一种借助强大的数学算法将传统的二维/三维图形转化为能显示的格式的科学。简单地说，计算机图形技术就是用计算机生成、显示、绘制图形的技术。计算机图形技术是虚拟现实系统的基础，例如在模拟飞行过程中，对于图像的生成和更新十分依赖，对于图像的清晰度要求更高，这些都要依靠计算机图形技术实现。

3. 立体显示技术

虚拟现实技术的目的就是展示三维立体世界，该技术的本质是利用眼睛对立体视觉差产生的综合神经反射，通过光学技术为眼睛提供两幅具有特定位差的图像，这样人们便可以在视觉和心理的反应等角度产生三维立体感觉。在虚拟现实技术中，正是利用该视觉差原理，将两幅具有特定位差的图像借助显示器分别呈现给人们的左眼和右眼，因此获得实际的 3D 感觉体验。参与者的两只眼睛看到的图像是通过立体显示技术呈现在虚拟现实的眼镜上，通过特定的技术，使得两只眼睛都只能看到奇(偶)数帧的图像，因而产生了立体感。立体显示主要有以下几种方式：双色眼镜、主动立体显示、被动同步的立体投影设备、立体显示器等。

4. 视觉跟踪技术

视觉跟踪技术是借助计算机技术对运动目标进行特征检测、特征提取、运动识别和运动跟踪，进而通过算法获得运动参数。在获取运动参数之后，视觉跟踪技术便可在虚拟现实技术的综合作用下进行下一步处理与分析，实现对运动目标行为的理解与解析，以完成后续更高层次的跟踪任务。在虚拟世界中，每个物体都有自己的位置，而参与者也有自己的位置。参与者所面对的景象就是通过追踪参与者的头部方向来确定的。

5. 多感知技术

多感知技术包括手势控制、语音命令、眼球追踪和面部识别等。其中发展成熟的有语音命令、面部识别和接触式手势控制，且均已得到了广泛应用，而眼球运动追踪和非接触式手势控制技术近些年也得到了关注。例如在虚拟现实系统里，参与者要抓取面前的苹果，如果没有感知技术(在体验手套里安装可以振动的触点来模拟触感)，那么参与者的手就会穿过苹果，这在现实生活中是不存在的。

6. 语音输入/输出技术

语音输入/输出技术是指将人的语音信息直接输入和输出虚拟世界与真实世界，参与者通过语音技术在虚拟环境中也能同其他参与者自由交流。在现实生活中，声音传来的方向根据头部的转动而改变。但目前在虚拟现实系统中，声音的方向与参与者头部的转动没有关系。语音识别技术是中国发展技术语音识别技术所涉及的领域，包括信号处理、模式识别、人工智能等。

3.8.2 AR 技术

AR 继承和发展了虚拟现实相关技术的优点，改善和提升了虚拟现实相关技术的缺点。首先，它把真实世界内实际存在的例如视、听、味、触等感觉，进行预测仿真以构建虚拟环境；然后，将预测仿真后构建的虚拟环境信息和真实环境进行叠加，以达到虚实环境无缝融合的目的。基于增强现实技术方法克服了较大的通信时延的影响，消除了系统的运动累积误差，提升了操作者的沉浸感，提高了遥操作的可靠性和精确度。

AR 技术的特点包括：

(1) 增强性：利用多传感器融合技术将真实场景中物体的信息实时地呈现给操作者，实现预测仿真后构建的虚拟环境信息和真实环境叠加，使得操作者对真实世界的感官体验获得增强，用户获得的信息更加强烈及直观。虚拟图像模型是对真实图形的一种补充。

(2) 交互性：它是 AR 技术的重要特点之一，也是 AR 成功与否的一个必要条件。AR 技术增强了操作者与现实环境间的内容交换，更加注重人和现实环境之间，而不是单纯强调人机之间。AR 使得人与真实场景的交互变得更加亲切自然，两个不同的环境获得融合叠加成为一种环境。

(3) 便携性：VR 系统中使用者的活动空间较为有限，而 AR 系统有时会要求使用者在环境内移动。基于以上特点，AR 系统在使用时应当具备一定便携特征，以便于使用者在环境内移动。AR 技术要想在医疗、军事、服务等行业有所应用，便携性至关重要。

AR 技术是一门融合机器视觉、微机原理、人机交互等多种学科的技术，通过虚拟环境与现实环境的叠加实现对现实环境的突出显示。AR 技术主要包含三个重要技术：三维注册技术、虚实融合技术和人机交互技术。

1. 三维注册技术

三维注册技术即虚拟图形与真实图形的匹配对准，是 AR 系统的重要技术之一，也是 AR 技术研究的热点之一，关系到 AR 系统的特性优劣。

AR 技术最为关键的一点就是对真实环境中的物体进行识别及定位，通过三维注册技术使虚拟环境精确叠加在真实环境上，实现对现实环境的增强。三维注册技术通过摄像机对真实环境的物体进行动态监测，摄像机监测到的物体位置与物体真实的位置通过一定的坐标变换进行映射，通过两者的对应关系将虚拟环境信息叠加融合到真实环境中。

依据摄像机与真实环境的相对关系，可将该种方法分解为动态和静态两种形式。其中，动态形式是使用数量最多的形式。动态形式包含三种方法，即基于硬件的注册方法、基于视觉的注册方法和混合注册方法。图 3-22 给出了该种技术的划分形式。

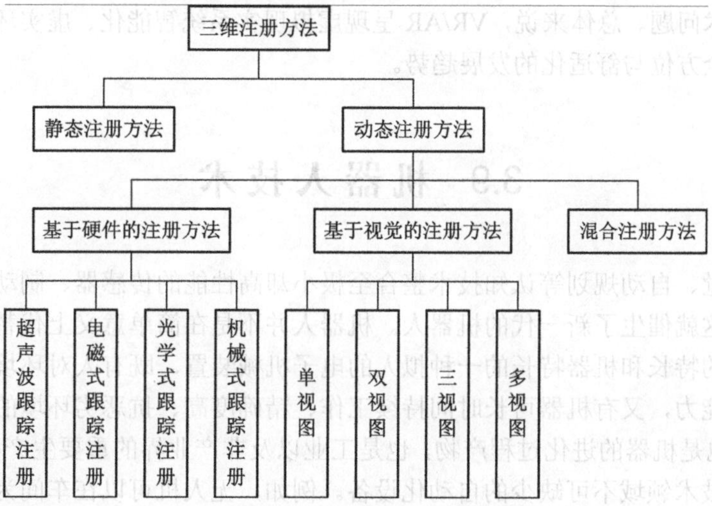

图 3-22　三维注册方法分类

2. 虚实融合技术

虚实融合即虚拟图形与真实图形叠加融合，通过三维注册技术使虚拟图形精确叠加在真实图形上，实现对现实环境的增强。AR 技术将虚拟环境与真实环境进行融合，真实世界的信息获得增强，用户可以获得更加直观的感官上的体验。

要想实现 AR 系统较高的真实感，首先三维注册技术要准确，其次根据真实环境建立的虚拟模型要接近于真实，再次要考虑真实环境与虚拟环境中物体的阴影、光照、遮挡等的影响。

在当前机器视觉和计算机图形图像学发展情况下，根据真实环境生成的虚拟图像不可能与真实环境完全相同，必然存在一定的偏差，但是通过一定的技术可以使两者差距变小，接近于真实环境。在 AR 系统中，可以通过计算机模拟的方式来模拟虚拟光照、虚拟遮挡、虚拟阴影等光照效果，以此来达到与真实环境较为接近的光照效果，从而使得用户获取更加逼真的感官上的体验，使系统更加具有真实感，使现实场景和虚拟场景叠加更加精确可靠。

3. 人机交互技术

交互性是 AR 技术的重要特点之一，也是 AR 成功与否的一个必要条件。在 AR 系统中，用户通过应用一定的设备或手段对系统发出操作指令，并由计算机进行相关处理，最后系统获得响应。

近些年来，人机交互作为一个多学科交叉技术，其形式和内容不时地推陈出新。起初，按钮、鼠标和键盘是人机交互的主要方式，但是基于硬件的交互方式成本一般比较高，且交互式体验不够深切。随着信息科技以及微机原理的快速发展，用户期待运用其他交互形式与虚拟世界进行体验的想法逐渐变成可能。为了使用户和虚拟场景的交互式体验变得深切，使用者体验趋于直接，新型交互形式不断涌现，趋向于比较自然的人机交互方式，如人体姿势或者手势的交互方式得到了较大的发展。

目前 VR/AR 面临的挑战主要体现在智能获取、普适设备、自由交互和感知融合四个方面。在硬件平台与装置、核心芯片与器件、软件平台与工具、相关标准与规范等方面存在一系列科学技术问题。总体来说，VR/AR 呈现虚拟现实系统智能化、虚实环境对象无缝融合、自然交互全方位与舒适化的发展趋势。

3.9 机器人技术

将机器视觉、自动规划等认知技术整合至极小却高性能的传感器、制动器以及设计巧妙的硬件中，这就催生了新一代的机器人。机器人并不是在简单意义上代替人工的劳动，而是综合了人的特长和机器特长的一种拟人的电子机械装置，既有人对环境状态的快速反应和分析判断能力，又有机器可长时间持续工作、精确度高、抗恶劣环境的能力。从某种意义上说，它也是机器的进化过程产物，也是工业以及非产业界的重要生产和服务性设备，也是先进制造技术领域不可缺少的自动化设备。例如，无人机可以在车间为人类分担工作"cobots"等。在智能驾驶领域，华为在发布 AI 发展战略后，就带来了和宝马合作的自动驾驶原型车，并且已经开始进行路测。

人类对跟自身亲密合作的机器人提出了更多的需求，譬如要求机器人能够更具体地感知周围环境的动态变化，更确切地理解人类的意图，更智能地分析场景，对机器人自己的运动做更完美的规划并有能力做动态调整等。与传统的机器人相比，智能化的机器人已经不能依靠预先编译的程序执行确定动作了。它们必须利用其感觉系统(各种传感器)做世界观重塑。基于它对世界的感知，与世界做更完美的互动。

世界模型是将世界通过数学或物理的方法所获得的数据规则化，并无歧义地为机器人各模块的协同建立标准。而世界观是在选择世界模型时所使用的策略与抽象意义。智能机器人需要具备感知型世界模型，也就是说智能机器人对世界的认知需要基于从各种传感器输入的对周围环境的实时感知，而不是预先写好的动作步骤；同时，它利用控制器来完成确定的动作，该动作是对认知的世界的理解、推理并最终决策出来的。这些动作无法预知，但都必须符合所建立的世界模型。而这个观测的过程，常常依赖于多种传感器的融合，来获得对世界更准确的描述。

3.10 人工智能技术发展趋势

人工智能技术在以下三方面的发展有显著的特点，是进一步研究人工智能趋势的重点。

1. 技术平台开源化学习框架

在人工智能领域的研发成绩斐然，对深度学习领域影响巨大。开源的深度学习框架使得开发者可以直接使用已经研发成功的深度学习工具，减少二次开发，提高效率，促进业界紧密合作和交流。国内外产业巨头也纷纷意识到通过开源技术建立产业生态，是抢占产业制高点的重要手段。通过技术平台的开源化，可以扩大技术规模，整合技术和应用，有效布局人工智能全产业链。谷歌、百度等国内外龙头企业纷纷布局开源人工智能生态，未来将有更多的软硬件企业参与开源生态。

2. 专用智能向通用智能发展

目前的人工智能发展主要集中在专用智能方面，具有领域局限性。随着科技的发展，各领域之间相互融合、相互影响，需要一种范围广、集成度高、适应能力强的通用智能，提供从辅助性决策工具到专业性解决方案的升级。通用人工智能具备执行一般智慧行为的能力，可以将人工智能与感知、知识、意识和直觉等人类的特征互相连接，减少对领域知识的依赖性，提高处理任务的普适性，这将是人工智能未来的发展方向。未来的人工智能将广泛地涵盖各个领域，消除各领域之间的应用壁垒。

3. 智能感知向智能认知方向迈进

人工智能的主要发展阶段包括运算智能、感知智能和认知智能，这一观点得到业界的广泛认可。早期阶段的人工智能是运算智能，机器具有快速计算和记忆存储能力。当前大数据时代的人工智能是感知智能，机器具有视觉、听觉、触觉等感知能力。随着类脑科技的发展，人工智能必然向认知智能时代迈进，即让机器能理解会思考。

第 4 章 人工智能关键技术的应用

4.1 人工智能应用概述

随着经济和社会发展，技术变得越来越复杂，利用人工智能来提升决策效率可以极大地减轻人类的负担。因此，世界经济论坛将人工智能描述为第四次工业革命的关键驱动力。赋能是人工智能的本质，人工智能应用正进入场景为王的时代。人工智能作为历史上最伟大的赋能技术之一，已经融入了各行各业，走进了千家万户。今天，以金融、零售、医疗、工业、家居等为代表的各行各业正在以人工智能应用率先落地的原始场景为起点，逐步实现了更多场景的赋能延伸。

人工智能慢慢进入了人们的日常生活中，在各个领域都有了较广泛的应用，不仅为众多行业带来了很大的经济效益，也给人们的日常生活带来了诸多方面的改变和便利。我们其实已经大量享受了人工智能带来的时代红利，只不过现实中的人工智能不如科幻电影中的炫酷，而是更加务实。现阶段人工智能技术在生活中的应用随处可见，像智能音箱、手机解锁与移动支付、停车场无人值守与无感支付、刷脸开闸、在线识别歌曲、以图搜图、动植物识别、线上搜题、机器人等都涉及了人工智能技术。为了抢占这个“风口”，无论是技术巨头还是创业大军，都纷纷进入人工智能应用市场。如何让人工智能真正切入一个完整的、深入的生活场景当中，这对于任何一家科技公司来说都是一个巨大的挑战。

人工智能可以减少人类在程式化的、重复性事务上所花费的工作时间与精力，解放人类的双手和大脑，帮助人类实现更多有意义和有价值的事情。20 世纪 90 年代和 21 世纪初，人工智能技术变成了大系统的元素。随着人工智能技术的发展，未来人工智能会越来越普及，会像互联网技术一样成为底层技术。人工智能与工业的结合正在呈爆炸式增长，是未来移动互联网发展的趋势之一，人工智能有望成为基础技术支持，使各行各业形成新一轮的高速发展。

4.1.1 人工智能应用发展现状

1. 应用场景深度融合

一是计算机视觉技术产业应用日趋多样化。目前，计算机视觉技术已经成功应用于公共安防等数十个领域。据 Gartnet 分析，预计到 2025 年，AI 应用的市场规模将达到约 1348 亿美元。二是智能语音技术应用场景逐步拓展。随着对话生成、语音识别算法性能

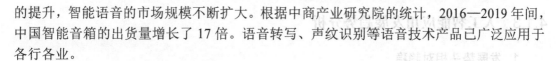

的提升，智能语音的市场规模不断扩大。根据中商产业研究院的统计，2016—2019年间，中国智能音箱的出货量增长了17倍。语音转写、声纹识别等语音技术产品已广泛应用于各行各业。

2. 人工智能与实体经济融合发展

人工智能与传统产业的融合不仅提高了产业发展的效率，而且实现了产业的升级换代，形成了新业态，构建了新型创新生态圈，催生了新的经济增长点。

人工智能在智能制造、智能家居、智能交通、智能医疗、教育、金融等领域的应用呈现全方位爆发态势。一是智能制造方面，运营管理优化、预测性维护、制造过程物流优化均衡。二是智能家居领域，智能软件、智能平台、智能硬件等不同的环节，人工智能技术渗透程度较为均衡。但是，行业产品、平台类别众多，兼容性问题突出。三是智能交通领域，与基础设施、运输装备、运输服务、行业治理深度融合，赋能智能感知，提升智能交通的视觉感知能力，提供准确和及时的交通指标数据。四是智能医疗领域，赋能人工智能辅助诊断系统和设备、治疗与监护、管理与风险防控、智能疫情服务平台，提升医疗诊断效率，提高流程管理效率与准确性。五是教育领域，赋能教育服务平台、虚拟实验室和体验馆、教学效果分析和反馈，改善教育实施场景和供给水平，实现信息共享、数据融合、业务协同、智能服务，形成个性化、多元化互补的教育生态体系。六是金融领域，赋能金融风险控制、数据处理、网络安全等，推动金融产品、服务、管理等环节的新一轮变革。

4.1.2　人工智能应用存在的问题及挑战

1. 行业发展不均衡特征突出

我国人工智能领域，重应用、轻基础现象严重。一方面，人工智能专用芯片硬件技术起步晚，亟须完善相关的上下游产业链，建立行业应用事实标准。另一方面，对国外开源深度学习系统平台依赖度高，缺少类似的国产成熟的开源平台。在应用层面，发展结构性失衡仍然突出。由于行业监管和盈利条件限制，人工智能的行业应用程度和发展前景存在显著差异。参考在金融、医疗、物流、安防等方面的示范性应用，需要提升人工智能在零售、制造等传统领域的创新突破。

2. 系统开发与维护费时低效

一方面，实践落地中，商用的人工智能产品缺乏开发、运维的二次应用能力。另一方面，大型人工智能系统在设计及实现中，从业者经验匮乏，迫使行业机构额外投入以支撑技术团队，这阻碍了智能技术的应用实践。智能应用场景通常需要云端协同智能处理能力，但云侧组件繁多、配置复杂，部署成本较高。

3. 人工智能伦理挑战

一是受历史条件和发展阶段限制，人类对人工智能产品的道德风险，存在认知滞后性。二是人工智能产品缺少完善的伦理控制，同时被赋予更多的自主决策权，催生更多的伦理道德问题。

4.1.3 人工智能应用发展趋势分析

1. 发展势头相对趋稳

近年来，人工智能方面的投融资更为理性，新增企业数量趋缓。产业稳步增长，投融资事件数量相对减少、金额相对增加。产业更加看重底层基础设施建设、核心技术创新和上层应用赋能，产业链条更加明晰。

随着我国政府大力支持和经济转型升级需求，人工智能产业链条的关联性和协同性将进一步增强。

2. 与实体经济融合加速

人工智能与实体经济实现加速融合，为零售、交通、医疗、制造业、金融等产业带来提效降费、转型升级的实际效能。无人商店、无人送货车、病例细胞筛查、数字孪生、智慧工厂、3D 打印、智能投顾等新产品、新服务大量涌现，加速培育产业新动能，开辟实体经济新增长点，有力推动我国经济结构优化升级。

我国人工智能市场潜力巨大，应用空间广阔，尤其是在数据规模和产品创新能力等方面占据优势。另外，5G 商用后，人工智能与行业深度融合，并逐步向复杂场景深入，推动更多行业进入智能化阶段。

3. 政策红利日渐凸显

2017 年以来，人工智能先后出现在政府工作报告和党的十九大报告中。工业和信息化部发布了两批国家人工智能创新应用先导区名单；科技部支持苏州、长沙等地建设国家新一代人工智能创新发展试验区。各地方结合自身优势和产业基础，积极布局人工智能发展规划，大力发展人工智能。未来，资本将更多聚焦在应用层细分领域的龙头企业，投资焦点将从应用层逐步下移，人工智能芯片和深度学习框架将获得资本市场的更多关注。

4.2 智能技术服务

智能技术服务主要关注如何构建人工智能技术平台，并对外提供人工智能相关服务。此类厂商在人工智能产业链中处于关键位置，依托基础设施和大量的数据，为各类人工智能的应用提供关键性的技术平台、解决方案和服务。目前，从提供服务的类型来看，提供技术服务厂商包括以下几类：

(1) 提供人工智能的技术平台和算法模型。此类厂商主要针对用户或者行业需求提供人工智能技术平台以及算法模型。用户可以在人工智能平台之上，通过一系列算法模型来进行人工智能的应用开发。此类厂商主要关注人工智能的通用计算框架、算法模型、通用技术等关键领域。

(2) 提供人工智能的整体解决方案。此类厂商主要针对用户或者行业需求，设计和提供包括软、硬件一体的行业人工智能解决方案，整体方案中集成多种人工智能算法模型以及软、硬件环境，帮助用户或行业解决特定的问题。此类厂商重点关注人工智能在特定领域或者特定行业的应用。

(3) 提供人工智能在线服务。此类厂商一般为传统的云服务提供厂商，主要依托其已有的云计算和大数据应用的用户资源，致力于满足用户的使用需求和行业属性，为客户提供多类型的人工智能服务；从各类模型算法和计算框架的 API 等特定应用平台到特定行业的整体解决方案等，进一步吸引大量的用户使用，从而进一步完善其提供的人工智能服务。此类厂商主要提供相对通用的人工智能服务，同时也会关注一些重点行业和领域。

需要指出的是，上述三类角色并不是严格区分开的，很多情况下会出现重叠。随着技术的发展成熟，在人工智能产业链中已有大量的厂商同时具备上述两类或者三类角色的特征。

4.3 智能产品

智能产品是指将人工智能领域的技术成果集成化、产品化，具体分类如表 4-1 所示。

表 4-1　人工智能的产品

<table>
<tr><th>分类</th><th colspan="2">典型产品示例</th></tr>
<tr><td rowspan="4">智能机器人</td><td>工业机器人</td><td>焊接机器人、喷涂机器人、搬运机器人、加工机器人、装配机器人、清洁机器人以及其他工业机器人</td></tr>
<tr><td>个人/家用服务机器人</td><td>家政服务机器人、教育娱乐服务机器人、养老助残服务机器人、个人运输服务机器人、安防监控服务机器人</td></tr>
<tr><td>公共服务机器人</td><td>酒店服务机器人、银行服务机器人、场馆服务机器人和餐饮服务机器人</td></tr>
<tr><td>特种机器人</td><td>特种极限机器人、康复辅助机器人、农业(包括农林牧副渔)机器人、水下机器人、军用和警用机器人、电力机器人、石油化工机器人、矿业机器人、建筑机器人、物流机器人、安防机器人、清洁机器人、医疗服务机器人及其他非结构和非家用机器人</td></tr>
<tr><td rowspan="4">智能运载工具</td><td colspan="2">自动驾驶汽车</td></tr>
<tr><td colspan="2">轨道交通系统</td></tr>
<tr><td>无人机</td><td>无人直升机、固定翼机、多旋翼飞行器、无人飞艇、无人伞翼机</td></tr>
<tr><td colspan="2">无人船</td></tr>
<tr><td rowspan="3">智能终端</td><td colspan="2">智能手机</td></tr>
<tr><td colspan="2">车载智能终端</td></tr>
<tr><td>可穿戴终端</td><td>智能手表、智能耳机、智能眼镜</td></tr>
<tr><td rowspan="4">自然语言处理</td><td colspan="2">机器翻译</td></tr>
<tr><td colspan="2">机器阅读理解</td></tr>
<tr><td colspan="2">问答系统</td></tr>
<tr><td colspan="2">智能搜索</td></tr>
</table>

续表

分类	典型产品示例	
计算机视觉	图像分析仪、视频监控系统	
生物特征识别	指纹识别系统	
	人脸识别系统	
	虹膜识别系统	
	指静脉识别系统	
	DNA、步态、掌纹、声纹等其他生物特征识别系统	
VR/AR	PC 端 VR、一体机 VR、移动端头显	
人机交互	语音交互	个人助理
		语音助手
		智能客服
	情感交互	
	体感交互	
	脑机交互	

随着制造强国、质量强国、网络强国、数字中国建设进程的加快，在制造、家居、金融、教育、交通、安防、医疗、物流等领域对人工智能技术和产品的需求将进一步释放，相关智能产品的种类和形态也将越来越丰富。

4.4 人工智能关键技术的应用及案例

人工智能与行业领域的深度融合将改变甚至重新塑造传统行业，本节重点介绍人工智能在制造、家居、金融、交通、安防、医疗行业的应用及相关案例，由于篇幅有限，其他很多重要的行业应用在这里不展开论述。

4.4.1 人工智能在智能制造行业的应用及案例

智能制造是基于新一代信息通信技术与先进制造技术深度融合，贯穿于设计、生产、管理、服务等制造活动的各个环节，具有自感知、自学习、自决策、自执行、自适应等功能的新型生产方式。智能制造对人工智能的需求主要表现在以下三个方面：一是智能装备，包括自动识别设备、人机交互系统、工业机器人以及数控机床等具体设备，涉及跨媒体分析推理、自然语言处理、虚拟现实智能建模及自主无人系统等关键技术；二是智能工厂，包括智能设计、智能生产、智能管理以及集成优化等具体内容，涉及跨媒体分析推理、大数据智能、机器学习等关键技术；三是智能服务，包括大规模个性化定制、远程运维以及预测性维护等具体服务模式，涉及跨媒体分析推理、自然语言处理、大数据智能、高级机器学习等关键技术。例如，现有涉及智能装备故障问题的纸质化文件，可通过自然语言处理形成数字化资料，再通过非结构化数据向结构化数据的转换，形成深度学习所需的训练数据，从而构建设备故障分析的神经网络，为下一步诊断故障、优化参数设置提供决策依据。人工智能技术在智能制造领域中的应用如表 4-2 所示。

表 4-2　人工智能技术在智能制造领域中的应用

应 用 场 景	人 工 智 能 技 术
智能工厂	自然语言处理、机器学习、物联网、人机交互、计算机视觉
生产制造	机器学习、计算机视觉、机器人、芯片、人机交互、人工神经网络
生产调度	机器学习、物联网、计算机视觉
工程设计	机器学习、计算机视觉、计算机图形学、可视化
故障诊断	机器学习、物联网、人机交互、计算机网络、智能识别
智能物流	机器学习、物联网、计算机视觉
生产信息化管理系统	机器学习、数据挖掘、可视化

下面介绍人工智能在智能制造行业的应用及案例。

1. 工业机器人

工业机器人是实现智能生产和数字化工厂的通用基础设施，制造业对快速生产和交付具有成本优势的产品的底层需求，让工业机器人始终维持高景气度。在智能制造时代，工业机器人中的协作机器人起到至关重要的作用，能够替代人工完成各种繁重、乏味或者有害环境下的体力劳动，提高作业安全性和效能。工业机器人与人在生产线上协同工作，充分发挥人类的智能和机器人的效率，由机器人从事精度与重复性高的作业流程，而工人在其辅助下进行创意性工作，减轻人类劳动强度，可以在没有防护栏的情况下与人近距离协同工作。

工业机器人的实现需要以下 5 种核心人工智能技术支撑：

1) 多传感器信息融合

多传感器信息融合技术是近年来十分热门的研究课题，它与控制理论、信号处理、人工智能、概率和统计相结合，为机器人在各种复杂、动态、不确定和未知的环境中执行任务提供了一种技术解决途径。多传感器信息融合就是指综合来自多个传感器的感知数据，以产生更可靠、更准确或更全面的信息。经过融合的多传感器系统更加完善，能够精确地反映检测对象的特性，消除信息的不确定性，提高信息的可靠性。

2) 导航与定位

在机器人系统中，自主导航是一项核心技术，是机器人研究领域的重点和难点问题。自主定位导航技术主要包括自主地图构建(基于现有地图、离线地图及同步定位和建图)、实时环境定位(同步定位和建图与信标定位等)、运动和导航(全局、局部路径规划及障碍物规划)、相关传感器技术(激光雷达、深度摄像头等)。

3) 路径规划

路径规划技术是机器人研究领域的一个重要分支。最优路径规划就是依据某个或某些优化准则(如工作代价最小、动作路线最短、动作时间最短等)，在机器人工作空间中找到一条从起始状态到目标状态可以避开障碍物的最优路径。而最优化问题可以被人工智能算法更有效地解决。

4) 机器视觉

视觉系统是自主机器人的重要组成部分，一般由摄像机、图像采集卡和计算机组成。机器人视觉系统的工作包括图像的获取、图像的处理和分析、输出和显示，核心任务是特征提取、图像分割和图像辨识。如何精确高效地处理视觉信息是视觉系统的关键问题。视觉信息处理逐步细化，包括视觉信息的压缩和滤波、环境和障碍物检测、特定环境标志的识别、三维信息感知与处理等。机器人视觉是其智能化最重要的标志之一，对机器人智能及控制都具有非常重要的意义。

5) 人机交互

人机交互技术是研究如何使人方便自然地与计算机交流。为了实现这一目标，除了要求机器人控制器有一个友好的、灵活方便的人机界面之外，还要求计算机能够看懂文字、听懂语言、说话表达，甚至能够进行不同语言之间的翻译，而这些功能的实现又依赖于知识表示方法的研究，可以被人工智能相关算法(自然语言处理、语音处理、自动编解码等)很好地解决。

2. 基于智能传感器的工业质检

在制造业中，智能传感器是实现智能制造的基石。传统制造业在实现智能制造向自动化、智能化发展的转型过程中，在检测及物流领域等采用大量的传感器。

智能传感器是具有信息处理功能的传感器，带有微处理器，具有采集、处理、交换信息的能力，是传感器集成化与微处理器相结合的产物，属于人工智能的神经末梢，用于全面感知外界环境。与一般传感器相比，智能传感器具有三个优点：通过软件技术可实现高精度的信息采集，而且成本低；具有一定的编程自动化能力；功能多样化。一个性能优异的智能传感器是由微处理器驱动的传感器与仪表套装，并且具有通信与板载诊断等功能，同时具备强大的人工智能算法功能。

我国作为制造业大国，工业产品的质量与国际品牌仍存在不小差距，而产品质量的提升与工业质检密不可分。工业质检是工业生产中最重要的环节之一，也是工业转型升级的重要突破口。传统工业质检依靠人力，不仅效率低、出错率高，而且人力成本高，人员易流失。基于智能传感器的视觉质检将机器视觉与人工智能技术相结合，实现对产品复杂表面的深度分析，由此解决传统机器视觉识别能力不足的弊端，提高质检效率，降低人力成本。

视觉技术是智能质检的核心，包括软件提供的人工智能算法以及承载人工智能应用的视觉硬件。随着科学技术的发展，传感器的功效在慢慢加强。它将行使人工神经网络、人工智能、消息处分技术(如传感器消息配备技术、含混表面等)，具备说明、校验、自顺应、自借鉴的功效，从而使传感器具备更高端的智能，能够实现图像辨认、特性检验、多维检验等繁杂使命。

人工智能技术与传感器系统的结合是基于知识的系统、模糊逻辑、自动知识收集、神经网络、遗传算法、基于案例推理和环境智能。这些技术在传感器系统中的应用越来越广泛，不仅因为它们确实有效，还因为今天的计算机应用越来越普及。这些人工智能技术具有最低的计算复杂度，可被应用于小型传感器系统、单一传感器或者采用低容量微型控制器阵列的系统。正确应用人工智能技术将会创造更多富有竞争力的传感器系统和应用。

4.4.2　人工智能在智能家居行业的应用及案例

参照工业和信息化部印发的《智慧家庭综合标准化体系建设指南》，智能家居是智慧家庭八大应用场景之一。受产业环境、价格、消费者认可度等因素影响，我国智能家居行业经历了漫长的探索期。随着物联网技术的发展以及智慧城市概念的出现，智能家居概念逐步有了清晰的定义并随之涌现出各类产品，软件系统也经历了若干轮升级。

智能家居以住宅为平台，基于物联网技术，由硬件(智能家电、智能硬件、安防控制设备、家具等)、软件系统、云计算平台构成了家居生态圈，可以实现人远程控制设备、设备间互联互通、设备自我学习等功能，并通过收集、分析用户行为数据为用户提供个性化生活服务，使家居生活安全、节能、便捷等。例如，借助智能语音技术，用户应用自然语言实现对家居系统各设备的操控，如开关窗帘(窗户)、操控家用电器和照明系统、打扫卫生等操作；借助机器学习技术，智能电视可以从用户看电视的历史数据中分析其兴趣和爱好，并将相关的节目推荐给用户；通过应用声纹识别、脸部识别、指纹识别等技术进行开锁等；通过大数据技术可以使智能家电实现对自身状态及环境的自我感知，具有故障诊断能力；通过收集产品运行数据，发现产品异常，主动提供服务，降低故障率；通过大数据分析、远程监控和诊断，快速发现问题、解决问题及提高效率。

下面介绍人工智能在智能家居行业的应用及案例。

1. 人工智能助手

人工智能助手通常指通过语音、视觉等方式代替传统的人机交互方式，可搭载在手机、音箱、电视等设备中，实现智能设备联动，提供智能化、便捷化、个性化服务的人工智能产品。目前已覆盖智能家居、智能客服、智慧酒店、智慧学习等多个场景。

人工智能助手通常应具备感知、认知、记忆、决策和情感等能力。感知包括听觉、视觉、触觉等多种通道；认知包括理解、运用语言的能力，掌握、运用知识的能力，以及在语言和知识基础上的推理能力；记忆对用户信息、状态、偏好等的记忆；决策基于对环境的感知，对用户的了解，以及对内容和服务的理解，做出合理的判断和选择；情感指实现情感的互通。

人工智能助手主要核心技术包括以下 5 种。

1) 基于场景的语义理解

对话系统的核心首先是理解用户的意图。面向短文本的意图理解具有比较大的歧义性，基于场景(上下文、界面、个性化等)的语义理解技术，准确率可达 95%以上。语义理解的核心是语义表示。语义表示是一项基础工作，意图理解、结果满足、产品定义、系统评测与监控都需要稳定、清晰、统一的表示，为理解和满足用户需求打下基础。

2) 全知推荐

大多数对话系统主要是用户提出需求，对话系统予以响应；高端对话系统支持全面感知用户，并对用户进行个性化的主动响应。基于全知系统，通过物联网和外界事件知识(地震、极端天气等)感知用户所在场景，并主动满足用户需求(例如检测到家里温度过高，会提醒用户开空调)。

3) 多模态交互

多模态交互是对话系统未来发展的方向。所谓多模态交互，就是通过多传感器采集语音、视觉、触觉、环境等信息，进行多维信息融合后，做出对用户意图的判断。多模态交互主要涉及的技术有视觉识别、声纹识别、手势识别、多模态融合理解等。

4) 语音处理

人工智能助手涉及的语音处理技术包括：

(1) 语音识别：将用户所说的命令内容，通过一系列算法模型，从音频信息转换为文本信息，传递给下一环节。

(2) 声纹识别：通过用户音频信息，提取其个人特征，直接识别用户身份的能力。目前已落地在手机、音箱、电视、门锁等多种设备上，诞生了个性化聊天响应、声纹追剧、声纹支付等很多用户喜爱的场景。

(3) 语音合成：是语音交互最关键、最重要、用户感受最直接的技术模块。通过 AI 算法，将交互中的文本内容合成为音频，播放给用户，是设备与用户间沟通最紧密的桥梁。它的音色也是创新性最多的算法模块之一。

5) 协同唤醒

当家居场景内存在多个可以语音唤醒的设备时，呼唤一句唤醒词，将会一呼百应，语音交互难以进行。协同唤醒可以完美解决这个场景。可通过分布式决策算法进行全场景智能协同，为用户提供多设备跨场景的灵活应答和执行能力，能够智能选出最符合预期的设备唤醒应答，调起能力最匹配的设备执行指令，通过最适合的设备触达提醒。目前已全线支持音箱、电视和手机等主流设备。

2. 智能家居手势交互系统

手势交互是继鼠标、键盘和触屏之后出现的一种新型的人机交互方式。在智能家居场景中，手势交互技术可被应用于各种交互场景，例如通过隔空手势操控电视、音箱、台灯等。

手势交互系统主要依托视觉成像设备跟踪人体手势，并将手势转化为指令，发送给执行设备。详细工作流程为：当人做手势时，摄像头作为输入设备，通过计算机图像算法识别人的手势，并将识别结果传递给智能设备；智能设备本身或多个智能设备之间根据接收到的信息，形成相应的互动。

基于视觉的手势识别技术的发展是一个从二维到三维的过程。早期的手势识别是基于二维彩色图像的识别技术，就是通过普通摄像头拍出场景后，得到二维的静态图像，然后通过计算机图形算法识别图像中的内容。随着摄像头和传感器技术的发展，可以捕捉到手势的深度信息，基于三维的手势识别技术就可以识别各种手型、手势和动作。因此，手势交互是融合了三维视觉和动态视觉的人工智能技术。

4.4.3 人工智能在智能金融行业的应用及案例

人工智能的飞速发展将对身处服务价值链高端的金融业带来深刻影响，人工智能逐步成为决定金融业沟通客户、发现客户金融需求的重要因素。人工智能技术在金融业中可以用于服务客户，支持授信、各类金融交易和金融分析中的决策，并用于风险防控和监督。人工智能将大幅改变金融现有格局，金融服务将会更加个性化与智能化。智能金融对于金融机构的业务部门来说，可以帮助获客，精准服务客户，提高效率；对于金融机构的风控部门来说，可以提高风险控制，增加安全性；对于用户来说，可以实现资产优化配置，体验到金融机构更加完美的服务。人工智能在金融领域的应用主要包括：智能获客，依托大数据，对金融用户进行画像，通过需求响应模型，极大地提升获客效率；身份识别，以人工智能为内核，通过人脸识别、声纹识别、指静脉识别等生物识别手段，再加上各类票据、身份证、银行卡等证件票据的 OCR 识别等技术手段，对用户身份进行验证，大幅降低核验成本，有助于提高安全性；大数据风控，通过大数据、算力、算法的结合，搭建反欺诈、信用风险等模型，多维度控制金融机构的信用风险和操作风险，同时避免资产损失；智能投顾，基于大数据和算法能力，对用户与资产信息进行标签化，精准匹配用户与资产；智能客服，基于自然语言处理能力和语音识别能力，拓展客服领域的深度和广度，大幅降低服务成本，提升服务体验；金融云，依托云计算能力的金融科技，为金融机构提供更安全高效的全套金融解决方案。

2021 年 3 月，央行发布了《人工智能算法金融应用评价规范》，从安全性、可解释性、精准性、性能等四大方面对金融业所应用的 AI 算法提出了评价要求。该规范规定了人工智能算法在金融领域应用的基本要求、评价方法、判定准则。AI 算法安全性为算法在金融行业应用提供安全保障，是决定 AI 算法是否可用的基础，只有在满足安全性要求的前提下才能在金融领域开展应用。AI 算法安全性评价主要从目标函数安全性、算法攻击防范能力、算法依赖库安全性、算法可追溯性、算法内控等方面提出基本要求、评价方法与判定准则等。

下面介绍人工智能在智能金融行业的应用及案例。

1. 智能客服

金融行业的客户满意度是其业务可持续发展的重要指标，金融业客户服务主要包括咨询服务、营销服务及催收类服务。传统的电话客服和在线人工客服都无法达到快速响应与 24 小时无间断服务的要求，且传统的基于规则和检索的智能客服已经无法满足客户个性化的问题需求，因此智能化的交互服务对金融行业客户服务体系的构建有着重要的作用。

金融业智能客服产品一般涉及以下两个方面。一是基于在线问答多项技术的智能客服产品，可以大大节约客服人力成本和减轻服务压力。该类产品以自然语言理解技术为核心，结合丰富的知识库管理、模型训练、多轮对话等技术，提供以机器人取代或协助人工完成服务工作的解决方案，帮助金融机构节省人力、降低成本、提升服务质量。二是基于智能语音交互与语音合成技术的智能客服产品，模拟多场景的语音对答与交互，节省呼叫中心成本。该类产品全面整合语音识别、语音合成、自然语言理解技术，为呼叫中心提供新一代智能语音服务，通过与用户全程的自然语音交互，直接进行业务咨询、查询和办理，高效改善用户体验，提升呼叫中心整体服务水平。

智能客服产品除了需要基础的语音识别、语音合成技术之外，还需要以下技术支撑：

1) 意图识别

意图识别是针对用户输入的文本，分析用户想要做什么，是想要咨询某项业务还是闲聊。意图识别主要是一个文本分类任务，实现方式为传统机器学习和深度学习。

2) 知识图谱

智能客服产品中的知识图谱是将客户数据、领域本体知识以及外部知识，通过各种数据挖掘、信息抽取和知识融合技术形成一个统一的全局的知识库，并用预设好的关系进行实体之间关系的定义形成知识图谱。

3) 多轮对话

多轮对话不是一个简单的自然语言理解加信息检索的过程，而是一个决策过程，需要机器在对话过程中不断根据当前的状态决策下一步应该采取的最优动作(如提供结果、询问特定限制条件、澄清或确认需求等)，从而最有效地辅助用户完成信息或服务获取的任务。目前，业内一般利用对话状态跟踪、槽填充、对话策略等相关技术实现多轮对话系统。

4) 情感识别

在自然语言处理领域，情感分析是攻克机器人理解文字语言情感的一项重要技术，这项技术可以帮助机器人理解人类语言的情感，如识别出喜悦、悲伤、愤怒等情绪，以便更好地进行语义理解，做出合适的应答。通常情况下，金融业更关心客户在会话中产生的负面情感，因为这明确代表了客服工作可改进的方向。同样地，如果系统检测到用户正面或者喜悦的情感时，及时地给予反馈，这样可以大大提升用户体验。

2. “零接触”业务办理

目前，中国金融业正在由传统“鼠标加水泥”向“数字化”进行转变，手机银行、互联网保险、互联网信贷等金融服务的兴起，使得零接触式金融业务办理需求逐渐旺盛，大量的金融业务如开户、信贷、咨询等实现了远程或自助式音视频办理。据统计，银行业的平均离柜率已接近 90%。金融业发生转变的推手来自互联网理念、技术、商业模式、客户需求等多方力量，特别是人工智能技术的成熟应用，逐渐解决了音视频金融业务办理带来的大量金融合规风险，例如，如何确保金融服务人员向消费者传达准确的金融业务信息，如何进行准确的消费者身份认证等。

零接触式业务办理产品需要采用丰富的人工智能技术手段，包括人脸识别、声纹识别、静默活体识别、语音合成、语音识别、自然语音处理等人工智能技术，结合音视频的方式实现远程或用户自助业务办理，并与业务办理中监管机构强制要求的录音录像相结合，在录音录像的同时进行身份认证核实、身份信息采集、反欺诈风险识别等，既满足风险提示和记录留痕等监管要求，又提升了金融服务效率和用户体验。

零接触式业务办理除了基础自然语言和语音技术，还需要丰富的人工智能技术辅助进行身份认证和金融合规判断，主要包括以下技术：

1) OCR 识别技术

OCR 识别技术主要用于识别身份证、银行卡、行驶证、营业执照、增值税发票等多种证照和票据，辅助进行人证合一校验和资料信息录入。

2) 人脸识别技术

人脸识别技术用于对视频中的人脸图像进行识别，从而确定人员身份。针对身份证人脸照片验证场景，采用去网纹技术，实现密集网纹与人脸图像的分离，再分别提取活体照与身份证照人脸特征，确保认证场景下的高识别率。

3) *声纹识别技术*

声纹识别技术主要用于进行数字声纹比对，确认消费者身份，并且要实现翻录攻击检测、拼接攻击检测、合成攻击检测等。

4) *活体检测技术*

活体检测技术是对视频中的人脸进行识别，判断是真实活体人脸或非活体人脸(如照片、合成视频、3D 面具等)。目前常见的有唇语活体、动作活体、静默活体(可见光+近红外、可见光+深度摄像头、单目反射光)等多种类的活体检测方式，可防御 2D 静态纸质和电子图像、3D 面具和头模、合成图片或视频等攻击方式。

4.4.4　人工智能在智能交通行业的应用及案例

智能交通系统(Intelligent Traffic System，ITS)是通信、信息和控制技术在交通系统中集成应用的产物。ITS 借助现代科技手段和设备，将各核心交通元素联通，实现信息互通与共享以及各交通元素的彼此协调、优化配置和高效使用，形成人、车和交通的一个高效协同环境，建立安全、高效、便捷和低碳的交通。例如通过交通信息采集系统采集道路中的车辆流量、行车速度等信息，信息分析处理系统处理后形成实时路况，决策系统据此调整道路红绿灯时长，调整可变车道或潮汐车道的通行方向等，通过信息发布系统将路况推送到导航软件和广播中，让人们合理规划行驶路线。通过不停车收费系统(ETC)，实现对通过 ETC 入口站的车辆身份及信息自动采集、处理、收费和放行，有效提高通行能力、简化收费管理、降低环境污染。智能交通系统架构如图 4-1 所示。

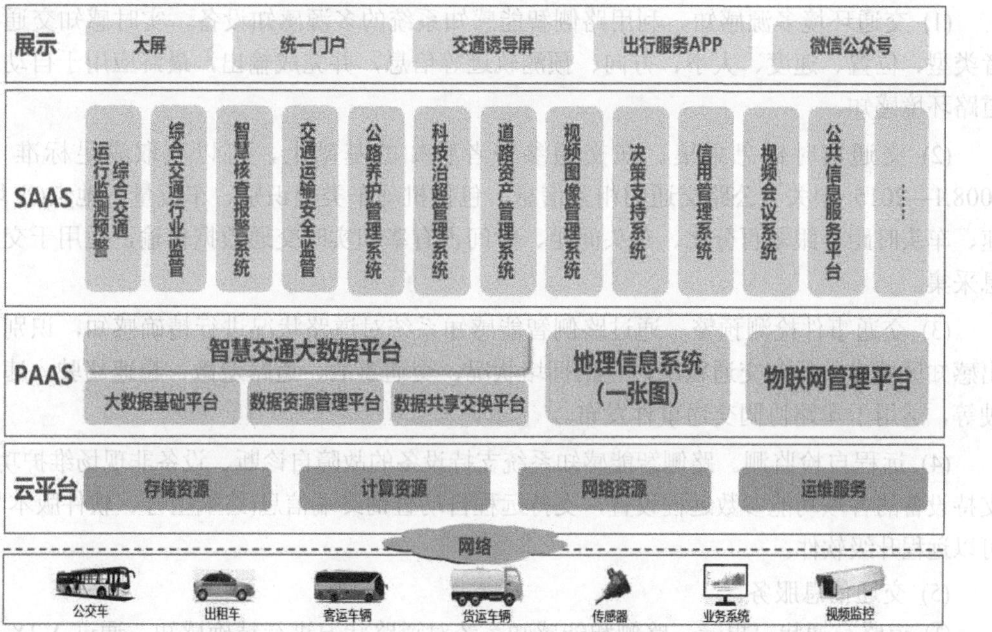

图 4-1　智能交通系统架构图

ITS 应用最广泛的地区是日本，其次是美国、欧洲等地区。中国的智能交通系统近几年也发展迅速，在北京、上海、广州、杭州等大城市已经建设了先进的智能交通系统。其中，北京建立了道路交通控制、公共交通指挥与调度、高速公路管理和紧急事件管理四大 ITS 系统；广州建立了交通信息共用主平台、物流信息平台和静态交通管理系统三大 ITS 系统。

下面介绍人工智能在智能交通行业的应用及案例。

1. 车路协同智能感知系统

路侧智能感知系统是车路协同中“智慧的路”重要节点，集道路信息感知、数据存储计算、信息中继传输功能于一体，采用多传感器融合的信息感知，并加上边缘计算和 V2X(Vehicle-to-Everything)传输，实现“人—车—路—云”协调交互，降低端到端数据传输时延，缓解车载终端或路侧智能设施的计算与存储压力，解决自动驾驶超远视距和非视距信息感知难题，通过“智慧路”服务“智能车”，用网联化技术路线助力高度自动驾驶快速落地。

路侧智能感知系统主要由感知设备、路侧 V2X 通信设备和边缘计算设备三大部分组成，其中感知设备由探测距离远、精度高的 32 线扫描路基 360° 三维激光雷达和多个高性能 CMOS 图像传感器组成，通信设备由 V2X/5G 路侧通信设备、工业级交换机以及光传输设备组成。

1) 路侧智能感知系统的功能

将路侧智能感知系统部署在道路上或道路附近，利用传感器(激光雷达)覆盖区域内的三维扫描检测，获得交通参与者的类型、位置、大小、速度、方向等信息，其可实现以下几方面功能。

(1) 交通环境多源感知。利用路侧智能感知系统的多源感知设备，实时感知交通参与者类型、位置、速度、大小、方向、预测轨迹等信息，并完成输出，最终应用于自动驾驶道路环境感知。

(2) 交通实时信息采集。在交通参与者感知的基础上，可以获取满足标准 JT/T 1008.1—2015 中关于公路交通的相关信息，包括机动车类型识别、车流量、地点(平均)车速、车头时距、跟车百分比、车头间距、时间占有率和实时交通数据传输，适用于交通信息采集。

(3) 交通事件检测预警。通过路侧智能感知系统对道路状况进行精确感知，识别并输出感知区域内的异常交通状况，包括拥堵状况、交通事故、道路遗撒、超速驾驶、违规驾驶等，适用于车路协同交通事件发布。

(4) 远程自检监测。路侧智能感知系统支持设备的故障自诊断、设备非现场维护功能，支持设备的各项功能参数远程设置，支持远程自动查询终端信息(终端型号、软件版本号)，可以远程升级软件。

(5) 交通信息服务。

① 道路交通状况提示：路侧智能感知系统对道路状况进行精确感知，通过 V2X 路侧设备进行实时广播，测试车辆会实时收到前方道路、交通状况的最新信息，如道路事故、道路施工、交通拥堵、停车限制和转向限制等。

② 交通系统状况预测：通过路侧智能感知系统对道路状况进行精确感知，提供交通实时路况信息，如车流量。

(6) 车辆预警功能。

① 盲区预警：当距离车辆较远的盲区路段有异常情况时，路侧智能感知系统将会提供精确的感知数据为智能网联车辆、自动驾驶车辆提供警告信息。

② 车速预警：当车辆速度比实际道路预设车速高时，路侧智能感知系统将会通过 V2X 广播给智能网联车辆、自动驾驶车辆，提示驾驶员减速或者采取避险措施。

③ 辅路汇入预警：当车辆在主路行驶到主路和匝道的汇入口时，如果匝道有车辆汇入主路，且存在碰撞危险时，通过部署在高速公路匝道的路侧智能感知系统，可以完成高速道路的主路和匝道交通变化状况的实时采集，同时发送预警信息提醒匝道车辆驾驶员对车辆进行控制以避免碰撞。

(7) 交通信号协同。通过部署在城市道路路口的路侧智能感知系统对道路状况、路侧交通设施进行精确感知，结合城市道路路口的交通时时变化状况，优化道路交通信号控制以此可实现特种车辆(消防车、救护车)以及公共交通车辆优先通行。

2) 路侧智能感知系统的技术支撑

路侧智能感知系统以上功能的实现主要依靠以下技术支撑：

(1) 车路协同。车端感知受环境干扰、安装高度有限等影响导致感知范围有限，存在视野盲区，易出现安全隐患，车路协同技术实现路端和车端感知结果的融合，数据级的结果匹配，完成路端与车端的感知无缝衔接，为车端提供超远视距且精度更高、维度更广的感知结果，填补因环境因素导致的盲区信息，便于车端进行行为决策，加速无人驾驶的快速落地。

(2) 多基站融合感知。基于边缘计算的独立感知系统检测范围有限，易受环境干扰导致无法完全覆盖感兴趣区域，多系统融合感知采用时空同步、感知拼接、感知融合修正等技术实现感知范围的拓展、感知精度的提升、感知效率的加强，实现全域的路口路段感知覆盖，跟踪链的连续，便于后续的行为分析与数据挖掘。

(3) 多源传感器融合。摄像机、雷达等传感器都存在一定局限性，易导致感知信息和感知维度的缺失，多源传感器融合技术利用传感器同步技术、AI 感知技术、匹配融合技术，实现传感器间不同维度、不同特征的匹配，实现多源异构数据的融合，提升感知信息的精度，增强感知目标的置信度。

2. 智能交通大脑

对于一座城市而言，经济是基础，交通是命脉，道路如同城市动脉一般延伸扩展，推动着城市发展。地面交通的出行与每个人密切相关，交通拥挤这一“大城市病”的显现，普遍影响了人们的幸福感。在城市道路日益复杂和拥挤的情况下，通过构建以智能交通大脑为核心的现代智慧交通系统，有效保证交通出行的安全和便捷性，已成为交通拥堵城市优先考虑的发展重点。

1) 智能交通大脑的客户价值

智能交通大脑是运用云计算、大数据和人工智能技术，实现数据分析、数据挖掘、辅助决策和智慧交通运营，为政府进行交通管理提供科学化、精细化、专业化、高效率的管理能力支撑，帮助交通运营企业实现高效化运营，提升公众出行便捷度和出行体验。智能交通大脑具有以下典型客户价值：

(1) 数据价值挖掘。整合公路、高速、城市道路、公交、出租、两客一危、铁路、港航、航空等交通行业多源信息资源，对数据进行检测、清洗、分析、挖掘等治理，将数据转化为资产，提高数据利用价值。

(2) 智能模型。针对不同的交通应用场景，提供多维智能模型，结合人工智能技术，通过对多元数据的融合分析和深度挖掘，实现交通组织优化、重点车辆监管、交通信号优化、智能诱导、交通事件感知、交通态势评价等服务。

(3) 辅助决策。基于大数据分析和人工智能技术，通过数据可视化的直观方式，实现交通态势的总览总控，为领导决策提供全面、准确、及时、可靠的信息支撑，提高决策的科学水平，提升交通运行效率。

2) 智能交通大脑的三大支撑平台

智能交通大脑本质上是利用新一代的物联网、云计算、大数据和人工智能等前沿技术，构建弹性、开放的综合性智能化平台。通常包括一个云平台、三大支撑平台和 N 个应用系统。云平台提供计算资源、存储资源、网络资源和运维能力，为上层应用提供基础支撑；三大支撑平台包括智慧交通大数据平台、地理信息服务平台和物联网管理平台；N 个应用系统是指构成智慧交通应用生态、交通综合服务管理及交通业务运营需要的各应用系统。下面具体介绍三大支撑平台。

(1) 智慧交通大数据平台。智慧交通大数据平台建立基础数据库、业务数据库和主题数据库，用于汇集数据的存储，运用人工智能技术对数据进行检测、清洗、添加数据标签和安全分级等治理。对人、车、路从不同维度进行交通指数分析、流量溯源分析、安全分析、历史预警查询等关联分析，实现数据的互联互通和深度挖掘，业务系统的统一控制和协同调控。

(2) 地理信息服务平台。地理信息服务平台通过封装交通系统中的专题图、气象图、规划图、影像图、地图等，为智慧交通上层应用系统提供地图展现、交通流量分析、实时影像、路况事件、业务专题等运行环境；为交通行业各应用系统提供地理信息图形等基础数据与基础功能服务。

(3) 物联网管理平台。物联网管理平台为物联网设备接入提供一个安全、稳定、高效的连接平台，帮助用户建立终端设备与平台之间安全可靠的双向连接，物联网管理平台实时采集终端设备数据，可以通过调用 API 下发数据给设备，达到远程控制海量设备的目的。同时，物联网管理平台提供了与浪潮众多云产品打通的规则引擎，帮助用户将应用快速集成。

4.4.5 人工智能在智能安防行业的应用及案例

智能安防技术是一种利用人工智能对视频、图像进行存储和分析，从中识别安全隐患并对其进行处理的技术。智能安防与传统安防的最大区别在于智能化，传统安防对人的依赖性比较强，非常耗费人力，而智能安防能够通过机器实现智能判断，从而尽可能实现实时的安全防范和处理。

当前，高清视频、智能分析等技术的发展使得安防从传统的被动防御向主动判断和预警发展，行业也从单一的安全领域向多行业应用发展，进而提升生产效率并提高生活智能化程度，为更多的行业和人群提供可视化及智能化方案。用户面对海量的视频数据，已无法简单利用人海战术进行检索和分析，需要采用人工智能技术作为专家系统或辅助手段，实时分析视频内容，探测异常信息，进行风险预测。从技术方面来讲，目前国内智能安防分析技术主要集中在两大类：一类是采用画面分割前景提取等方法对视频画面中的目标进行提取检测，通过不同的规则来区分不同的事件，从而实现不同的判断并产生相应的报警联动等，如区域入侵分析、打架检测、人员聚集分析、交通事件检测等；另一类是利用模式识别技术，对画面中特定的物体进行建模，并通过大量样本进行训练，从而对视频画面中的特定物体进行识别，如车辆检测、人脸检测、人头检测(人流统计)等应用。

目前智能安防涵盖众多领域，如街道社区、道路、楼宇建筑、机动车辆的监控，移动物体监测等。今后智能安防还要解决海量视频数据分析、存储控制及传输问题，将智能视频分析技术、云计算及云存储技术结合起来，构建智慧城市下的安防体系。

下面介绍人工智能在智能安防行业的应用及案例。

1. 图像围栏

随着视频监控系统在公共安全领域使用规模及应用场景的不断扩大，智能化视频图像分析技术成为公共安全防范和城市治理进一步探索的重要途径。“图像围栏”的思路脱胎于“电子围栏”“手机围栏”等概念，强调在城市区域充分利用先进的视觉识别、数据分析技术，对视频图像系统全面智能化升级。完成城市人、车、物、事件等各类要素的感知、分析，进行深入的数据挖掘、信息推荐。以“人”为核心，形成地理、数据时空上的智能化应用，重在解决公共安全领域在个人行为模式轨迹、城市群体宏观态势、事中事后研判、事前预测预防预警中的业务痛点。通过“图像围栏”的建设，以人工智能与数据智能双引擎驱动公共安全建设向精细化迈进，以人为核心要素进行公共安全防范的精细化管理，解决超大规模城市治理难题，助力社会治理能力现代化的实现。

基于视频流的云、边、端协同架构是城市级“图像围栏”的基本建设思路，依据城市图像选点理论及原则，开展城市全域的系统规划建设。解决方案需要的技术支撑包括：

(1) 视频全解析：侧重对视频流的解析处理，充分利用视频流丰富的时空、多角度关联信息，引入人体重识别技术，核心是 ReID 算法，利用计算机视觉技术判断图像或者视频序列中是否存在特定目标。

(2) 深度云化：基础设施全面云化，网络虚拟化、计算虚拟化、服务容器化设计，提供高性能、高可用的系统服务。

(3) 算法定义芯片：基于针对视觉处理的深度学习芯片，构成云、边解析服务器集群，实现更具性价比的解析效果，使得超大规模视频解析成为可能。

(4) 数据智能推动：以高精度视觉识别算法为基础，实现大规模时空聚档，形成目标档案。构建公共安全领域知识图谱，基于数据挖掘、智能推荐算法，对重点关注事件、要素进行预警推送。

(5) 云、边、端协同：端侧点位依据算法需求，放大检索有效信息。边缘侧按场景需求规划边缘侧解析节点设计，灵活满足各场景部署需求。云端集群实现算力集中解析或按潮汐算力需求进行流动调度做到集约化使用。

(6) 分层解耦、开放融合：按照分层解耦的原则，图像围栏开放体系的每一层都能通过接口对外提供能力，各层之间实现解耦。

2. 人员解析和标签

随着国家智慧城市、平安城市以及立体化社会治安防控体系等政策工程的建设推进，各行业对公共安全的重视程度不断加深。不论是国家公安机关在主要交通干道、人流密集场所、案件多发地段等一类点位直接建设管理的动态监控摄像头，还是由其他政府部门和企事业单位自行建设的二三类监控点位设备，“雪亮工程”前端智能监控设备被广泛铺设，并且每天产生海量视图数据，公安机关等政府部门以及企事业单位管理机构需要对监控感知网络内出现的人员、车辆以及异常行为事件进行自动化智能化识别，提高城市公共安全管理效率。

人员解析和标签是面向城市级泛安防场景提供服务的智能化产品，主要基于视频图像结构化和行为识别等 AI 技术，辅助城市公共安全管理者实现对监控内的重点目标和异常行为进行布控、预警及落地，为公安机关侦查破案提供快速有效的信息数据支撑，为社会单位、居民群众提供相应的便民、惠民服务，有效维护城市安全，构建和谐社会。

人员解析和标签围绕超大规模感知资源统筹管理、海量数据清理治理、大数据量并发的智能计算和科学运营管理为核心支撑超大规模城市综合智能公共安全防控体系建设和运营，运用到的核心技术主要包括：

1) 高并发大吞吐云接入技术

面向高并发大吞吐量的处理数据需求，城市盾牌采用一体化统一标准的云接入技术，实现对前端采集数据的实时、高效接入、动态调度和全链路追踪。

2) 高性能人脸比对聚类技术

高性能人脸比对聚类技术解决每天千万级的人脸数据聚类问题，采用高效的人脸聚类算法与高效的人脸检索算法。其中基础算法为利用人脸识别模型提取的人脸特征计算相似度矩阵，构造单链图并遍历所有单链图获取人脸聚类簇。

3) 百亿级特征检索技术

百亿级特征检索技术深入到操作系统底层，优化数据结构，利用内存对齐、数据热点等技术，减少指令跳转，最大程度地利用硬件资源的特性提升计算能力。同时对于不同的硬件进行了专项定制优化，从而在各个硬件平台上都达到极限的性能指标。

4) 多模态数据融合技术

基于人的全息档案融合和车的全息档案融合(原始抓拍关系的融合、人脸人体的融合、人车的融合、人脸与身份的融合、人码融合)，提供透明访问的能力，实现在多网环境下多种数据的透明访问。

5) 大规模集群协同计算技术

大规模集群协同计算技术支持高效地完成聚档和数据分析任务，通过引入边云协同计算、地理时空数据协同计算可以极大地提升聚类效率和数据的多样性。

6) 多维生物特征认证技术

应用多维生物特征认证技术可以强化应用系统安全。授权用户须通过数字证书、人脸、声纹进行三重认证，才能应用核心应用系统。在应用过程中，加强对用户行为监测，对离席换人、手机拍屏等行为及时锁屏，并记录日志审计系统。

4.4.6　人工智能在智能医疗行业的应用及案例

人工智能的快速发展为医疗健康领域向更高的智能化方向发展提供了非常有利的技术条件。近几年，智能医疗在辅助诊疗、疾病预测、医疗影像辅助诊断、药物开发等方面发挥着重要作用。

在辅助诊疗方面，通过人工智能技术可以有效提高医护人员工作效率，提升一线全科医生的诊断治疗水平。例如，利用智能语音技术可以实现电子病历的智能语音录入，利用智能影像识别技术可以实现医学图像自动读片，利用智能技术和大数据平台可以构建辅助诊疗系统。

在疾病预测方面，人工智能借助大数据技术可以进行疫情监测，及时有效地预测并防止疫情的进一步扩散和发展。以流感为例，很多国家都有规定，当医生发现新型流感病例时需告知疾病控制与预防中心。但由于人们可能患病不及时就医，同时信息传达回疾控中心也需要时间，因此，通告新流感病例时往往会有一定的延迟，人工智能通过疫情监测能够有效缩短响应时间。

在医疗影像辅助诊断方面，影像判读系统的发展是人工智能技术的产物。早期的影像判读系统主要靠人手工编写判定规则，存在耗时长、临床应用难度大等问题，从而未能得到广泛推广。影像组学是通过医学影像对特征进行提取和分析，为患者预前和预后的诊断和治疗提供评估方法和精准诊疗决策。这在很大程度上简化了人工智能技术的应用流程，节约了人力成本。

全生命周期智慧医疗健康服务体系如图 4-2 所示。

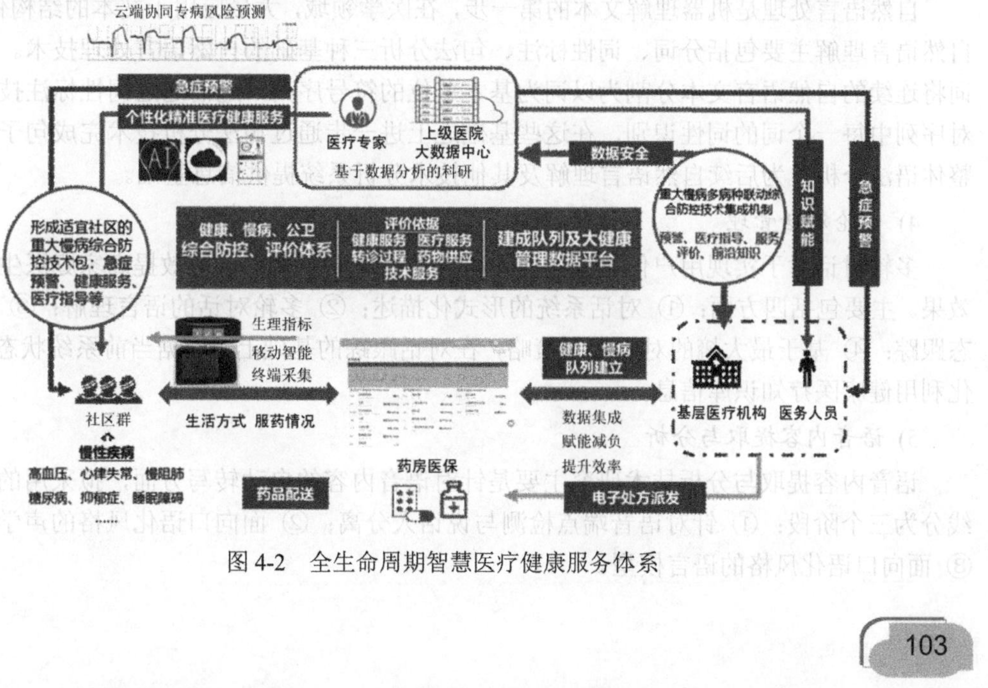

图 4-2　全生命周期智慧医疗健康服务体系

下面介绍人工智能在智能医疗行业的应用及案例。

1. 家庭医生智能随访系统

家庭医生智能随访系统可以通过批量地自动拨打电话，帮助医护人员进行电话随访与宣教、预约门诊和通知、健康指导与提醒、慢性病管理等方面的服务，减轻医护人员的随访等公卫服务的工作量，提升居民的获得感和就医体验，提升社区服务中心等基层医疗单位的服务能力和服务范围。其主要应用场景如下：

(1) 可面向基本公共卫生和家庭医生服务的重点人群，提供健康档案采集、预约提醒及通知、满意度调查等智能语音外呼服务以及部分慢性病智能随访服务；

(2) 可协助医务人员进行新型冠状病毒感染的肺炎疫情防控工作；

(3) 可协助医务人员进行新型疫苗的集中通知及不良反应的跟踪随访。

家庭医生智能随访系统融合语音合成、语音识别、多轮交互自动问答及自然语音理解等人工智能核心技术，相关内容如下：

1) 语音识别引擎

智能随访过程中用户输入连续语音，系统将执行语音识别操作，将用户语音转化为连续文本。在此基础上，还将同步进行语义断句等操作，实现从连续文本到单句文本的转换。采用的语言模型建模技术基于海量智能语音医学文本数据，完成基于前馈神经网络的语言模型训练和智能语音医学语音识别系统的语言模型定制。

2) 语音合成引擎

智能随访通过人机对话的方式使机器可直接与用户进行交流，机器的对话风格主要受语音合成效果的影响。一方面通过构建符合医疗领域风格的发音人，提升语音合成的对话风格效果；另一方面，通过对海量医学领域文本统计分析，形成医学领域定制词典与定制资源包，提升语音合成效果。

3) 自然语言理解

自然语言处理是机器理解文本的第一步，在医学领域，大量应用于文本的结构化处理。自然语言理解主要包括分词、词性标注、句法分析三种基础的自然语言处理技术。通过分词将连续的自然语言文本分割为以词为基本单位的符号序列，进而通过词性标注技术完成对序列中每一个词的词性识别，在这些基础之上进一步通过句法分析技术完成句子结构的整体语法分析，为后续自然语言理解及其他技术分析系统提供信息基础。

4) 多轮对话管理

多轮对话对于实现用户体验良好的人机对话有重要意义，可有效提高家庭医生随访的效果。主要包括四方面：① 对话系统的形式化描述；② 多轮对话的语言理解；③ 对话状态跟踪；④ 基于最大熵的对话控制策略，在对话跟踪的基础上，根据当前系统状态，最大化利用健康医疗知识库信息。

5) 语音内容提取与分析

语音内容提取与分析技术研究主要是针对语音内容的自动转写方面，拟采用的技术路线分为三个阶段：① 针对语音端点检测与说话人分离；② 面向口语化风格的声学模型；③ 面向口语化风格的语言模型。

6) 深度学习技术

深度学习通过组合低层特征形成更加抽象的高层表示属性类别或特征，以发现数据的分布式特征表示。

2. 胸部 CT 智能临床系统

病理诊断对临床诊疗具有重要作用，病理医生将临床各科室送检的组织，经过一系列复杂的程序做成病理切片，在显微镜下观察组织及细胞形态，分析后做出各种疾病的诊断。病理诊断除诊断这一主要功能之外，也能为临床医生制定治疗方案、评估疾病预后和总结诊治疾病经验提供重要依据，因此被誉为疾病诊断的“金标准”，而病理科医生又被称作“医生的医生”。

胸部 CT 智能临床系统能够自动检测肺部结节、炎症及骨折病灶，为影像科医生提供定性定量的分析和报告结果。同时基于实时三维渲染技术，为临床医生提供精准的手术规划功能。

胸部 CT 智能临床系统利用高效的人工智能视觉算法，主要从两个方面大幅提高了病理诊断效率，减轻了病理医生的工作负担。一是能够基于数字化病理切片，通过人工智能视觉算法，大批量、快速处理图像数据，直接提示并定位病灶，极大地缩短了单张病理切片的读片时间。二是对于切片进行初步筛查，从而进一步优化病理医生的资源分配——算法计算为恶性的切片，可以由高年资医生着重诊断、确定癌症种类及分型；算法计算为良性的切片，医生可快速确认结果。

胸部 CT 智能临床系统主要依托图像识别和深度学习技术。依据临床诊断路径，首先将图像识别技术应用于感知环节，将非结构化影像数据进行分析与处理，提取有用信息；其次，利用深度学习技术，将大量临床影像数据和诊断经验输入人工智能模型，对神经元网络进行深度学习训练；最后，基于不断验证与打磨的算法模型，进行影像诊断智能推理，输出个性化的诊疗判断结果。

目前，利用图像识别和深度学习技术，主要用以解决以下影像诊断需求：

(1) 病灶识别与标注：对 CT 影像进行图像分割、特征提取、定量分析和对比分析，对数据进行识别与标注，帮助医生发现肉眼难以识别的病灶，降低假阴性诊断发生率，同时提高读片效率。

(2) 影像三维重建：基于灰度统计量的配准算法和基于特征点的配准算法，解决断层图像配准问题，节约配准时间，在病灶定位、病灶范围、良恶性鉴别、手术方案设计等方面发挥作用。

第5章

人工智能标准研究现状及应用分析

标准是建立最佳生产秩序的工具，是市场的组织力量，也是引领创新的重要途径。标准来源于万千从业者的标准化实践，又反过来作用于实践应用。国家标准 GB/T 20000.1—2002《标准化工作指南 第 1 部分：标准化和相关活动的通用词汇》对“标准”和“标准化”给出了定义，分别是“为了在一定范围内获得最佳秩序，经协商一致制定并由公认机构批准，共同使用和重复使用的一种规范性文件”和“为了在一定范围内获得最佳秩序，对现实问题或潜在问题制定共同使用和重复使用的条款的活动”。由于该定义等同采用了 ISO/IEC 第 2 号指南的定义，这意味着国内和国际对标准和标准化的定义达成一致。标准化的形式多样，包括简化、统一化、通用化、产品系列化、组合化和模块化等。为了迎接正在迅速发展的经济全球化和信息技术革命，除了对科技知识和经济实力的准备，高技术前沿的国家和地区同样也在为新时代的标准化做战略准备。同时，标准化也是一把双刃剑。标准化作为一项技术政策，由于制定者的主观性和客观存在的不确定性，注定会导致一定的风险。一项不慎重的标准可能会给产业造成损失，也可能会限制人的创造力，减缓技术发展和产业进步的速度。实施标准化战略是习近平总书记对标准化工作寄予的殷切希望和更高要求。为了加强我国标准化工作，当前我国标准化工作的重点任务是制定实施中国的标准化战略，加快形成推动高质量发展的标准体系，构建高水平对外开放的标准化机制，加强科学管理，提升标准化治理效能。

特别在人工智能领域，人工智能基础理论和技术生态发展迅速，人工智能技术、产业的快速更新换代为标准化工作带来了新形式和新挑战。现阶段人工智能技术发展迅速，需要以标准化手段对人工智能的术语、概念、内涵、应用模式、智能化水平等概念内涵进行明确。研制人工智能伦理标准，解决技术应用中伦理规范和安全标准滞后于技术发展的问题，规避人工智能技术及应用带来的网络安全风险、个人信息隐私保护风险以及国家安全风险。人工智能标准还能够通过研制相关标准，组织开展符合性评估，推动提升产品质量，规避潜在风险，助力人工智能产业链上下游企业之间、龙头企业与中小微企业之间协同发展，形成开放的生态体系，促进产业健康发展。因此，人工智能高质量发展离不开标准化支撑，需要标准引领产业规模化发展，支撑社会高质量建设。

5.1 标准化概述

从原始人的石斧到今天的宇航飞船，人类社会进入了经济和科技发展爆炸的时代，现代生产建设和科学实验活动的规模和精细程度是任何古人都无法企及的。大到一座现代化工厂的投产、一颗卫星的发射，小至一个芯片的制造、一块纳米材料的合成，都是数千人和数百家企业合作的结果，研发者、生产部门和企业之间的联系密不可分。为了使各生产部门提供的条件满足各自的要求，使人类的经济和技术活动遵循共同的规范，协调全社会所有生产环节的行动，积累和推广由人创造的成功经验，使复杂的管理系统化、简化和统一化，为了建立人类生活和经济技术活动的正常秩序，使社会生产更好地满足人民生活的需要，“标准化”出现了。

5.1.1　标准化历史

标准化与人类的生产生活密切相关，来源于人类的生产生活，同时服务于人类的生产生活。标准化的历史可以追溯到数千年前，不断推动人类社会发展。自远古时代以来，人类的标准化思想开始萌芽：古人经过长期实践和交流，将使用的石器等工具统一为最适用的一种或几种类型，使其形状、大小逐渐趋于一致；吼叫声也逐渐发展成为有节奏、规律的声音，又创造了象形文字等符号来表达不同的沟通需求。历史上的任何重大技术变革都对标准化的基本原则和方法产生重要影响。纵观整个标准化发展历程，标准化产生和发展的历史能够总结为以下三个重要阶段。

1. 古代标准化

随着手工业的不断发展和手工生产效率的提高，为了满足人们日益增长的贸易和交流需求，标准化活动也从无意识转变为有意识。秦始皇统一全国后，实施了一系列重要的改革措施，包括车同轨、书同文、线同德、地同土、量同重、币同形，旨在统一全国的计量工具、货币、文字等。这些措施对促进当时的经济和文化发展起了重要作用。此外，北宋时期的毕昇成功地运用了标准件、互换性、模块化、组合化的方法和原则，开创了活字印刷的先河。这项伟大的发明不仅是对人类科学和文化的宝贵贡献，也是现代标准化方法和原则的种子，因此活字印刷术也被称为“标准化发展的里程碑”。

古代中国的先进标准化思想和伟大发明引起国外的重视并广为流传，中国科学院外籍院士、英国科学史学家李约瑟说：“在公元 3 世纪到 13 世纪之间(中国)保持着一个西方所望尘莫及的科学知识水平。”这也得益于中国较早地普及了标准化思想，并以此孵化了革命性的创造，但是当时的标准化还不是一项有组织的活动，且发展很不平衡，其中政治和军事因素明显突出。

2. 近代标准化

近代标准化是对古代标准化的继承和延续。近代标准化是在第一次工业革命的大机器工业基础上建立起来的。工业生产和科学技术的快速发展为标准化提供了许多技术基础和实践经验。技术领域的标准化已经萌芽，标准化活动也开始向工业领域迈进。人们在不同领域采用了定制的标准化系统，随着工业化进程，刺激了制造业的新一轮发展。

18 世纪末，以蒸汽机的应用为标志，为了提高生产力，扩大市场，实现生产合理化和效率的需要，欧洲掀起了一场以纺织业为主导的宏伟的工业革命。随着第一次和第二次工业革命的发展，近代标准化已逐渐成为支持机械工业和市场贸易发展的重要软基础设施。特别是在两次世界大战和战后的复兴中，对标准化有着迫切的要求。到目前为止，随着大型机械工业的标准化，通过确保互换性，标准化的发展在背景和目标上已逐渐明确。标准化组织和机制不断完善，成为有组织的社会活动。国家和国际标准化已成为人类社会不可或缺的因素，是确保合理利用国家资源和提高生产力的重要手段。

3. 现代标准化

20 世纪初，企业科学管理和流水线工作的推进标志着现代标准化的开始。现代标准化以现代科学为基础，以系统理论为指导。21 世纪后，随着经济全球化和信息通信技术(Information and Communication Technology，ICT)的迅猛发展，标准化的主题已从传统的“提高生产效率”和“提高产品质量”转变为“互联互通”和“互操作性”。标准的地位也从行业的技术基础和门槛转变为企业通过技术创新和标准相结合进行“技术封锁”的战略工具。云技术、大数据和人工智能时代的到来对新兴 ICT 领域的理论建设标准化提出了新的挑战。

以世界贸易组织(WTO)为标志的经济全球化和迅速发展的信息技术革命，对人类社会的生产和生活产生了重大影响。为了顺应新时代的浪潮，一些前沿地区和高科技发达国家，正在为科学技术知识和经济实力做准备，也在为新时期的标准化做战略准备。现代标准化的发展有四个主要特点：国际化(采用国际标准或投入国际标准的编制和修订已成为国家标准化工作的重要方针和政策)；系统性(现代标准化从系统的角度处理问题，需要建立与技术水平和生产规模相适应的标准体系)；先进性(现代标准化以高科技产业为目标，将标准化与数字方法、电子技术和信息技术紧密结合，具有现代产业特征，体现出强大的先进性)；战略方面(各国在标准化实践中都要着眼全局、长远考虑，推动标准化发展到战略层面的统筹规划)。标准支持现代社会科技创新向生产力的有效转化，确保现代全球贸易体系的顺利运行，在现代社会起着举足轻重的作用。

5.1.2 标准化的概念和含义

国家标准 GB/T 20000.1—2002《标准化工作指南　第 1 部分：标准化和相关活动的通用词汇》对“标准化”给出了如下定义：“为在一定范围内获得最佳秩序，对现实问题或潜在问题制定共同使用和重复使用的条款的活动。注 1：上述活动主要包括编制、发布和实施标准的过程。注 2：标准化的主要作用在于为了其预期目的改进产品、过程或服务的适用性，防止贸易壁垒，并促进技术合作。”该定义等同采用 ISO/IEC 第 2 号指南的定义，体现目前全球都对“标准化”的概念持有相同的理解。

综合来说，“标准化”这一概念具有如下含义：

(1) 标准化是一系列持续活动的过程，主要是由标准制定、实施和修订组成的循环过程。标准化过程是一个不断循环和螺旋上升的过程，标准的质量在重复和迭代中不断提高。标准化的效果只有在标准实施后才能体现出来。因此，制定一个好的标准是远远不够的。如果标准没有得到有效实施，标准化的重要性和意义就不会得到体现。此外，一旦标准没

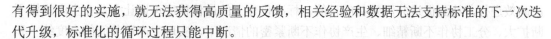

有得到很好的实施，就无法获得高质量的反馈，相关经验和数据无法支持标准的下一次迭代升级，标准化的循环过程只能中断。

(2) 标准化活动是建立规范，从而获得最佳秩序的活动。标准化活动的目的多样，包括品种控制、兼容性、互换性、健康与安全、绿色发展等。一般来说，标准化的主要作用是防止贸易壁垒和促进技术合作，此外还有提高产品、工艺或服务的适用性，以实现预期目标。同时，标准化不仅针对当前存在的问题，而且针对潜在的问题，这是 21 世纪信息时代标准化的一个关键转变和显著特点。标准的制定是由技术进步和科技创新推动的，随着时间的推移、科学技术的进步，以及标准实施后的反馈和经验，标准需要进行修订或废除。

(3) 降低标准的负面作用是一项不容忽视的艰巨任务。标准化是人类社会的伟大创造，在社会进步中发挥着重要作用。然而，标准化也有风险。随着时间的推移或标准的受众不同，任何标准的正确性、科学性或适用性都是相对的。特别是随着科学技术的快速发展，技术和产品日新月异，一些标准或多或少具有负面影响，例如标准化对象不成熟、加速技术垄断、限制技术创新等问题，我们不能盲目相信标准只会产生积极影响。

作为标准化的载体——标准，其本质可以总结为以下四点：

(1) 简化：具有同种功能的标准化对象，当其多样性的发展规模超出了必要的范围时，即应消除其中多余的、可替换的和低功能的环节，保持其构成的精练、合理，使总体功能最佳。

(2) 统一：在一定时期，一定条件下，对标准化对象的形式、功能或其他技术特性所确立的一致性，应与被取代的事物功能等效。

(3) 选优：按照特定的目标，在一定的限制条件下，对标准系统的构成因素及其关系进行选择、设计或调整，使之达到最理想的效果。

(4) 协调：在标准系统中，只有当各个标准(子系统)之间的功能彼此协调时，才能实现整体系统的功能最佳。

5.1.3　标准化的意义

标准化的主要作用在于根据预期目标改进产品、过程或服务的适用性。宏观上来看，标准化工作是现代化大生产的必要条件，是科学管理的基础，是调整产品结构和产业结构的需要，是扩大市场的必要手段，是促进科学技术转化成生产力的平台，也是推动贸易发展的桥梁和纽带。具体来看，标准化能够对一个事物产生直接或间接的作用，包括节约成本，缩短技术进入市场的时间，拓展新市场，增大销售，缩小贸易壁垒，增强竞争力并促进技术合作。综合来看，标准化的意义主要表现在以下三个方面。

1. 建立最佳秩序

“建立最佳秩序，促进共同效益”是标准化的核心目标。秩序是社会存在和发展的基础。随着科学技术的发展，社会分工越来越精细，企业之间的联系也越来越紧密，为了保障生产的速度和质量，必须要以统一的秩序为前提，在技术和管理上保持高度的统一和协调，而标准提供了建立这一秩序的最佳手段。标准经过多方协商，为所有利益相关方提供一种科学合理的统一规范，使其能够被广泛认同并在实践中发挥规范的作用，从而推动生产高效进行，达到促进共同效益的目的。标准化建立的最佳秩序可以让企业在生产规模不断扩大、分工协作不断精细、生产协作不断紧密的情况下，实现生产环节间的高度统一和协调，进而提高企业生产效率，提升生产质量，降低生产成本。

2. 促进贸易和竞争

标准化是促进国际贸易发展的桥梁和纽带，在消除和减少贸易壁垒方面发挥着关键作用。基于标准的合格评定是建立买卖双方信用的基础，“一个标准，一次检验，全球接受”不仅可以减少不必要的重复检验，而且可以简化交易过程，降低交易风险和交易成本，提高市场运作的质量和效率。因此，标准能够促进产品在全球市场的流通和使用，促进国际经贸发展、科技交流与合作。国际标准已成为全球化的技术基础和国际交流合作的技术语言。同时，采用先进标准或提高标准要求将会迫使企业进行技术改造和提高技术水平，加快研发创新的脚步，积极杜绝劣质品的出现，进而提高产品和服务质量。

3. 支撑创新发展

标准化为发展科技创新奠定基础，促进技术交流，是建设创新型国家的重要支撑。标准不仅是需要共同遵守的技术规则，也是增进相互理解的平台。由于标准的科学性和权威性，其已成为创新成果商业化或转化为生产力的重要途径，也是推动标准创新的动力和基础。科技创新成果一旦转化为技术标准，就更有可能被潜在用户接受，从而实现科技成果快速转化的目标。此外，对于许多高科技产品而言，创新发展和市场竞争中的一个常见问题是，开发新产品的失败风险和沉没成本非常高，生产第一种产品的成本通常比随后的成本高得多。然而，按照系列化、模块化等标准化原则开发的新产品能够以更低的成本、更方便的生产变体和衍生产品进入不同的细分市场，并可以通过循环迭代逐步稳固创新成果，从而规避风险、降低成本。

5.1.4 标准的种类

世界上有许多标准和不同的分类方法。从不同的目的和角度出发，可形成不同类型的标准。

1. 按照标准制定的主体划分

按照标准制定的主体划分，标准分为国际标准、区域标准、国家标准、行业标准、地方标准和企业标准。

1) 国际标准

国家标准是指国际标准化组织(International Organization for Standardization，ISO)、国际电工委员会(International Electrotechnical Commission，IEC)和国际电信联盟(International Telecommunication Union，ITU)制定的标准，以及 ISO 确认并公布的其他国际组织制定的标准，即除三大国际标准化组织(ISO、IEC、ITU)外，其他国际组织制定的国际标准必须得到 ISO 的认可和公布，只有经 ISO 确认并列入 ISO 国际标准年度目录的标准才是国际标准。国际标准化组织包括 ISO、IEC、ITU、国际计量局、国际原子能机构、海事组织、联合国教科文组织等。另外，一些国际组织、专业组织和跨国公司的产品或服务支配国际市场并享有垄断性利益，形成了一定规模的“锁定效应”，其技术规格在国际贸易和技术活动中在客观上起着国际标准的作用，被称为“事实标准”。

2) 区域标准

区域标准是指由区域标准化组织或区域标准化组织通过并公开发布的标准。目前有影响力的区域标准化组织/机构主要有欧洲标准化委员会(Comite Europeen de Normalisation，CEN)、欧洲电工标准化委员会(Comite Europeen de Normalisation Electrotechnique，CENELEC)、欧洲电信标准协会(European Telecommunication Standards Institute，ETSI)、太平洋地区标准会议(Pacific Regiond Standards Conference，PASC)、亚太经济合作组织/贸易与投资委员会/标准与合格评定分委会(APEC/CTI/SCSC)、非洲地区标准化组织(African Regiond Standards Organization，ARSO)等。

3) 国家标准

国家标准是指由国家标准机构通过并公开发布的标准，是在全国范围内统一的技术要求。各国的国家标准有自己的标准体系、制修订流程、管理体系等规划内容，体现出各国技术发展和标准化政策的特点。

4) 行业标准

行业标准是指由行业组织通过并公开发布的标准，是对没有国家标准而又需要在全国某个行业范围内统一的技术要求所制定的标准。工业发达国家的行业协会属于民间组织，它们制定的标准种类繁多、数量庞大，通常成为行业协会标准。我国的行业标准是指由国家有关行业行政主管部门公开发布的标准。

5) 地方标准

地方标准是在国家的某个地区通过并公开发布的标准。我国的地方标准是指由省、自治区、直辖市标准化行政主管部门公开发布的标准。对于没有国家标准和行业标准而又需要在省、自治区、直辖市范围内统一的，满足地方自然条件、风俗习惯等特殊技术要求的工业产品的安全、卫生要求，则制定地方标准。

6) 团体标准

团体标准是由团体按照团体确立的标准制定程序自主制定发布，由社会自愿采用的标准。团体是指具有法人资格，且具备相应专业技术能力、标准化工作能力和组织管理能力的学会、协会、商会、联合会和产业技术联盟等社会团体。因此，团体标准是依法成立的社会团体为满足市场和创新需要，协调相关市场主体共同制定的标准。团体标准是我国标准化改革创新的重要发展阶段。

7) 企业标准

企业标准是由企业制定，由企业法定代表人或其授权人批准发布，供企业相关成员或社会自愿采用的标准。企业标准通常适用于制定标准的企业，是根据企业内部需要协调统一的技术要求、管理要求和工作要求制定的标准，是企业组织生产经营活动的基础。随着世界经济一体化和全球供应链的发展，一些企业标准的适用范围已逐渐从企业扩展到供应链上下游的许多企业。因此，一个企业的标准实际上已经成为供应链中多个企业使用的企业标准。随着企业联盟的形成和发展，出现了由多家企业共同制定、批准、发布和实施的企业联盟标准。

2. 按照标准的约束力划分

按照标准的约束力划分，标准分为强制性标准和推荐性标准，另外还有指导性技术文件。

1) 强制性标准

强制性标准是根据普遍性法律规定或法规中的唯一性引用加以强制应用的标准，具有法律属性，即强制性标准必须依照国家法律法规强制实施。根据我国《标准化法》的规定，强制性标准是指国家标准和行业标准中保障人体健康和人身、财产安全的标准，以及法律、行政法规规定强制执行的标准，代号为GB。此外，省、自治区、直辖市标准化行政部门也可以自行根据当地工业产品的安全和卫生要求制定强制性地方标准，在对应的行政区域内形成强制性标准。强制性标准一般有保障人体健康、人身和设备安全，以及产品生产、储运和使用中的安全、卫生标准；环境保护、电磁干扰标准；直接关系到安全、卫生的符号、代号等通用技术语言标准；对互换互连有严格要求必须统一的接口和互换配合标准；根据有关法律、行政法规或规定强制执行的标准等。

2) 推荐性标准

推荐性标准是指在生产、交换、使用等方面，通过经济手段调节而自愿采用的标准，是除强制性标准以外的标准，代号为GB/T。推荐性标准是倡导性、指导性、自愿性的标准，不强制社会采用，而是通过经济手段或市场调节促使社会自愿采用的标准。通常，国家和行业主管部门会积极采取标准宣贯等活动向企业推荐采用这类标准，原则上企业完全按自愿原则自主决定是否采用，但是一经接受并采用(如列入合同)，各方就必须严格遵照执行。国家和行业主管部门也会制定优惠措施鼓励企业采用，而企业采用推荐性标准的自愿性和积极性一方面来自市场需要和顾客要求，另一方面来自企业发展和竞争的需要。

对于不同的标准化管理机构或组织会使用不同的标准分类方式，例如世界贸易组织WTO/TBT中将标准分为“技术法规”和“标准”，其中“技术法规”的约束力类似我国的强制性标准，体现国家对贸易的干预；“标准”仅指自愿性标准，反映了市场对贸易的要求。

3) 指导性技术文件

指导性技术文件是指一种推荐性的标准化文件，一般为仍处于技术发展过程中的标准化工作提供指南或信息，供科研、设计、生产、使用等有关人员参考使用。

根据标准文件的功能还可以分为术语标准、符号标准、分类标准、试验标准、规范标准、规程标准，如表5-1所示。

表5-1 标准类别

标准类别	定　义
术语标准	界定特定领域或学科中使用的概念的指标及其定义的标准
符号标准	界定特定领域或学科中使用的符号的表现形式及其含义或名称的标准
分类标准	基于诸多来源、构成、性能或用途等相似特性对产品、过程或服务进行有规律的划分、排列或者确立分类体系的标准
试验标准	在适合指定目的的精密度范围内和给定的环境下，全面描述实验活动以及得出结论的方式的标准
规范标准	为产品、过程或服务规定需要满足的要求并且描述用于判定该要求是否得到满足的证实方法的标准
规程标准	为活动的过程规定明确的程序并且描述用于判定该程序是否得到履行的追溯证实方法的标准

3. 按照标准化对象的基本属性划分

按照标准化对象的基本属性划分，标准分为技术标准和管理标准。

1) 技术标准

技术标准是对一定范围内重复性技术事项的统一规定，例如，与实现零件交换相关的公差标准、作为工程语言的图纸标准以及最先实现标准化的螺钉标准。技术标准具有确保适用性，促进相互理解和相互合作，保障人员健康和安全，保护环境或合理使用资源，确保接口互换性和兼容性等作用。技术标准是标准家族中类型多、数量多的标准，也是人工智能标准中最重要的标准类型。技术标准的出现和发展需要以科技进步为前提，但同时技术标准与科技进步相互促进。

技术标准驱动工业生产效率是工业社会制定的最先创立的标准类型，因此拥有丰富的历史。1798 年，美国伊莱惠特尼运用了“通用化”和“互换性”原理，在零部件通用互换的基础上实现生产分工专业化，通过将枪支各部分零件拆分开，分别用特质的模具和机器生产相同的零件，经过针对性培训的工人再将各零件组装起来，真正解决了枪支零件的交换问题，从而在标准化的基础上为大规模生产指明了方向，惠特尼也被称为美国的“标准化之父”。随着全球化时代的到来，世界各国对技术标准的竞争日益激烈，谁建立了一个被世界公认的标准，谁就能从全球市场获得巨大的经济利益。因此，各国都争相加强标准化战略研究，努力在技术标准竞争中牢牢掌握主动权。欧盟有超过 10 万项技术标准，德国约有 1.5 万项工业标准，日本有 8200 多项工业标准和 400 多项农产品标准。由于技术标准与技术进步、工业生产密切相关，对国家经济发展和企业竞争力的影响最直接，因此加强技术标准研究制定、提高技术标准应用水平始终是标准化的核心任务。

技术标准是从事生产、建设及商品流通的一种共同遵守的技术依据。无论是企业还是国家层面的技术标准，都是基于技术活动本身的需要，即技术活动固有规律的要求。针对技术统一问题或生产过程中的技术交流、对接和合作问题，技术标准为模块化生产分工细化创造了条件，为专用设备的使用创造了基础，进一步加快了生产专业化，大大提高了生产效率。技术标准伴随着人类社会最壮观的工业化进程，创造了现代物质文明，为信息时代的到来奠定了物质和技术基础。

技术标准的发展离不开科学技术的进步。具体来说，技术标准以科学、技术和实践经验的综合成果为基础；在市场经济条件下，科技研发成果通过一定方式转化为技术标准，技术标准的实施和应用反过来促进科技研发成果转化为生产力。在实施技术标准和将科技研发成果转化为生产力的过程中，市场信息和反馈可以对技术标准和科技研发活动的修订和改进做出反应，从而同步推动技术标准和科学技术的发展。

一般来说，技术标准通常可分为基本技术标准、产品技术标准和方法技术标准。

(1) 基本技术标准是技术标准的关键领域，是技术标准体系的基础。这类标准有很多种，主要包括术语、图形符号、计量单位等，信息技术领域的新型基本技术标准包括字符集、信息代码、编程语言、系统接口等。

(2) 产品技术标准首先包括各种工业生产、农业生产、信息产业和服务业提供的终端产品。此外，广义地看，产品标准还包括用于生产这些最终产品的原材料、材料、辅助材料、工具、器具、配件、部件、标准件、模块等，因为以上内容大多以产品的形式独立制造和销售，所以也被看作产品标准的另一个重要领域。

(3) 方法技术标准是一种以给定方法为特征的标准，通常是指定用于测试、检验、分析、取样、统计、计算、测量、操作或其他活动的方法的标准类别。方法标准的目的是提高工作效率，确保工作结果的准确性、稳定性和一致性。

技术标准的编写应根据内容的复杂性而进行合理调整。技术标准的主要内容可分为概述要素、一般标准要素、技术标准要素和补充要素。技术标准的编制应严格遵循目的性、统一性、协调性、等效性、适用性和计划性的要求。在确定具体技术要求时，应遵循目的性、最大自由度、可验证性、数值选择和避免重复的原则。在技术标准的编制过程中，为确保技术标准的质量和水平，应遵循以下基本原则：

(1) 贯彻落实国家有关政策和法律法规。制定技术标准直接关系到国家、企业和群众的利益，而国家政策法规是维护全体人民利益的根本保障。因此，制定技术标准应严格遵守国家管辖范围内的所有相关政策、法律法规，技术标准中的所有规定不得违背相关政策、法规中的相关内容。

(2) 充分考虑用户需求。社会生产的根本目的是满足用户和消费者的需求，改善人民生活，提高全社会的经济效益。制定技术标准时，要以提高使用价值、满足用户为主要目标，根据社会需求，充分考虑使用要求。根据技术标准对象可能遇到的不同应用环境条件，对其必须具备的各种技术特性作出合理规定，使其在各种可能的环境条件下正常工作，充分发挥产品设计的效率，确保良好的使用价值。

(3) 技术先进，经济合理。技术标准的制定应努力体现科学技术和生产的先进成果，因为只有先进的技术标准才能促进生产和技术进步，落后的技术标准会严重减缓科技突破的进程和创造经济效益的能力。在制定技术标准时，既要适应目前科技发展的要求，又要充分考虑经济合理性；既能满足参与国际市场竞争的需要，又能满足当前生产实践的需要。将提高技术标准水平、提高产品物理质量和取得良好经济效益统一起来，实现全社会的综合效益。

(4) 充分调动各方积极性。为使技术标准科学合理制定，尽可能避免片面性，必须充分调动各利益相关方的积极性，发挥行业协会、科研机构、学术团体和生产企业的作用，广泛吸收相关专家参与技术标准的起草和审查，听取生产、使用、质量监督、科研设计、高校等专家意见，全面推进民主，努力通过协商达成共识。

(5) 技术标准之间的协调配套。技术标准的对象互相作用形成一个系统，并且彼此密切相关，特别在软件盛行的信息技术时代。因此，一定范围内的技术标准是相互关联、相互联系、相互补充和相互制约的。只有相关技术标准相互协调、相互衔接，才能协调科研、生产、流通、使用等环节，确保产品在不同环节中的质量和安全，以确保技术标准的有效实施。

(6) 及时制定和适时复审。技术标准的制定必须及时，避免制定太早而阻碍技术发展，或者标准过于滞后而行业监管不足。因此，必须加强项目论证，通过调研掌握技术发展趋势和相关社会需求，抓住机遇开展标准化工作。技术标准制定后，应保持相对稳定，并根据科学技术发展动态和经济建设的需要适时进行审查，以确定技术标准是否继续有效或修订、废除。

(7) 积极采用国际标准。这是中国的一项重大技术经济政策，也是促进对外开放和提升国际竞争力的重要举措。采用国际标准本质上是一种廉价的技术引进，可以直接为我国带来成熟的科技成果。同时，国际标准通过众国家成员体的讨论和协商，反映了全球行业、研究人员、消费者和监管机构的先进经验，以及各国的共同需求，是帮助我国产品走向国际市场的重要渠道。但是，必须基于国家安全、保护公民健康和安全、保护环境、技术瓶颈等方面，必须从实际出发，充分考虑我国国情和我国产业技术现状，谨防专利陷阱。

(8) 合理利用国家资源。资源是经济发展最基本的物质基础，未来经济发展将取决于提高资源利用率。因此，在制定技术标准时，必须紧密结合自然资源情况，注重节约使用稀有贵重资源，提高资源利用率，以及对稀有资源的替代。例如，用高能耗产品替代低能耗产品，充分利用丰富矿产资源，用普通资源和丰富矿产资源替代稀有贵重资源等措施。

技术标准的形式可以是标准、技术规范、规程等文件以及标准样品实物。技术标准种类繁多，是标准体系的主体，其中主要有：基础标准，产品标准，设计标准，工艺标准，检验和试验标准，信息标识、包装、搬运、储存、安装、交付、维修、服务标准，设备和工艺装备标准，基础设施和能源标准，医药卫生和职业健康标准，安全标准，环境标准，如图 5-1 所示。

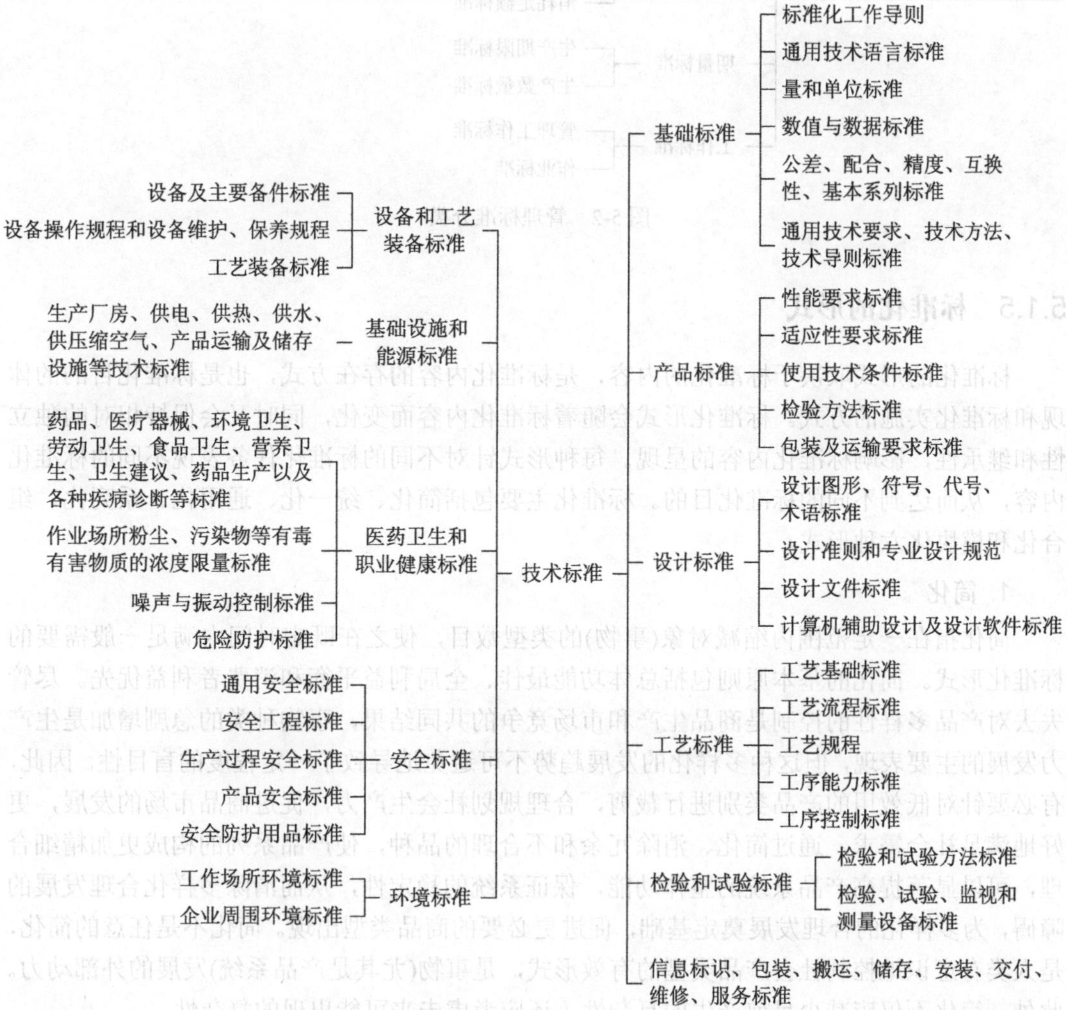

图 5-1　技术标准分类

2) 管理标准

管理标准是指为标准化领域需要协调统一的管理事项制定的标准。管理标准和技术标准之间的差异是相对的。一方面，管理标准也涉及技术问题；另一方面，技术标准也适用于管理。一般来说，企业管理标准的种类和数量很多，其中与管理现代化特别是企业信息化建设最为密切相关的标准主要有管理体系标准、管理程序标准、定额标准、期量标准和工作标准。管理标准总体可分为管理基础标准、技术管理标准、经济管理标准、行政管理标准等，其中的每一类又可细分为更具体的内容，如图 5-2 所示。

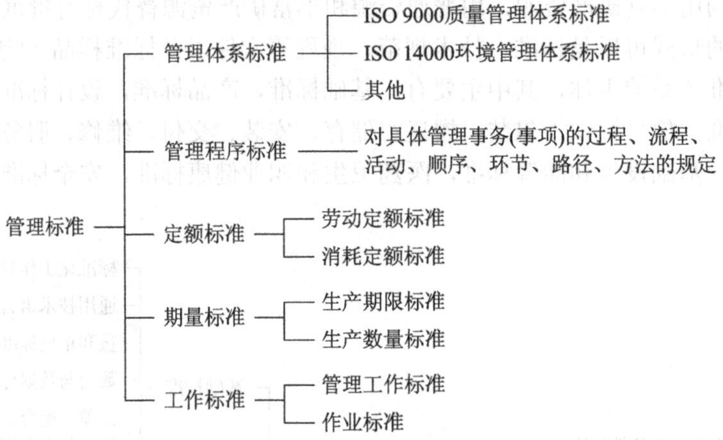

图 5-2　管理标准分类

5.1.5　标准化的形式

标准化的形式取决于标准化的内容，是标准化内容的存在方式，也是标准化目的的体现和标准化实施的方式。标准化形式会随着标准化内容而变化，同时又会保持相对的独立性和继承性，影响标准化内容的呈现。每种形式针对不同的标准化任务表现不同的标准化内容，从而达到不同的标准化目的。标准化主要包括简化、统一化、通用化、系列化、组合化和模块化六种形式。

1. 简化

简化指在一定范围内缩减对象(事物)的类型数目，使之在既定时间内满足一般需要的标准化形式。简化的基本原则包括总体功能最佳、全局利益平衡和消费者利益优先。尽管失去对产品多样性的控制是商品生产和市场竞争的共同结果，事物种类的急剧增加是生产力发展的主要表现，但这种多样化的发展趋势不可避免地导致了一定程度的盲目性。因此，有必要针对低效用的产品类别进行裁剪，合理规划社会生产力，促进商品市场的发展，更好地满足社会需求。通过简化、消除冗余和不合理的品种，使产品系列的构成更加精细合理，可以显著提高产品系统的整体功能，保证系统的稳定性，从而清除多样化合理发展的障碍，为多样化的合理发展奠定基础，促进更必要的商品类型出现。简化不是任意的简化，是人类有意识地控制社会产品类型的有效形式，是事物(尤其是产品系统)发展的外部动力。此外，简化不仅应减少目前产生的复杂性，还应考虑未来可能出现的复杂性。

2. 统一化

统一化是把同类事物两种及以上的表现形态归并为一种或限定在一定范围内的标准化形式。统一化的目的在于消除不合理的多样化，确保事物发展所必需的秩序和效率。统一化的实质是确定适合于一定时期和一定条件的一致性规范，使标准化对象在整个商品市场上或制造过程中，其形式、功能和其他技术特征具有一致性，并使这种一致性达到在功能上等同于被取代的对象，并通过标准来确定这种一致性，以建立所有利益相关方应遵循的规范。统一化一般遵循四项原则，即适时、适度、等效和先进性。统一化和简化的不同在于，统一化的目的是取得一致性，即从个性中提炼共性。到了现代，由于社会生产的日新月异，各生产环节和生产过程之间的联系日益复杂，特别是国际交往持续深化的情况下，需要统一的对象越来越多，统一范围也越来越广。统一化的典型事例有古代人统一度量衡，统一文字、货币等。我国提高标准化将全国营运铁路的轨距统一为 1435 mm，民用电的电压和频率统一为 220 V、50 Hz。统一化可以通过是否达到了比统一化前更有序和更有效来评价。

3. 通用化

通用化指在互相独立的系统中，选择和确定具有互换性的子系统的标准化形式，即通用化以互换性为前提，尽可能地扩大同一对象的适用范围。互换性则指的是在装配、维修、使用不同来源的产品或零部件时，无须额外处理即可替换的性质。通用化的方法一般会经历四个步骤：确定对象—确定相似级别—归并统一—编制通用件图册。通用化的目的是最大限度地减少重复劳动，简化管理，防止不必要的多样化，从而缩短设计试制周期，扩大生产批量，提高专业化水平，为企业带来一系列经济效益。一般来说，具有功能互换性的复杂产品的通用性越强，生产的机动性越大，对市场适应性也越强，销路也就变得更广。因此，有必要全面分析产品的基本系列及衍生系列中零部件的特性，针对具有共性的零部件制作通用件。采取通用件对于防止不必要的多样化、组织专业化生产、提高经济效益都有重要意义。

4. 系列化

系列化是在标准化过程中同时对同一类产品中的一组产品进行考虑，以实现整体功能最佳的标准化形式。系列化是通过分析同一类产品的国内外发展趋势，结合目前的生产技术条件，将产品的主要参数、功能、结构等作出合理的安排和规划。系列化最大的作用就是在生产设计中能够大幅度节省时间和经济成本，而且有利于创造专属品牌的设计语言。

系列化一般可分为三方面内容，分别是制定产品基本参数系列标准、编制产品系列型谱和开展产品的系列设计。具体来说，产品基本参数系列是产品基本性能或基本技术特征的标志，是选择或确定产品功能范围的基本依据；编制产品系列型谱是根据市场和用户的需要，依据对国内外同类产品生产状况的分析，对基本参数系列所限定的产品进行形式规划，根据基型产品与派生产品的关系以及品种发展的总趋势，形成一个简明的品种系列表；产品的系列设计则是以基型为基础，对整个系列产品所进行的总体设计或详细设计。

5. 组合化

组合化指按照统一化、系列化、通用化的原则，设计并制造出若干组通用性较强的标准单元，再根据具体需要组合成不同用途的物品形态的一种标准化形式。组合化建立在系统的分解与组合的理论基础上，也建立在重复利用的设计原则上。活字印刷术就是组合化的经典案例。组合化的原则和方法广泛应用于大型机械设备的设计和制造，建筑业也广泛采用组合式建筑结构。经过组合化设计的单元，其又能组合和拆装，还可以多次重复利用，特别在用户更新或修理老产品时，只需要单独更换个别单元，对消费者和生产商都十分便利，从而能够有效控制零部件的多样性，获得生产的经济性。在组合化的过程中，一般先确定整体的应用范围，然后对组合单元进行划分，使之能够通过改变连接方式或空间结构来创造具有新功能的系统，以适用于不同的使用条件和要求。

6. 模块化

随着复杂产品日益增多以及顺应信息时代的新型标准化需求，模块化成了人们用来处理复杂问题的常用方法。模块化综合了通用化、系列化、组合化的特点，是应对复杂系统类型多样化、功能多变的新型标准化形式。模块化的基础是模块，模块是“构成系统的，具有特定功能，可兼容、互换的独立单元”，具有相对独立的特定功能，是模块化设计和制造的功能单元，能够单独进行生产和销售。

模块化最初是由制造业提出的，后来扩展到电器、建筑和机器的设计与制造。大规模集成电路是电子工业领域最典型的模块化成果。通过采用直接选择标准集成块形成产品的设计方法，引起了电子行业革命性的变化，电子产品也成为更新换代最快的产品类型。21世纪，信息技术的发展催生了一系列高科技和复杂产品，模块化可以很好地满足此类计算机软件产品的标准化要求，模块化软件系统也开始在实践中应用。模块化产品的起源现已扩展到无数领域，模块化制造系统、模块化企业、模块化产业结构、模块化工业集群网络等已成为经济界的研究热点，今天的时代也称为“模块化时代”。

5.1.6 标准化过程

标准不是根据人们的主观意愿制定的，而是基于科学技术研究成果、先进的管理理论和方法，以及在实践中积累的经验。凡是使用或输入资源，并将输入转化为输出的活动都视为一个过程。标准化活动是一种社会实践，也是一种有组织、有目的的实践。标准化活动从来就不是孤立进行的，伴随着对这一实践的总结，是对理论的完善，没有标准化理论的不断完善，标准化实践就不可能成功，也不可能上升到高级阶段。在将标准化活动与其他社会实践活动相结合的过程中，其基本功能是总结实践经验，规范和推广这些经验。因此，标准化活动具有不同于物质产品生产活动的特点，但是标准化涉及的每一项活动，从总结实践经验到制定和实施标准，实际上都是一个“将投入转化为产出”的过程。具体来说，标准化过程是由标准制定、标准实施和信息反馈组成的闭环过程。

标准制定的基本任务是总结实践经验并形成标准。除了人力资源、财政资源和必要的研究、测试条件外，输入的资源主要是通过各种渠道获得的信息资源，输出产品则是标准，是通过信息转换而增加价值的信息载体。因此，标准的质量和标准化活动的成功与否是根据是否增加了价值以及增加了多少价值来评估的。具体而言，标准的制定通常包括以下相关活动：

(1) 标准需求调查：明确制定标准的目的和应满足的条件。

(2) 试验研究论证：根据需要对标准内容进行必要的试验、论证。

(3) 起草标准并反复征求各利益相关方的意见，必要时补充调查或试验。

(4) 编写送审稿并组织专家审查。

(5) 编写报批稿并经主管机构复核、审批、发布。

标准实施的基本任务是将标准所承载的信息传递到生产、管理等实际活动中，并指导这一过程中的相关活动按照标准提供的信息统一进行。除标准信息外，有时还需要输入其他资源，例如与宣传和培训相关的资源、新旧标准替换所需的资源，以及为满足新标准要求而投资于工艺、技术改造和测试设备更新的资源。输出内容会根据标准而变化，如设计质量和设计效率的提高，生产过程的稳定性，可靠的产品质量和高客户满意度等，总体目标是以更好的质量和更高的效率进行生产。具体而言，标准的实施通常包括以下相关活动：

(1) 实施过程策划：明确标准适用对象的目标、责任、程序、进度、措施。

(2) 实施准备：包括组织准备、物资准备、技术资料准备、人员培训。

(3) 实施过程管理：包括文件管理、人员管理、问题反馈、问题处理等。

(4) 总结和改进：对标准实施效果进行评价，提出改进意见，必要时修订标准。

信息反馈的基本任务是收集和分析标准在实施过程中的表现，及时将相关信息传递给相关组织采取措施。输入资源包括用于收集和分析实施过程信息，输出是传递给相关组织的信息。这些输出是衡量标准是否满足预期目的的主要依据，也是确定标准化输入在转换过程中是否具有附加值的最终证据。这种信息转换至关重要，它可以使相关组织及时掌握标准在实施过程中产生的问题以及必须及时采取的纠正措施，为下一个过程周期准备必要的信息资源。标准化过程没有自适应和自组织能力，必须人工控制，而控制的关键环节是信息反馈。标准化过程必须适应环境的变化，也必须坚持持续改进，通过人为干预减少过程阻力，提高信息资源的转换效率，保持标准的适应性和适用性。

上述标准化过程中的三个主要环节同样重要，且不断循环、永不停止，可以作为标准化的完整过程。在每个周期中，都会在原有基础上进行创新和改进，即通过重新制定或修订标准来进一步发展标准。通过不断改进可以提高标准水平，标准化也是在这个连续循环中逐步发展的。为了在正确原则的指导下制定标准，有效利用人力、物力、财力和时间资源，真正实现标准化目标，标准化过程遵循以下四项基本原则：

(1) 开放原则：指标准制定过程中保证各利益相关方能够有效地参与标准的制定活动。

(2) 透明原则：指在标准的制定过程中，有关的信息能够被标准化机构、相关利益相关方，以及其他感兴趣的有关方获得。

(3) 协商一致原则：指普遍同意，即有关重要利益相关方对于实质性问题没有坚持反对意见，同时按照程序考虑了有关各方的观点，并且协调了所有争议问题。

(4) 程序正当原则：指标准制定程序是正当的，并确保每个程序阶段的规定被执行。

5.2　信息技术标准化

信息技术是主要用于管理和处理信息所采用的各种技术的总称，是 21 世纪社会发展的最强有力的动力之一，也是世界经济增长的重要动力。它主要是应用计算机科学和通信技术来设计、开发、安装和实施信息系统及应用软件。广义而言，信息技术是指对信息进行采集、传输、存储、加工、表达的各种技术之和。该定义强调的是人们对信息技术功能与过程的一般理解。狭义而言，信息技术是指利用计算机、网络、广播电视等各种硬件设备及软件工具与科学方法，对文图声像各种信息进行获取、加工、存储、传输与使用的技术之和。该定义强调的是信息技术的现代化与高科技含量。

新一代信息技术的概念是一个动态发展的过程，与飞速发展的先进信息技术紧密相关。新一代信息技术是国务院确定的七个战略性新兴产业之一，国务院要求加大财税金融等扶持政策力度。新一代信息技术涵盖技术多、应用范围广，与传统行业结合的空间大，在经济发展和产业结构调整中的带动作用将远远超出本行业的范畴。当前，以人工智能为代表的新一代信息技术蓬勃发展，人工智能应用技术正加速普及，特别是在医疗健康、教育、金融、公共安全等专业领域。新一代信息技术已经渗透到了人类经济和社会生活的各个领域，促进了经济和社会的发展以及人们生活水平的提高。同时，经济和社会的发展以及人们生活水平的提高又对信息技术产生了更多的需求，进一步促进了信息技术的发展。

高技术具有以下几个重要特点。第一是高增值。高技术是经济效益和社会效益的倍增器。由高技术竞争和突破所带来的效益正在创造着新一代的生产方式和经济秩序。第二是高智力。高技术是知识密集、技术密集的新兴技术，其发展主要依赖智力，其次才是资金。第三是高驱动。高技术在相当大程度上是经济发展的驱动力，它能广泛渗透到传统行业中，带动社会各行业的技术进步。第四是高战略。高技术是以科学技术表现的战略实力，直接关系到国家的经济和军事地位。第五是高时效。高技术的市场竞争十分激烈，时间效益特性明显。只有适时向市场投放最新成果才能取得最佳效益。第六是高风险。高技术的探索处于科学技术前沿，任何一项开创性构思、设计和实施都具有风险。

高技术的发展对于任何一个国家的国民经济发展都具有不可忽略的地位和作用，它已成为一种左右各国经济、政治、军事的日益强大的现实力量，也是衡量一个国家整体竞争力的重要指标。所以，各个国家对高技术的发展都非常重视，特别是发达国家，通过政府和社会力量(包括大学)的大力扶植，给予包括税收等优惠政策，聚集资金、人才和其他各类资源，以及通过高技术园区的辐射和渗透作用极大促进了各国高技术产业的发展。

在信息技术快速发展的同时，信息技术标准化相伴而生并不断发展完善，对信息技术快速有效发展起到至关重要的支撑和保障作用。该领域标准化活动的一个突出特点是，在政府指导下，直面产业发展和市场迫切需求，迅速动员和组织各方相关资源，围绕服务主题及其外延，系统性推进标准化活动。由于新一代信息技术产业涉及的范围比较广，不同的产业都有自己的特殊情况，其标准化内容、原则和方法、成熟度也相去甚远，但是相关标准化活动已经出现了以下三大特点：

(1) 标准化与研发同步。

传统产业标准化的一个重要特点就是标准化相对滞后于技术的发展，要等到技术相对成熟之后再开始标准化工作。并且，传统产业标准制定周期相对较长，要用非常严格和复杂的流程步骤保证标准化组织内部的公平、公正和协商一致。这是由于传统产业的技术生命周期一般都很长，但是以新一代信息技术为核心的高技术产业更新换代加快，生命周期大大缩短，使得与传统产业的标准化相比有很大不同，其发展已经完全打破了传统标准化已经建立的秩序。信息技术的快速更新对标准化造成了极大压力，使得现在很多新兴技术的标准化已经不能再像传统标准化那样按部就班了。标准化不得不改变传统模式，在刚开始研发投入时，标准化就开始介入，出现了标准化和技术研发几乎同步的现象，甚至标准化超前于技术发展。

(2) 标准、技术和知识产权产生绑定效应。

在传统标准化中，一般不考虑把核心技术制定成标准，但是进入 21 世纪之后，由于科技的高速发展，知识产权和标准的关系越来越重要，有的技术标准已经完全不同于传统意义上的标准了。特别是兼容性和互操作性标准在新一代信息技术产业发展中具有战略意义，这种技术是传统标准化领域的零部件互换性的延伸，本身就是核心技术，涉及成百上千项专利。因此，标准、核心技术和专利之间形成了一种不可分割的关系。这也在市场上催生了一种新的商业盈利模式，被称为“知识圈地”现象，就是在核心技术申请专利的同时还设法制定为标准，当其他公司实施这项标准的时候必须向专利持有人交纳专利费。这样标准与专利形成一种必然的绑定关系，能够对产业发展产生巨大影响，还能够使拥有这种标准和专利的企业占据产业发展的制高点。

(3) 标准化组织形式更加多元化。

传统标准化组织的标准化制定周期长，已经无法适应高技术的发展现状。但是产业创新技术如果没有标准作为产业化的脊梁，技术的更新换代就会放缓，产业的发展也会放缓。从实际情况来看，产业的发展体现出了能够自我调整的特性，这也是 21 世纪在市场上出现产业联盟标准组织的重要原因之一，标志着标准化进入了更加多元化的阶段。它们制定标准化的程序不像传统标准化组织那样严格，但是一定要在确保组织内部成员“公平公正、协商一致”的基本原则下，追求制定周期短，而且标准的版本要不断更新，技术生命周期的缩短和新技术的不断出现都要求技术标准的制定要跟随技术的发展快速更新版本。

当前，新一轮科技革命和产业变革正在孕育、兴起，以人工智能、5G、物联网、大数据、虚拟现实等为代表的新一代信息技术与制造业深度融合，成为推动我国经济高质量发展的重要动力。标准作为固化技术成果的重要形式，其在推动技术进步、促进融合应用、激发市场活力、规范市场秩序等方面发挥着越来越重要的作用。高质量发展对于新一代信息技术的标准化提出了更高的要求。信息技术标准化工作的重点集中在五点：一是强化组织建设，营造良好运行环境；二是加强标准战略研究，做好顶层设计；三是全面提高标准质量，服务质量强国建设；四是推动标准有效实施，实现标准的最大价值；五是推动中国标准走出去，不断提升标准的国际水平。为适应新的形势和新的需求，信息技术标准化工作也取得了新的进展。

下面将列举信息技术领域中，与人工智能紧密相关的各专业领域的标准化工作研究概述。

5.2.1　中文编码字符集标准化

全国信标委字符集与编码分技术委员会负责信息交换用字符和其编码表示及控制功能的标准化。编码字符集的标准化工作由信标委字符集与编码分技术委员会(SAC/TC 28/SC 2)

负责，其秘书处设在中国电子技术标准化研究院，国际对口组织是 ISO/IEC JTC 1/SC 2(编码字符集分技术委员会)。此外，经国家标准化管理委员会批准，信标委先后设立了 8 个少数民族信息技术国家标准工作组，作为对编码字符集分技术委员会的技术支持。这 8 个少数民族文字信息技术标准工作组如下：

① 藏文信息技术国家标准工作组(SAC/TC 28/WG 1)；
② 维哈柯文信息技术国家标准工作组(SAC/TC 28/WG 2)；
③ 蒙古文信息技术国家标准工作组(SAC/TC 28/WG 3)；
④ 云南少数民族语言文字信息技术国家标准工作组(SAC/TC 28/WG 4)；
⑤ 彝文信息技术国家标准工作组(SAC/TC 28/WG 10)；
⑥ 壮文信息技术国家标准工作组(SAC/TC 28/WG 18)；
⑦ 朝鲜文信息技术国家标准工作组(SAC/TC 28/WG 21)；
⑧ 锡伯文信息技术国家标准工作组(SAC/TC 28/WG 24)。

1. 汉字编码字符集标准化

1980 年，我国发布了第一个汉字编码字符集标准 GB 2312—1980《信息交换用汉字编码字符集　基本集》，奠定了我国中文信息技术标准体系和中文信息产业的基础。在 GB 2312 之后，我国还发布了一系列 GB 2312 的辅助集和 GB 18030—2005《信息技术　中文编码字符集》(代替 GB 18030—2000《信息技术　信息交换用汉字编码字符集　基本集的扩充》)，收入的汉字超过 7 万个，不仅解决了一般社会用字的信息化问题，也在较大程度上解决了出版印刷、金融、交通、国土资源管理、公安等用字量较大的行业的信息化问题。同时，我国积极参与并主导国际标准 ISO/IEC 10646《信息技术　通用多八位编码字符集(UCS)》(GB 13000)中的汉字编码工作，现已完成编码的中日韩统一汉字的数量近 7 万 5 千个。

为了推动汉字编码字符集在产品中尽快实现，与汉字编码字符集配套的各项国家标准也迅速出台，并稳步增加，逐步完善，为汉字信息技术的产品实现铺平了道路。在与编码字符集配套的标准中，汉字字型标准和键盘布局直接涉及汉字的输入、基本处理和输出，也是中文信息技术所不可或缺的基础性标准。字型是文字信息在信息处理设备的人际交流界面上的具体显现。无论信息系统处理文字的过程如何，其处理结果都必须还原为文字形式才能够被自然人所识别，还原结果如屏幕显示、打印输出等。为避免同一处理结果的不同还原，必须制定相应的字型标准。我国自 20 世纪 80 年代起陆续制定了一系列汉字点阵字型标准，点阵系列覆盖 11 × 12 至 64 × 64，基本可以满足信息技术产品的需要。截至 2011 年 9 月，制定并发布汉字点阵字型国家标准 27 项，行业标准 12 项，汉字字型检测 1 项，汉字输入法相关标准 6 项。

2. 少数民族文字编码字符集标准化

我国少数民族文字信息技术标准化旨在为消除我国少数民族地区的数字鸿沟奠定标准基础。少数民族文字信息技术的标准化工作是从 20 世纪 80 年代开始的。第一个少数民族文字信息技术的国家标准是 GB 8045—1987《信息处理交换用蒙古文七位和八位编码图形字符集》，此后陆续发布了多项其他文种和技术种类的国家标准。

这一时期是我国少数民族文字信息技术标准化和产业发展的初创时期。因此，这一时期的少数民族文字信息处理产品主要是输入法、基本办公软件和排版软件，技术水平不高。

针对这一特点，这一时期的相关标准也集中在编码字符集、点阵字型和键盘布局三个技术领域，标准的数量较少。

2000 年之前，发布国家标准 15 项，涉及文字 5 种：蒙古文、藏文、维吾尔文、规范彝文和朝鲜文。与此同时，我国紧紧跟随国际上多文种统一处理技术的发展趋势，针对相应的国际标准 ISO/IEC 10646《信息技术　通用多八位编码字符集(UCS)》(GB 13000)提出了一批少数民族文字编码方案，并取得了成功，涉及文字 7 种：蒙古文(含满文、锡伯文、托忒文、阿礼嘎礼文)、藏文、维吾尔文、哈萨克文、柯尔克孜文、规范彝文和朝鲜文。

为加强少数民族文字信息技术的国家标准的研制，全国信息技术标准化技术委员会陆续申请成立了藏文国家标准工作组、蒙古文国家标准工作组、维哈柯文国家标准工作组、傣文国家标准工作组和彝文国家标准工作组 5 个少数民族文字信息技术工作组。标准覆盖的技术领域包括编码字符集、点阵字型、键盘布局和针对不同文种特性的文字处理要求。

2000 年到 2011 年期间，又纳入国际标准少数民族文字和少数民族古文字 8 种(与前面已有的合计 13 种)：西双版纳新傣文、西双版纳老傣文、德宏傣文、傈僳文、苗文、维吾尔新文字、八思巴文、古代维吾尔文(老突厥文)。

3. 中国古文字编码字符集标准化

随着中国各民族现行文字信息技术及其标准的逐渐成熟，中国古文字的信息处理技术的标准化在中文信息技术标准化工作中所占的比重也逐渐增加。除上面提到的已得到编码的两种少数民族古文字(八思巴文和古代维吾尔文)之外，正在研制编码方案的有朝鲜文、维吾尔文、哈萨克文、柯尔克孜文、西双版纳新傣文、老傣文、德宏傣文、滇东北苗文、傈僳文、传统蒙古文、锡伯文、托忒文、满文、阿礼嘎礼字、藏文、规范彝文、八思巴文、老突厥文(古维吾尔文)、西夏文、算筹、麻将、易卦、太玄卦、女书。

5.2.2 云计算标准化

云计算标准化工作主要由全国信标委云计算标准工作组(SAC/TC 28/WG 20)组织开展，负责云计算领域的标准化工作，其秘书处设在中国电子技术标准化研究院。2016 年 4 月，在工信部指导下，中国开源云联盟正式挂靠中国电子技术标准化研究院，开展开源团体标准研制、前沿开源技术研究以及开源产业推动和技术活动推广等工作。

目前，已构建我国云计算综合标准化体系框架，发布国家标准 23 项，涉及云计算基本概念、关键技术、资源管理、资源运维、云服务等。同步推动云计算国际标准化工作，已向 ISO/IEC JTC 1/SC 38 提交 30 余项国际标准贡献物，担任 ISO/IEC 19944《信息技术　云计算　数据和跨设备与云服务的数据流》及 ISO/IEC 19086-1《信息技术　云计算　SLA 框架　第 1 部分：概念和概览》2 项国际标准的联合编辑，推动 SC 38 云服务计量计费研究组的成立，并担任该研究组召集人职位，以及担任编辑和联合编辑的技术报告 ISO/IEC TR 23613《信息技术　云计算　云服务计量计费元素》已进入 DTR 投票阶段；中国专家担任联合编辑的国际标准 ISO/IEC 19944：AMD1《信息技术　云计算　云服务和设备：数据流、数据类别和数据使用-修订版 1》在此次会议后进入 CD 投票阶段。组织编制了边缘云计算、云原生、微服务、开源社区等云计算相关技术领域重点标准，并陆续开展国内首批相关领域标准符合性测评，为行业技术变革、创新应用及落地推广发挥了积极作用。

5.2.3 生物特征识别标准化

生物特征识别技术使用的常见生物特征包括指纹、掌纹、虹膜、手部静脉血管、掌形、人脸、步态、签名、语音、基因等。生物特征识别技术在网络安全、公共安全和金融服务等方面有非常广阔的应用前景。

生物特征识别领域标准化工作主要由全国信标委生物特征识别分技术委员会负责，主要负责生物特征识别领域的标准化工作，涉及与人类有关的、用以支持应用和系统间互操作性和数据交换的通用生物特征识别技术的标准化，包括：通用文件框架、生物特征识别应用编程接口、生物特征识别数据交换格式、相关生物特征识别轮廓、生物特征识别技术评估准则的应用、性能测试与报告的方法，以及法律与地区管辖问题。其秘书处设在中国电子技术标准化研究院。分委会下设移动设备生物特征识别工作组、基因组识别工作组、人脸识别工作组、虹膜识别工作组、静脉识别工作组、行为识别工作组、基础共性工作组和汽车应用研究组，其国际对口组织是 ISO/IEC JTC 1/SC 37。目前，该领域现行国家标准 43 项、电子行业标准 3 项，包括：GB/T 26237.14—2019《信息技术　生物特征识别数据交换格式　第 14 部分：DNA 数据》、GB/T 37742—2019《信息技术　生物特征识别　指纹识别设备通用规范》、GB/T 37036.2—2019《信息技术　移动设备生物特征识别　第 2 部分：指纹》、GB/T 37036.3—2019《信息技术　移动设备生物特征识别　第 3 部分：人脸》、GB/T 28826.2—2020《信息技术　公用生物特征识别交换格式框架　第 2 部分：生物特征识别注册机构操作规程》等。

在国际标准化方面，主要由 ISO/IEC JTC 1/SC 37(生物特征识别分技术委员会)负责，其任务是在不同的生物特征识别应用和系统之间实现互操作和数据交换，从而使生物特征识别相关技术实现标准化，包括生物特征识别的公共文档框架、应用程序接口、数据交换格式、轮廓、评估准则的应用、性能测试等。目前，下设 6 个工作组：WG 1—生物特征识别术语工作组、WG 2—生物特征识别技术接口工作组、WG 3—生物特征识别数据交换格式工作组、WG 4—生物特征识别技术实现工作组、WG 5—生物特征识别测试和报告工作组、WG 6—生物特征识别司法和社会活动相关管理工作组。目前，现行国际标准 137 项，在研国际标准项目 32 项。

5.2.4 用户界面标准化

人机交互界面通常是指用户可见的部分，用户通过人机交互界面与系统交流，并进行操作。人机交互技术是计算机用户界面设计中的重要内容之一，它与认知学、人机工程学、心理学等学科领域有密切的联系。人机交互技术的发展与国民经济发展有着直接的联系，它是使信息技术融入社会，深入群体，达到广泛应用的技术门槛。任何一种新交互技术的诞生，都会带来其新的应用人群、新的应用领域，带来巨大的社会经济效益。

目前，人机交互领域标准化工作主要由全国信标委用户界面分技术委员会负责，在优先满足不同文化和语言适应性要求的基础上，制定 ICT 环境中的用户界面规范，并为包括可访问需求或特殊需求的人群在内的所有用户提供服务接口支持的标准化。该领域主要覆盖：信息无障碍(要求、需求、方法、技术和措施)，文化和语言的适应性和可访问性(如 ICT 产品的语言和文化适应性的能力评估，语言的协调性，参数定位，语音信息菜单等)，用户界面的对象、操作和属性，系统内控制、导航方法与技术，视觉、听觉、触觉和其他感觉方式(如移动、手势和情感等)的设备与应用，用户界面的符号、功能和互操作性(如图形、触觉和听觉图标，图形符号和其他用户界面元素)，ICT 环境中的视觉、听觉、触觉和其他感觉方式(如情感等)的输入/输出的设备和方法(如键盘、显示器、鼠标等设备)，移动设备、手持设备和远程互操作设备及系统的人机交互要求和方法，语言和语音相关人机交互技术、产品要求，智能感知人机交互要求和方法，以及新型人机交互技术研究。其秘书处设在中国电子技术标准化研究院，国际对口组织是 ISO/IEC JTC1/SC35。

该分委会下设 7 个标准工作组/标准研究组：

① 基础标准工作组：负责基础技术和标准化保障规范研究，包括基础术语、键盘布局输入等与文字相关的交互标准，图形、图标设计交互等标准和共性、基础标准的研制，以及用户需求研究和为标准化工作提供指南。

② 语音交互标准工作组：主要研究和制定我国语言和语音领域的人机交互相关标准，包括基础、交互接口、输入输出形式、交互过程和形式、通信协议等。

③ 信息无障碍标准工作组：考虑的是身体机能差异人群(包括残疾人以及老年人等)在人机交互方面的特殊需求，并以更好地满足这些需求为目标；研究和制定与身体机能差异人群相关的人机交互标准，包括发现身体机能差异用户的需求，研究通用解决方案，制定相关标准以及推广实施等。

④ 情感交互标准工作组：情感交互标准的立项和编制工作，协调国内相关企业和科研机构，积极推动情感交互国际标准和国内标准的制定。

⑤ 智能感知集成标准工作组：其工作主要包括语音、触控+语音、头部动作感知、嘴部动作感知、表情识别、手势识别、身体动作感知、重力感应、位置感知、位置定位等技术与应用的标准化。

⑥ 游戏标准研究组：主要研究与制定游戏领域的相关标准，包括用户需求的研究，各种技术的应用解决方案等。

⑦ 用户体验标准研究组：主要研究与制定人机交互领域的用户体验相关标准，包括用户需求的研究，各种技术的应用解决方案等。

目前，已围绕语音交互、情感交互、脑机交互、体感交互、信息无障碍、智能感知集成、游戏、用户体验等新型人机交互领域，开展深入研究和多项标准研制，已发布国家标准 39 项。GB/T 36443.1—2020《信息技术　智能语音交互系统　第 1 部分：通用规范》等智能语音系列标准适用于智能家居、智能客服、智能终端以及车载语音等多应用场景的语音交互系统设计、开发、应用和维护，满足了市场的需要；GB/T 37668—2019《信息技术　互联网内容无障碍访问技术要求与评测方法》等信息无障碍标准适用于信息无障碍网页内容的设计和开发，满足了身体机能差异人群(包括残疾人以及老年人等)在人机交互方面的特殊需求。

在国际标准化方面，主要由 ISO/IEC JTC1/SC35 负责，现行 ISO/IEC 标准 77 项。在该领域，由中国专家担任ISO/IEC JTC 1/SC 35/WG 10情感交互工作组的召集人和秘书，提出并主导制定ISO/IEC 30150《信息技术　情感计算用户界面》等系列3项、ISO/IEC 24661《信息技术　用户界面　全双工语音交互用户界面》和ISO/IEC 4933《信息技术　用户界面　跨设备交互事件映射框架》等5项国际标准。

5.2.5　物联网标准化

物联网标准化工作组由信标委物联网分技术委员会(SAC/TC 28/SC 41)负责，主要包括与物联网相关的基础共性、测试评价、数据采集、网络接入、数据处理、互操作、应用支撑及应用、数字孪生等的标准化。其秘书处设在中国电子技术标准化研究院，国际对口组织是ISO/IEC JTC 1/SC 41。

物联网分技术委员会目前下设4个工作组、5个研究组和1个推进组，其中：

(1) WG 1基础与支撑工作组：负责制定物联网基础通用、智能感知、数据、应用支撑、使能技术、测试等相关标准；

(2) WG 2网络通信工作组：负责制定物联网网络通信技术标准，包括短距离无线网络、低功耗广域网、时间敏感网络等；

(3) WG 3应用工作组：负责制定物联网应用标准，包括工业、公共服务、消费电子、智慧农业等行业；

(4) WG 4数字孪生工作组：负责组织开展数字孪生标准需求调研与分析、标准制修订工作以及相关产业研究等；

(5) SG 1车联网研究组：负责落实车联网标准建设指南，开展车联网电子产品与服务、车载网络、车载终端等标准化需求分析，推进相关标准立项。现该研究组已关闭，相关工作转移至WG 3应用工作组进行；

(6) SG 2先进计算研究组：负责研究并梳理计算技术的演进、先进计算产业框架和技术体系，分析并推动物联网领域的标准化立项建议。现该研究组已关闭，相关工作转移至WG1基础与支撑工作组进行；

(7) SG 3标准体系研究组：负责从物联网产业发展实际出发，全面梳理，分析物联网标准化需求，提出物联网新型基础设施标准体系框架和建设方案；

(8) SG 4 5G与物联网融合应用研究组：跟踪国内外5G与物联网融合应用标准化动态，提出5G与物联网融合应用标准体系，分析并提出5G与物联网融合应用标准化立项；

(9) SG 6无人集群研究组：负责开展无人集群领域标准化顶层设计和标准化需求分析，研究提出《无人集群标准体系建设指南》，并启动国内、国际相关标准研制工作；

(10) AG国际标准化推进组：负责推动物联网国际标准化相关工作。

目前，已发布GB/T 33474—2016《物联网　参考体系结构》、GB/T 35319—2017《物联网　系统接口要求》等61项物联网相关国家/行业标准。

在国际标准化方面，物联网标准化工作的国际对口组织是ISO/IEC JTC 1/SC 41。目前，ISO/IEC JTC 1/SC 41下设5个工作组、3个联合工作组、8个咨询组和3个特设组。其中5个工作组是WG 3物联网基础标准工作组，WG 4物联网互操作工作组，WG 5物联网应用工作组，WG 6 数字孪生工作组和 WG 7 海上、水下物联网和数字孪生应用工作组。3 个联合工作组是与 IEC/TC 65 联合的 JWG 17 工业设备与智能电网之间的系统接口联合工作组、与 IEC/TC 57 联合的 JWG 24 工业物联网在电力系统管理中的应用联合工作组、与 IEC SyC Smart Energy 联合的 JWG 3 智慧能源路线图联合工作组。8 个咨询组是 AG 6 顾问组、AG 20 工业部门联络组 SLG1、AG 21 公共事业联络组 SLG2、AG 22 物联网可信度联络协调小组 LCG、AG25 用例、AG 27 数字孪生战略、AG 28JTC 1/SC 42 联络组、AG 29 通信和网络协调。3 个特设组是 AHG 14 商业计划特设组、AHG 15 交流和推广特设组以及 AHG 30 信息物理系统(Cyber Physical Systems，CPS)特设组。

现行国际标准 38 项。其中，我国提出并主导制定 ISO/IEC 20005：2013《信息技术 传感器网络智能传感器网络协同信息处理支撑服务和接口》等 3 项国际标准，担任 ISO/IEC 30141《物联网　参考体系结构》主编辑，担任 ISO/IEC 21823-2《物联网　物联网系统互操作　第 2 部分：网络连通性》等多项标准联合编辑。

5.2.6　大数据标准化

大数据标准化工作组主要由全国信标委大数据标准工作组组织开展，主要负责制定和完善我国大数据领域标准体系，组织开展大数据相关技术和标准的研究，申报国家、行业标准，承担国家、行业标准制修订计划任务，宣传、推广标准实施，组织推动国际标准化活动，对口 ISO/IEC JTC 1/SC 42/WG 2(原 ISO/IEC JTC 1/WG 9)大数据工作组工作。工作组下设总体专题组、技术专题组、产品与平台专题组、大数据服务专题组、大数据治理专题组、公共数据开发利用专题组、工业大数据行业组、电力大数据行业组、生态环境大数据行业组、企业数字化转型专题组、矿山大数据专题组、“长三角”数据共享开放区域组、数据库专题组、网络空间大数据专题组 14 个专题组，负责大数据领域不同方向的标准化工作。目前已发布 GB/T 35295—2017《信息技术　大数据　术语》、GB/T 36073—2018《数据管理能力成熟度评估模型》、GB/T 38664.1—2020《信息技术　大数据　政务数据开放共享　第 1 部分：总则》国家标准 24 项，在研 16 项。

此外，全国信安标委大数据安全标准特别工作组成立，重点开展新技术安全标准化，包括数据安全、智慧城市安全、人工智能安全以及云计算安全等领域，对应 ISO/IEC JTC1/SC27(信息安全、网络安全和隐私保护分技术委员会)WG4、WG5 工作组，开展 23 项大数据安全领域国家标准研制工作，其中 GB/T 35274—2017《信息安全技术　大数据服务安全能力要求》、GB/T 37973—2019《信息安全技术 大数据安全管理指南》、GB/T 37988—2019《信息安全技术　数据安全能力成熟度模型》等 10 项国家标准已发布，13 项国家标准在研。

在国际标准化方面，我国全面参与 ISO/IEC JTC1/SC27(信息安全、网络安全和隐私保护分技术委员会)WG4、WG5 相关研究工作，其中主导的标准包括：ISO/IEC 20547 4：2020《大数据参考架构　第 4 部分：安全与隐私保护》、ISO/IEC 27045 《大数据安全与隐私保护过程》、ISO/IEC 27403《物联网安全与隐私保护　家庭物联网指南》、ISO/IEC 27046《大数据安全与隐私保护　实现指南》、ISO/IEC 24392《工业互联网平台安全参考模型 SRMIIP》。

5.2.7 智能制造标准化

智能制造是基于先进制造技术与新一代信息技术深度融合，贯穿于设计、生产、管理、服务等产品全生命周期，具有自感知、自决策、自执行、自适应、自学习等特征，旨在提高制造业质量、效率效益和柔性的先进生产方式。智能制造领域的标准化活动范围与这些内容对应。

2016 年 6 月 21 日，工业和信息化部与国家标准化管理委员会成立了国家智能制造标准化协调推进组、总体组、专家咨询组，由中国电子技术标准化研究院为总体组组长单位。在工信部和国家标准委指导下，发布了《国家智能制造标准体系建设指南》2015 年版和 2018 年版。目前，已发布智能制造国家标准 232 项，在研国家标准 135 项。

在国际标准化方面，与智能制造/工业 4.0 相关的国际标准化组织主要包括 ISO/TMBG/SMCC 智能制造协调委员会、IEC/SMB/SyC SM 智能制造系统委员会、ISO/IEC JTC 1 第一联合技术委员会(如 AG 11 数字孪生咨询组、SC 41/WG 6 数字孪生工作组、SC 42 人工智能分技术委员会等)、ISO/TC 10 技术产品文件技术委员会、ISO/TC 39 机床技术委员会、ISO/TC 184 自动化系统与集成技术委员会、ISO/TC 261 增材制造技术委员会、IEC/TC 65 工业测控和自动化技术委员会、ISO/IEC TC 184/JWG 21 智能制造参考模型联合工作组、国际电气和电子工程师协会(Institute of Electrical and Electronics Engineers，IEEE)智能制造委员会等。另外，中德两国依托中德智能制造/工业 4.0 标准化工作组，开展了智能制造标准化的长期双边合作。

5.2.8 量子信息技术标准化

量子信息技术通过对光子、电子和冷原子等微观粒子系统及其量子态进行精确的人工调控和观测，借助量子叠加和量子纠缠等独特物理现象，以经典理论无法实现的方式获取、传输和处理信息。量子计算和量子通信都属于量子信息技术。其中，量子通信技术是利用微观粒子的量子态或量子纠缠效应等进行密钥或信息传递的新型通信方式；而量子计算是一种遵循量子力学规律，通过调控量子信息单元来进行计算的新型计算模式。

在标准化方面，全国信标委(SAC/TC 28)已在开展量子计算相关标准化研究，并由中国专家担任 ISO/IEC JTC 1/ WG 14(量子计算工作组)的召集人；中国通信标准化协会成立了量子通信与信息技术特设任务组(ST 7)，启动量子通信标准化预研工作；国家商用密码管理办公室已开展基于量子密钥分发(Quantum Key Distribution，QKD)的网络密码机标准化工作；全国信安标委(SAC/TC 260)已开展量子通信网络安全研究。全国量子计算与测量标准化技术委员会(SAC/TC578)已成立，其秘书处设在济南量子技术研究院。目前，尚无已发布国家标准，在研国家标准计划共 3 项，包括《量子通信术语和定义》《量子保密通信应用场景和需求》和《量子计算 术语和定义》。

在国际标准化方面，2018 年 11 月，ISO/IEC JTC 1 全会在瑞典斯德哥尔摩召开，会议决定成立量子计算研究组(SG 2)，中国专家担任 SG 2 召集人。同时，由我国主导提出的《量子密钥分发的安全要求和测试方法》已获得立项。

5.3 国内外人工智能标准化组织

20 世纪之后，行业或团体标准化组织、国家标准化组织和国际标准化组织得到了空前发展。随着经济的发展和市场的扩大，标准的应用产生了更为广阔的空间。为了达到不同层次的标准化目的和满足不同细分领域的标准化需求，标准化由最初的企业规模扩展为国家规模甚至国际规模，并相继产生了形形色色的标准化团队。本节将详细介绍国际和国内的人工智能标准化组织。

5.3.1 人工智能国际标准化组织

国际标准化是指在世界范围内由多个组织和国家成员体共同参与的标准化活动。国际标准化活动能够促进国际科技、文化交流，加速全球技术、贸易发展，并以标准的方式保障人类福祉和社会的可持续发展。国际标准化机构则负责协调各个国家、地区、组织的标准化需求，组织国际标准化活动，研究、制定和推广国际标准。

国际标准化是国际市场的重要调节手段和竞争策略。越来越多的跨国公司开始重视国际标准化，因为国际标准不仅能够指导产业化和生产过程，而且是各家商品进入全球市场的准入前提。习近平总书记在致第 39 届国际标准化组织大会的贺信中表示：标准已成为世界“通用语言”。世界需要标准协同发展，标准促进世界互联互通。国际标准是全球治理体系和经贸合作发展的重要技术基础。国内外标准化紧密联系，对国际先进标准的学习和采纳也是我国标准化工作重要的一部分。本小节将介绍目前在世界范围内活跃的国际标准化机构以及主要发达国家的国家标准化组织。

1. ISO

ISO 成立于 1947 年，是世界上最大的国际标准化组织，由来自世界上 100 多个国家的国家标准化团体组成。ISO 自我定义为非政府性组织，其总部设在瑞士日内瓦。ISO 的宗旨是“在世界上促进标准化及其相关活动的发展，以便于商品和服务的国际交换，在智力、科学、技术和经济领域开展合作。”ISO 涉及的领域广泛，负责世界绝大部分领域(原材料、农业、信息技术等)的标准化工作，目前已经发布了 17 000 多个国际标准。

ISO 的最高权力机构为每年一次的全体大会，理事会是 ISO 重要的决策机构，而技术工作通常由下设的技术委员会(Technical Committee，TC)展开。每个 TC 根据实际需求成立分技术委员会(Subcommittee，SC)，SC 按照具体项目规划设立工作组(Work Group，WG)支撑具体标准化工作。ISO 的成员分为三类：正式成员、通讯成员和注册成员。每个国家只能由一个国家标准化机构参加。我国是 ISO 的创始国之一，也是正式成员和常任理事国，代表中国的国家标准化机构是中国国家标准化管理委员会(由国家市场监督管理总局管理)。

ISO 与 IEC 有着密切联系。其中，ISO/IEC 第 1 联合技术委员会 JTC 1 是国际标准化中最大的技术委员会之一，在全球范围内有着巨大影响力。通常 ISO 和 IEC 作为一个整体担负着制定全球协商一致的国际标准的任务，因为 ISO 和 IEC 都是非政府机构，所以它们制定的标准实质上是自愿性的，这就意味着这些国际标准必须是优秀的标准，能够给产业带来收益，这样国际上才会自愿使用这些标准。为了支撑庞大的标准化范围，ISO 还与 450 个国家和区域的组织/机构在标准化工作方面有联络关系。图 5-3 为 ISO 国际标准流程及阶段编号。

International harmonized stage codes

STAGE	SUBSTAGE						
				90 Decision			
	00 Registration	20 Start of main action	60 Completion of main action	92 Repeat an earlier phase	93 Repeat current phase	98 Abandon	99 Proceed
00 Preliminary stage	00.00 Proposal for new project received	00.20 Proposal for new project under review	00.60 Close of review			00.98 Proposal for new project abandoned	00.99 Approval to ballot proposal for new project
10 Proposal stage	10.00 Proposal for new project registered	10.20 New project ballot initiated	10.60 Close of voting	10.92 Proposal returned to submitter for further definition		10.98 New project rejected	10.99 Approval to New project approved
20 Preparatory stage	20.00 New project registered in TC/SC work programme	20.20 Working draft (WD) study initiated	20.60 Close of comment period			20.98 Project deleted	20.99 WD approved for registration as CD
30 Committee stage	30.00 Committee draft (CD) registered	30.20 CD study/ballot initiated	30.60 Close of voting/ comment period	30.92 CD referred back to Working Group		30.98 Project deleted	30.99 CD approved for registration as DIS
40 Enquiry stage	40.00 DIS registered	40.20 DIS ballot initiated: 12 weeks	40.60 Close of voting	40.92 Full report circulated: DIS referred back to TC or SC	40.93 Full report circulated: decision for new DIS ballot	40.98 Project deleted	40.99 Full report circulated: DIS approved for registration as FDIS
50 Approval stage	50.00 Final text received or FDIS registered for formal approval	50.20 Proof sent to secretariat or FDIS ballot initiated: 8 weeks	50.60 Close of voting. Proof returned by secretariat	50.92 FDIS or proof referred back to TC or SC		50.98 Project deleted	50.99 FDIS or proof approved for publication
60 Publication stage	60.00 International Standard under publication		60.60 International Standard published				
90 Review stage		90.20 International Standard under periodical review	90.60 Close of review	90.92 International Standard to be revised	90.93 International Standard confirmed		90.99 Withdrawal of International Standard proposed by TC or SC
95 Withdrawal stage		95.20 Withdrawal ballot initiated	95.60 Close of voting	95.92 Decision not to withdraw International Standard			95.99 Withdrawal of International Standard

图 5-3　ISO 国际标准流程及阶段编号

2. IEC

IEC 成立于 1906 年，是世界第一个从事电工国际标准化的非政府性国际机构，主要负责电子电气工程领域的国际标准化工作，总部位于瑞士日内瓦。IEC 曾在 1947 年作为一个电工部门并入 ISO，1976 年又从 ISO 中分离出来。IEC 的目标是：有效满足全球市场的需求；保证在全球范围内优先并最大程度地使用其标准和合格评定计划；评定并提高其标准所涉及的产品质量和服务质量；为共同使用复杂系统创造条件；提高工业化进程的有效性；提高人类健康和安全；保护环境。IEC 的宗旨是促进电工、电子和相关技术领域有关电工标准化等所有问题上的国际合作，增进国际相互了解。

IEC 成员分为正式成员和协作成员。正式成员能够参加任何活动并具有投票权，而协作成员需要以观察员的身份参加会议活动且投票权受限。目前，IEC 成员覆盖 173 个国家，其中正式国家成员 86 个。我国于 1957 年参加 IEC，为正式成员，2011 年第 75 届 IEC 理事大会上通过了中国成为常任理事国的提议。目前，IEC 常任理事国为中国、法国、德国、日本、英国和美国。

除制定国际标准外，IEC 还从事电工电子产品质量合格评定和安全认证等工作，例如电子元器件质量评定体系(International Electrotechnical Commission Quality，IECQ)、电气设备安全合格认证体系(IEC Confomity for Testing and Certification of Electric Equipment，IECEE)等。为此，IEC 设立了合格评定局(Conformity Assessment Boby，CAB)。在信息技术方面，ISO 与 IEC 成立了联合技术委员会(JTC 1)，负责制定信息技术领域中的国际标准，秘书处由美国标准学会(American National Standards Institute，ANSI)担任，其是 ISO、IEC 最大的技术委员会，工作量几乎达到 ISO、IEC 总量的三分之一。

3. ITU

ITU 是联合国系统中主管信息通信技术事宜的国际机构，简称国际电联，总部设在瑞士日内瓦。与 ISO、IEC 不同，ITU 是联合国的一个重要国际机构，也是历史最长的联合国机构。ITU 的目标是使电信和信息网络得以增长和持续发展，并促进普遍接入，以便世界各国人民都能参与全球信息经济和社会并从中受益。具体来说，ITU 的主要工作包括：① 改进和合理使用各种电信手段，促进电信设施的更新和应用以提高电信业务效率，增加利用率，并尽可能实现大众化、普遍化；② 研究、制定和推广应用国际电信标准；③ 协调各国工作，达到共同目的，促进世界联通。ITU 还致力于加强防灾和减灾中的应急通信，并提供对发展中国家的援助。

ITU 不仅接受国家政府作为成员加入，也吸收运营商、设备制造商、研究机构等民间组织作为部门成员加入。ITU 的实质性工作由无线电通信部(ITU-R)、电信标准部(ITU-T)、电信发展部(ITU-D)分别承担。其中 ITU-T 由原国际电报电话咨询委员会(Internation Telephone and Telegraph Consultative Committee，CCITT)和国际无线电咨询委员会(Consultative Committee of International Radio，CCIR)的标准化部门合并后组成，作为 ITU 整体的核心部门。

ISO、IEC 和 ITU 三大国家标准化机构所制定的国际标准构成国际标准的主体。我国最早于 1920 年加入了 ITU，于 1947 年入选行政理事会。之后虽中断，但 1972 年 5 月我国重新恢复ITU成员国地位。2014年10月23日，赵厚麟当选国际电信联盟新一任秘书长，成为国际电信联盟150年历史上首位中国籍秘书长。

4. IEEE-SA

IEEE由美国电气工程师协会(American Institute of Electrical Engineers，AIEE)和无线电工程师协会(Institute of Radio Engineers，IRE)于1963年合并而成，是一个国际性的电子及电气技术与信息科学工程师协会，总部位于美国纽约。IEEE也是全球最大的非营利性专业技术组织，全球会员已达43万多名，主要是电子工程师、计算机工程师和计算机科学家。在全球范围内发表的电子电气工程、信息技术、计算机原理、远程通信等领域的技术文献中，30%来自IEEE。

IEEE-SA(IEEE-Standard Association)是IEEE中一个致力于通过国际标准，培育、开发和推进全球技术来建立共识的组织。IEEE-SA汇集了来自各种技术和地理来源地的各种个人和组织，以促进标准开发和与标准相关的协作。IEEE-SA与160多个国家合作，推动创新，推动国际市场的创建和扩张，帮助保护健康和公共安全。总体而言，IEEE-SA的工作推动了一系列产品和服务的功能和互操作性，这些产品和服务能够改变人们的生活、工作和交流方式。

IEEE-SA由董事会(BOG)管理，董事会由IEEE-SA成员选举产生。理事会监督专门管理IEEE-SA关键运营方面的委员会数量。IEEE-SA标准委员会直接向BOG报告，并监督IEEE标准的制定过程。标准委员会成员由IEEE-SA成员选举产生，作为成员资格的特权，所有董事会成员和委员会成员必须是声誉良好的IEEE-SA成员。IEEE-SA标准开发过程对成员和非成员开放。然而，IEEE-SA成员资格通过提供额外的投票和参与机会，使标准开发参与者能够在更深入、更有意义的层面上参与标准开发过程。IEEE-SA成员是标准制定背后的驱动力，提供技术专业知识和创新，推动全球参与，并不断推进和推广新概念。IEEE-SA还与来自世界各地的全球、区域和国家组织合作，以确保IEEE标准在IEEE和全球社区内的有效性和高可见性。

5. 其他区域标准化机构

区域标准化是指处于同一地区或联盟的国家协同开展的标准化活动，可以被理解为小范围内的国际标准化。因此，区域标准化组织一般按地理区域形成，有时也会接纳其他地区的国家。区域标准化作为国际标准化的必要补充，能够有效推动国际标准化进程，但也有排他性的弊端。由于背靠欧盟，区域标准化机构以欧洲标准化机构为主。

1) CEN

CEN是以西欧国家为主体，通过这些国家的国家标准化机构组成的非营利性国际标准化科研机构。CEN成立于1961年，总部设在比利时布鲁塞尔。CEN作为欧洲三大标准化机构之一，与CENELEC和ETSI相互独立、互为补充，其中电子电气领域标准化工作由CENELEC负责，通信技术和工程领域标准化工作由ETSI负责，其他领域的标准化工作则由CEN负责。为了对齐欧洲标准与国际标准，CEN和ISO在1991年签订了技术合作协议《维也纳协议》，确定了国际标准化优先原则。

2) PASC

PASC 是太平洋地区各国国家标准化机构组成的自愿性论坛组织。1973 年 2 月 20 日至 23 日，在美国、日本、加拿大、澳大利亚等提出建立本地区标准化机构的倡议下，太平洋地区国家标准化机构召开机构成立大会并定名为太平洋地区标准会议。PASC 是一个比较松散的自愿性组织，其宗旨是：就国际标准化活动，特别是 ISO 和 IEC 的重大问题和决策进行讨论，交流信息、协调政策，为加强太平洋国家提供一个论坛，以便于各成员国相互咨询，维护本地区各国的利益。PASC 无常设机构，一般不制定区域性标准，而是致力于国际标准在本地区的推广采用，促进地区贸易。PACS 已成为 ISO/IEC 的正式区域性联络组织，职能为就有关国际标准化问题作出决议，提交 ISO/IEC 考虑。

3) APEC/SCSC

亚太经济合作组织/标准和一致化分委员会(APEC/SCSC)成立于 1994 年，协调亚太经济合作组织各经济体的标准与合格评定程序，旨在减少亚太地区不同的标准和一致性协议对于贸易的负面影响，减少无意中造成的限制自由，促进开放贸易，以及能够更好地促进亚太经合组织经济体协调前进。近年来，APEC/SCSC 在节能环保、网络安全、材料科学、标准化教育等方面作出了卓越贡献。APEC/SCSC 是我国主要参与的区域标准化组织之一。

6. 其他国家标准化机构

1) ANSI

ANSI 是非营利性民间标准化团体，但实际上已经过美国政府认可成为国家标准化中心。美国各界标准化活动都围绕着 ANSI 进行，ANSI 也会代表美国参加国际和区域标准化工作。ANSI 协调并指导全国标准化活动，给标准制定、研究和使用单位以帮助，向政府提供国内外标准化情报。ANSI 起到了联邦政府和民间标准化系统之间的桥梁作用，使政府和社会更有效地配合；ANSI 又起着行政管理机关的作用，美国国家标准局(National Bureau of Standards，NBS)的工作人员和美国政府的其他许多机构的官方代表也通过各种途径来参与美国标准学会的工作。ANSI 由执行董事会领导，下设 4 个委员会，分别为学术委员会、董事会、成员议会和秘书处，现有工业学、协会等团体会员约 200 个，公司(企业)会员约 1400 个。

2) NIST

NIST 成立于 1901 年，隶属于美国商务部。NIST 是美国最古老的物理科学实验室之一。美国国会设立该机构是为了消除当时美国工业竞争力面临的重大挑战——落后于英国、德国和其他经济对手的二流计量基础设施。NIST 的使命是通过推进计量科学、标准和技术，以增强经济安全和改善生活质量，促进美国创新和产业竞争力。如今，NIST 的测量支持从最小的技术到最大、最复杂的人造创造物——从纳米级设备到全球通信网络。NIST 共有 6 个实验室，分别负责通信技术、工业工程、信息技术、材料测量、中子研究和物理测量。

3) BSI

英国标准协会(British Standards Institution，BSI)负责英国国家标准的制定和修订，是英国唯一的非营利性国家标准化机构。BSI 成立于 1901 年，前身是工程标准委员会(Engineering

Standard Committee，ESC)，1929 年正式被政府认可，1931 年改为现用名。BSI 主要负责四大业务，分别是商务信息服务、管理体系认证服务、产品服务业务和验证检测服务。为了支撑这些业务，BSI 成立了测试部的汉梅尔·汉普斯德检验所，为测试检验中心；质量保证部负责风筝标志和安全标志管理；出口商技术服务部负责为出口商提供标准信息服务和技术咨询。同时，BSI 非常注重国际标准化，如在 ISO 历史上最成功的系列标准 ISO 9000 就是基于 BSI 的 BS 5750 系列标准制定的。

4) DIN

德国标准化学会(Deutsches Institut für Normung e.V，DIN)成立于 1917 年，是公益性民间标准化组织，但是根据 DIN 与德国政府达成的协议，DIN 为国家标准化机构，制定的 DIN 标准是德国国家标准，并且德国标准体系以 DIN 标准为主。DIN 也代表德国参加国际和区域标准化活动。DIN 的目的是维护公众的利益，通过有关方面的共同协作，制定和发布德国标准及其他标准化工作成果并促进其应用。全体大会是 DIN 的最高权力机构，下设总办事处和主席团。总办事处总部设在柏林，为 DIN 实际工作机构，下设会长办公室、标准化部、合格评定部、国际关系部、行政管理与出版部；主席团下设 5 个委员会，分别为标准审查委员会、消费者委员会、德国合格评定委员会、财务委员会和选举委员会。

5.3.2 人工智能国内标准化组织

随着《中国制造 2025》、“一带一路”、《新一代人工智能发展规划》等建设方针稳步推进，我国高新技术发展增速，产业化周期缩短。在此背景下，标准作为国民经济和社会发展的重要技术支撑，目前我国大力推进标准化改革，标准化工作正在面临新的机遇与挑战。

我国标准化工作实施统一管理、分工负责的管理体制，本小节将介绍我国主要标准化组织。

1. 中华人民共和国国家市场监督管理总局

国家市场监督管理总局负责市场综合监督和管理，统一登记市场主体并建立信息公示和共享机制，组织市场监管综合执法工作，承担反垄断统一执法，规范和维护市场秩序，组织实施质量强国战略，负责工业产品质量安全、食品安全、特种设备安全监管，统一管理计量标准、检验检测、认证认可工作等。

在国家标准化层面，国家市场监督管理总局负责统一管理标准化工作；依法承担强制性国家标准的立项、编号、对外通报和授权批准发布工作；制定推荐性国家标准，依法协调指导和监督行业标准、地方标准、团体标准制定工作；组织开展标准化国际合作和参与制定、采用国际标准工作。其中与标准化相关的部门有标准技术管理司和标准创新管理司，与认证认可相关的部门有认证监督管理司和认可与检验检测监督管理司，并下设直属单位中国标准化研究院和国家标准技术审评中心等来支撑标准化工作。

2. 中国国家标准化管理委员会

中国国家标准化管理委员会(Standardization Administration of the People’s Republic of

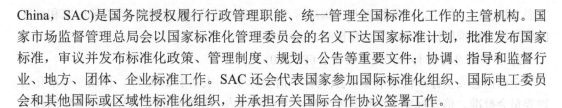

China，SAC)是国务院授权履行行政管理职能、统一管理全国标准化工作的主管机构。国家市场监督管理总局会以国家标准化管理委员会的名义下达国家标准计划，批准发布国家标准，审议并发布标准化政策、管理制度、规划、公告等重要文件；协调、指导和监督行业、地方、团体、企业标准工作。SAC 还会代表国家参加国际标准化组织、国际电工委员会和其他国际或区域性标准化组织，并承担有关国际合作协议签署工作。

3. 中华人民共和国工业和信息化部

中华人民共和国工业和信息化部(Ministry of Industry and Information Technology，MIIT，简称“工信部”)是根据 2008 年 3 月 11 日公布的国务院机构改革方案，作为国务院的组成部门。工信部是信息技术标准的行业主管部门，相关司局为电子信息司、信息化和软件服务业司、节能与综合利用司和科技司。工信部下设相关标准化工作的单位有中国电子技术标准化研究院、标准工作组、全国信息技术标准化技术委员会、全国信息安全标准化技术委员会、代管的全国专业技术标准化技术委员会、中国电子工业标准化协会等。

4. 中国国家认证认可监督管理委员会

中国国家认证认可监督管理委员会(Certification and Accreditation Administration of the People’s Republic of China，CNCA)是国务院组建并授权的机构，其目的是改革市场监管体系，实行统一的市场监管。CNCA 履行行政管理职能，统一管理、监督和综合协调国家认证认可工作。CNCA 的主要职责是负责市场综合监督管理，统一登记市场主体，并建立信息公示和共享机制，组织市场监管综合执法工作，承担反垄断统一执法，规范和维护市场秩序，组织实施质量强国战略，负责工业产品质量安全、食品安全、特种设备安全监管，统一管理计量标准、检验检测、认证认可工作等。

5. 中国电子工业标准化技术协会

中国电子工业标准化技术协会(China Electronics Standardization Association，CESA，简称“中电标协”)成立于 1993 年，是民政部批准的国家一级协会，是由中国电子信息产业各有关部门、各地区企、事业单位，各级标准化管理机构、技术组织，和广大标准化工作者和科技人员自愿组成的行业性团体，属于全国性、行业性、非营利性社会组织。中电标协主要的标准化领域为电子信息、信息化和软件服务、工程建设、节能综合利用、安全生产，为支撑相关标准化工作组建了高性能计算机、数字家庭互动应用、移动存储、海量存储、企业信息化、汽车电子等标准工作委员会。

6. 信息技术领域相关重要分委会

1) 全国信息技术标准化技术委员会(TC 28)

全国信息技术标准化技术委员会(简称“信标委”)成立于 1983 年，由工信部和中国国家标准化管理委员会共同管理。信标委工作覆盖全国信息技术领域，主要包括计算技术，信息的采集、表示、处理、安全、传输、交换、标注、管理、组织、存储和检索，以及其系统和工具的规定、设计和开发等，细分技术领域包括人工智能、大数据、智慧城市、物联网等。信标委是我国最大的标准化委员会，国际对口组织为 ISO/IEC JTC 1(ISO/IEC JTC 1/SC 27 除外)。多年来，信标委在我国信息技术标准的规划、计划、立项、研究及制定等方面发挥了巨大作用，也积极参与了国际标准化活动，建立了与欧洲、美国等国家和地区的信息技术标准的技术交流与合作机制。

2) 全国信息安全标准化技术委员会(TC 260)

全国信息安全标准化技术委员会(简称“信安标委”)成立于2002年，由国家标准化管理委员会批准。信安标委是在信息安全技术专业领域内，从事信息安全标准化工作的技术工作组织。信安标委的主要工作范围包括信息安全技术、机制、服务、管理、评估等领域的标准化工作，各工作组覆盖密码技术、鉴别与授权、信息安全评估、通信安全评估、大数据安全等领域。信安标委对网络安全国家标准进行统一技术归口，统一组织申报、送审和报批。

5.4 国际人工智能标准化研究现状

以机器学习为核心的第三次发展浪潮推进了人工智能技术的实际应用。计算机视觉、语音识别、自然语言处理等领域的分类、决策、翻译等应用服务已进入金融、安防、交通等行业的解决方案，并越来越多地被实地部署。基础技术及框架、人工智能可信赖保障、人工智能治理评估方法等需要标准化指导。

在新一轮科技革命和产业革命的驱动下，人工智能已经成为一项新兴的战略技术，为了抢占技术和市场，越来越多的标准化组织、科研机构和产业公司投入相关标准化工作当中。世界各国均重视人工智能标准化，出台相关政策/规范加强标准化布局，支撑产业生态发展。本节从国际和国内两个角度出发，介绍目前世界范围内人工智能领域的标准化现状。

国际标准化工作对人工智能及其产业发展具有引领性作用，也是各国技术竞争的热点。全面了解不同国际组织或机构在人工智能领域的标准化工作，可以促进我国尽快融入国际人工智能标准化工作，在国际标准化领域贡献中国智慧。

5.4.1 ISO/IEC JTC 1 人工智能标准化研究现状

国际标准化组织和国际电工委员会第一联合技术委员会(ISO/IEC JTC 1)是ISO和IEC联合管理的技术委员会，但是由于信息技术独立性的特点，ISO/IEC JTC 1运行方式与其上层机构有较大差异。ISO/IEC JTC 1以信息技术为核心，通过下设的22个分技术委员会对传统和高新信息技术开展标准化工作，其具体组织结构如图5-4所示。

ISO/IEC JTC 1依托人工智能分技术委员会(SC 42)开展人工智能标准化工作，重点围绕人工智能基础共性、关键通用技术、可信及伦理方面开展标准研制工作。同时，ISO/IEC JTC 1还开展了人工智能安全、关键行业的应用等标准化工作。由于国际标准发布周期需要3年左右，人工智能国际标准化刚起步，目前ISO/IEC JTC 1/SC 42发布的工作内容都是技术报告，作为后期人工智能国际标准的预研，具体发布项如表5-2所示。

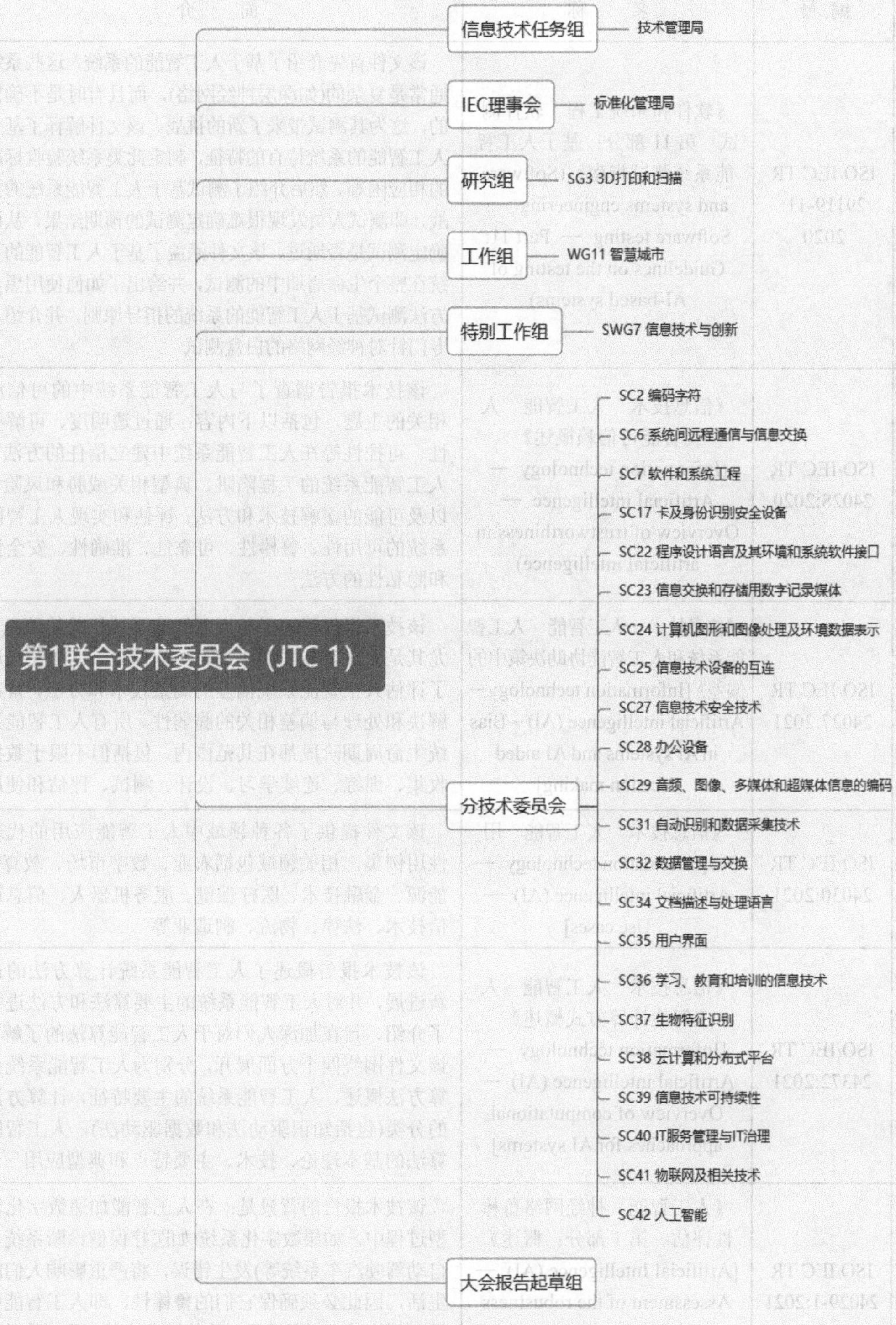

图 5-4　ISO/IEC JTC 1 组织结构

表 5-2　ISO/IEC JTC 1/SC 42 发布的技术报告清单

序号	编 号	名　　称	简　　介
1	ISO/IEC TR 29119-11: 2020	《软件和系统工程　软件测试　第 11 部分：基于人工智能系统测试指南》(Software and systems engineering — Software testing — Part 11: Guidelines on the testing of AI-based systems)	该文件首先介绍了基于人工智能的系统，这些系统通常是复杂的(如深层神经网络)，而且有时是不确定的，这为其测试带来了新的挑战。该文件解释了基于人工智能的系统特有的特征，制定此类系统验收标准的相应困难。然后介绍了测试基于人工智能系统的挑战，即测试人员发现很难确定测试的预期结果，从而确定测试是否通过。该文件涵盖了基于人工智能的系统在整个生命周期中的测试，并给出了如何使用黑盒方法测试基于人工智能的系统的指导原则，并介绍了专门针对神经网络的白盒测试
2	ISO/IEC TR 24028:2020	《信息技术　人工智能　人工智能可信赖概述》(Information technology — Artificial intelligence — Overview of trustworthiness in artificial intelligence)	该技术报告调查了与人工智能系统中的可信度相关的主题，包括以下内容：通过透明度、可解释性、可控性等在人工智能系统中建立信任的方法；人工智能系统的工程陷阱、典型相关威胁和风险，以及可能的缓解技术和方法；评估和实现人工智能系统的可用性、鲁棒性、可靠性、准确性、安全性和隐私性的方法
3	ISO/IEC TR 24027:2021	《信息技术　人工智能　人工智能系统和人工智能协助决策中的偏差》[Information technology—Artificial intelligence (AI)—Bias in AI systems and AI aided decision making]	该技术报告阐述了与人工智能系统相关的偏见，尤其是人工智能辅助决策方面的偏见。该文件描述了评估人工智能系统偏差的测量技术和方法，旨在解决和处理与偏差相关的脆弱性。所有人工智能系统生命周期阶段都在其范围内，包括但不限于数据收集、训练、连续学习、设计、测试、评估和使用
4	ISO/IEC TR 24030:2021	《信息技术　人工智能　用例》[Information technology — Artificial intelligence (AI) — Use cases]	该文件提供了各种领域中人工智能应用的代表性用例集，相关领域包括农业、数字市场、教育、能源、金融技术、医疗保健、服务机器人、信息通信技术、法律、物流、制造业等
5	ISO/IEC TR 24372:2021	《信息技术　人工智能　人工智能计算方式概述》[Information technology — Artificial intelligence (AI) — Overview of computational approaches for AI systems]	该技术报告概述了人工智能系统计算方法的最新进展，并对人工智能系统的主要算法和方法进行了介绍，旨在加深人们对于人工智能算法的了解。该文件围绕四个方面展开，分别为人工智能系统计算方法概述，人工智能系统的主要特征，计算方法的分类(包括知识驱动法和数据驱动法)，人工智能算法的基本理论、技术、主要特点和典型应用
6	ISO/IEC TR 24029-1:2021	《人工智能　神经网络鲁棒性评估　第 1 部分：概述》[Artificial Intelligence (AI) — Assessment of the robustness of neural networks — Part 1: Overview]	该技术报告的背景是：在人工智能加速数字化转型过程中，如果数字化系统(如医疗保健诊断系统、自动驾驶汽车系统等)发生错误，将严重影响人们的生活，因此必须确保它们的鲁棒性，即人工智能应用必须能适应不同场景，均能够准确并可靠。为此，该文件提供了现有的评估神经网络的鲁棒性的方法

2017 年 10 月，ISO/IEC JTC 1 召开第 32 届全会，成立 SC 42 人工智能分技术委员会，由中国、加拿大、德国、法国、俄罗斯、英国、美国等 26 个成员国和 12 个观察成员组成，秘书处设在美国，并由 ASNI 承担，研究范围为人工智能标准化。SC 42 承担了 JTC 1 的大部分人工智能标准化项目，指导 ISO/IEC JTC 1 开发人工智能应用程序。ISO/IEC JTC 1/SC 42 主要围绕人工智能基础、数据、可信、用例、算法、治理等方面开展国际标准化研究，下设基础标准工作组(WG 1)、数据工作组(WG 2)、可信工作组(WG 3)、用例与应用工作组(WG 4)、人工智能系统计算方法和特征工作组(WG 5)、人工智能治理(与 SC 40)联合工作组(JWG 1)、基于人工智能系统的测试(与 SC 7)联合工作组(JWG 2)、人工智能标准化路线图(AG 3)、传播与推广专设组(AHG 1)、与 SC 38 的联络专设组(AHG 2)、与 SC 27 的联络专设组(AHG 4)等组织，各工作组详细工作范围如表 5-3 所示。

表 5-3　SC 42 下设工作组介绍

序号	工作组名称和编号	工作组范围
1	Foundational standards 基础标准工作组(WG 1)	WG 1 负责人工智能基础标准的研制，如人工智能的术语标准
2	Data 数据工作组(WG 2)	WG 2 负责人工智能、大数据和其他数据分析背景下的数据标准化研究工作
3	Trustworthiness 可信工作组(WG 3)	WG 3 负责可信人工智能的标准化工作，专注鲁棒性、偏见、伦理等方面的研究
4	Use cases and applications 用例与应用工作组(WG 4)	WG 4 负责收集人工智能用例并开展人工智能实际应用的标准化研究
5	Computational approaches and computational characteristics of AI systems 人工智能系统计算方法和特征工作组(WG 5)	WG 5 负责人工智能系统计算方法和系统特征的研究和标准化工作，包括计算方法概述以及相应的性能评估标准
6	Governance implications of AI 人工智能治理(与 SC 40)联合工作组(JWG 1)	JWG 1 是 SC 42 与 SC 40 IT service management and IT governance(IT 服务管理与 IT 治理)的联合工作组，主要负责研究人工智能治理方面的标准化
7	Testing of AI-based systems 基于人工智能系统的测试(与 SC 7)联合工作组(JWG 2)	JWG 2 是 SC 42 与 SC 7 Software and systems engineering(软件和系统工程)的联合工作组，主要负责研究人工智能软件方面的标准化
8	AI standardization roadmapping 人工智能标准化路线图(AG 3)	AG 3 主要研究人工智能标准化路线图，为 SC 42 提供整体标准化架构和方向
9	Dissemination and outreach 传播与推广专设组(AHG 1)	AHG 1 负责 SC 42 国际标准化工作的传播和推广
10	Liaison with SC 38 与 SC 38 的联络专设组(AHG 2)	AHG 2 负责与 SC 38 Cloud computing and distributed platforms(云计算和分布式平台)的联络
11	Liaison with SC 27 与 SC 27 的联络专设组(AHG 4)	AHG 4 负责与 SC 27 Information security, cybersecurity and privacy protection(信息安全，网络安全和隐私保护)的联络

截至 2022 年 5 月，各工作组所有在研/发布的国际标准如表 5-4 所示，其中重要的或较有影响力的国际标准如下：

1) WG 1

ISO/IEC 22989《信息技术 人工智能 概念和术语》解释了针对第三次人工智能技术发展特点形成的人工智能术语和概念，并描述了人工智能系统生命周期模型、人工智能系统功能模型、人工智能生态系统框架等参考架构。

表 5-4 ISO/IEC JTC 1/SC 42 人工智能标准研制情况(2023 年 4 月更新)

序号	工作组	召集人	标准号/计划号	标 准 名 称	阶段
1	WG 1 基础标准工作组	加拿大	ISO/IEC 22989：2022	《信息技术 人工智能 概念和术语》(Information technology—Artificial intelligence—Concepts and terminology)	已发布
2			ISO/IEC 23053：2022	《信息技术 运用机器学习的人工智能系统框架》(Information technology—Framework for Artificial Intelligence (AI) Systems Using Machine Learning (ML))	已发布
3			ISO/IEC 42001	《信息技术 人工智能 管理体系》(Information Technology—Artificial intelligence—Management System)	DIS
4	WG 2 数据工作组	美国	ISO/IEC 20546:2019	《信息技术 大数据 概述和词汇》(Information technology—Big data—Overview and vocabulary)	已发布
5			ISO/IEC TR 20547-1:2020	《信息技术 大数据参考架构 第 1 部分：框架和应用过程》(Information technology—Big data reference architecture—Part 1: Framework and application process)	已发布
6			ISO/IEC TR 20547-2:2018	《信息技术 大数据参考架构 第 2 部分：用例及衍生需求》(Information technology—Big data reference architecture—Part 2: Use cases and derived requirements)	已发布
7			ISO/IEC 20547-3:2020	《信息技术 大数据参考架构 第 3 部分：参考架构》(Information technology—Big data reference architecture—Part 3: Reference architecture)	已发布
8			ISO/IEC TR 20547-5:2018	《信息技术 大数据参考架构 第 5 部分：标准路线图》(Information technology—Big data reference architecture—Part 5: Standards roadmap)	已发布

续表一

序号	工作组	召集人	标准号/计划号	标准名称	阶段
9	WG 2 数据工作组	美国	ISO/IEC 5259-1	《人工智能　分析和机器学习的数据质量 第 1 部分：概述、术语与示例》(Artificial intelligence—Data quality for analytics and machine learning (ML)—Part 1: Overview, terminology, and examples)	CD
10			ISO/IEC 5259-2	《人工智能　分析和机器学习的数据质量 第 2 部分：数据质量度量》(Artificial intelligence—Data quality for analytics and machine learning (ML)—Part 2: Data quality measures)	CD
11			ISO/IEC 5259-3	《人工智能　分析和机器学习的数据质量 第 3 部分：数据质量管理要求和指引》(Artificial intelligence—Data quality for analytics and machine learning (ML) —Part 3: Data quality management requirements and guidelines)	CD
12			ISO/IEC 5259-4	《人工智能　分析和机器学习的数据质量 第 4 部分：数据质量过程框架》(Artificial intelligence—Data quality for analytics and machine learning (ML)—Part 4: Data quality process framework).	CD
13			ISO/IEC 5259-5	《人工智能　分析和机器学习的数据质量 第 5 部分：数据质量治理》(Artificial intelligence — Data quality for analytics and machine learning (ML) — Part 5: Data quality governance)	CD
14			ISO/IEC TR5259-6	《人工智能　分析和机器学习的数据质量 第 6 部分：数据质量可视化框架》(Artificial intelligence — Data quality for analytics and machine learning(ML)—Part 6:Visualization framework for data quality)	CD
15			ISO/IEC 24668：2022	《信息技术　人工智能　大数据分析过程管理框架》(Information technology—Artificial intelligence—Process management framework for big data analytics)	已发布
16			ISO/IEC PWI 8183	《信息技术　人工智能　数据生命周期框架》(Information technology—Artificial intelligence—Data life cycle framework)	FDIS

续表二

序号	工作组	召集人	标准号/计划号	标 准 名 称	阶段
17	WG 3 可信工作组	爱尔兰	ISO/IEC TR 24027:2021	《信息技术 人工智能 人工智能系统和人工智能辅助决策的偏见》(Information technology—Artificial intelligence (AI) —Bias in AI systems and AI aided decision making)	已发布
18			ISO/IEC TR 24028: 2020	《信息技术 人工智能 人工智能可信概述》(Information technology—Artificial intelligence—Overview of trustworthiness in Artificial Intelligence)	已发布
19			ISO/IEC TR 24029-1: 2021	《人工智能 神经网络鲁棒性评价 第 1 部分：概述》(Artificial intelligence (AI) —Assessment of the robustness of neural networks—Part 1: Overview)	已发布
20			ISO/IEC 24029-2	《人工智能 神经网络鲁棒性评价 第 2 部分：使用形式方法的方法论》(Artificial intelligence—Assessment of the robustness of neural networks—Part 2: Methodology for the use of formal methods)	FDIS
21			ISO/IEC TR 24368：2022	《信息技术 人工智能 伦理和社会关注概述》(Information technology—Artificial intelligence—Overview of ethical and societal concerns)	已发布
22			ISO/IEC 23894：2023	《信息技术 人工智能 风险管理指南》(Information technology—Artificial intelligence—Guidance on risk management)	已发布
23			ISO/IEC 25059	《软件工程 系统和软件质量要求和评估(SQuaRE) 人工智能系统质量模型》(Software engineering—Systems and software Quality Requirements and Evaluation (SQuaRE) —Quality Model for AI-based systems)	FDIS
24			ISO/IEC TR 5469	《人工智能 功能安全与人工智能系统》(Artificial intelligence—Functional safety and AI systems)	CD
25			ISO/IEC TS 8200	《信息技术 人工智能 自动人工智能系统的可控性》(Information technology—Artificial intelligence—Controllability of automated artificial intelligence systems)	WD
26			ISO/IEC TS 12791	《信息技术 人工智能 分类和回归机器学习任务中有害偏差的处理方法》(Information technology—Artificial intelligence—Treatment of unwanted bias in classification and regression machine learning tasks)	CD

续表三

序号	工作组	召集人	标准号/计划号	标 准 名 称	阶段
27	WG 3 可信 工作组	爱 尔 兰	ISO/IEC 12792	《信息技术　人工智能　AI 系统的透明度分类》 (Information technology—Artificial intelligence— Transparency taxonomy of AI systems)	AWI
28			ISO/IEC TS 6254	《信息技术　人工智能　机器学习模型和人工智能系统可解释性目标和方法》 (Information technology—Artificial intelligence— Objectives and methods for explainability of ML models and AI systems)	AWI
29			ISO/IEC TS 25058	《软件和系统工程　系统和软件质量要求和评估(SQua RE)人工智能系统质量评价指南》 [Sofware and systems engineering—Systems and software Quality Requirerments and Evaluation (SQuaRE)— Guidance for quality evaluation of AI systems]	WD
30	WG 4 用例与 应用工 作组	日本	ISO/IEC TR 24030: 2021	《信息技术　人工智能　用例》 (Information technology—Artificial intelligence (AI)—Use cases)	已发布并 正在更新
31			ISO/IEC 5339	《信息技术　人工智能　人工智能应用指引》 (Information technology—Artificial intelligence—Guidelines for AI applications)	DIS
32			ISO/IEC 5338	《信息技术　人工智能　人工智能系统生命周期过程》 (Information technology—Artificial intelligence - AI system life cycle processes)	DIS
33	WG 5 人工智 能计算 方法和 系统特 征工 作组	中国	ISO/IEC TR 24372：2021	《信息技术　人工智能　人工智能系统计算方法概述》 (Information technology—Artificial intelligence—Overview of computational approaches for AI systems)	已发 布
34			ISO/IEC TS 4213：2022	《信息技术　人工智能　机器学习分类性能评估》 (Information technology—Artificial intelligence—Assessment of machine learning classification performance)	已发 布
35			ISO/IEC 5392	《信息技术　人工智能　知识工程参考架构》 (Information technology—Artificial intelligence—Reference architecture of knowledge engineering)	DIS
36			ISO/IEC TR 17903	《信息技术　人工智能　机器学习计算设备概述》 (Information technology — Artificial intelligence — Overview of machine learning computing devices)	AWI

续表四

序号	工作组	召集人	标准号/计划号	标 准 名 称	阶段
37	JWG 1 人工智能治理联合工作组	日本	ISO/IEC 38507：2022	《信息技术　IT 治理　组织使用人工智能的治理影响》(Information technology—Governance of IT—Governance implications of the use of artificial intelligence by organizations)	已发布
38	JWG 2 基于人工智能系统的测试联合工作组	英国	ISO/IEC TS 29119-11	《软件和系统工程　软件测试 第 11 部分：AI 系统测试》(Software and systems engineering—Software testing—Partll：Testing of AI systems)	AWI

ISO/IEC 23053《信息技术　运用机器学习的人工智能系统框架》提出了机器学习技术框架，梳理了监督学习、无监督学习、半监督学习、迁移学习和增强学习等机器学习方法，并界定了机器学习全流程。

ISO/IEC 42001《信息技术　人工智能　管理体系》作为管理体系类标准规定了在组织范围内建立、实施、维护和持续改进人工智能管理体系的要求和指南。

2) WG 2

ISO/IEC 5259《人工智能　分析和机器学习的数据质量》系列标准从框架和应用过程、用例及衍生需求、参考架构、标准路线图这四个角度，全面描述了数据分析和机器学习应用中数据质量的不同要点，对人工智能从业者在数据质量方面有很好的综合性指导作用。

3) WG 3

鉴于“可信”人工智能频繁在不同的国际指导性文件中被提及，可信人工智能逐渐成为人工智能领域的热门学科，WG 3 可信工作组近几年的研究成果备受关注，国际标准数量也更多。

ISO/IEC TR 24028《信息技术 人工智能 人工智能可信概述》从宏观上提出了人工智能系统可信赖问题，并分析了人工智能系统存在技术脆弱性的影响因素以及缓解这些因素以提高人工智能系统可信度的方法，具体措施包括改善人工智能系统的透明度、可控性等。

ISO/IEC TR 24029《人工智能　神经网络鲁棒性评价》系列标准中第 1 部分：概述，可用于评估神经网络鲁棒性，提供了评估神经网络鲁棒性的统计方法、形式化方法和实证方法；第 2 部分：使用形式方法的方法论则规定了鲁棒性评估涵盖的技术、使用条件和阶段，以及如何使用评估后的数据等。

ISO/IEC TR 24027《信息技术　人工智能 人工智能系统和人工智能辅助决策的偏见》讨论了公平性与算法偏见的关系，说明了人工智能系统决策存在偏见的原因及类型，进而讨论了评估和缓解人工智能系统中造成偏见的方法。

ISO/IEC 23894《信息技术　人工智能 风险管理指南》是以 ISO 31000《通用风险管理》

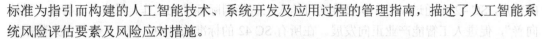

标准为指引而构建的人工智能技术、系统开发及应用过程的管理指南，描述了人工智能系统风险评估要素及风险应对措施。

ISO/IEC TR 24368《信息技术　人工智能　伦理和社会关注概述》定义了人工智能伦理与社会原则，并在此基础上举例说明了在开发和使用人工智能过程中有关伦理和社会关注方面的实践。

4) WG 4

ISO/IEC TR 24030《信息技术　人工智能　用例》提供了各种领域中人工智能应用的代表性用例集，相关领域包括农业、数字市场、教育、能源、金融技术、医疗保健、服务机器人、信息通信技术、法律、物流、制造业等。

ISO/IEC 5338《信息技术　人工智能　人工智能系统生命周期过程》定义了一系列人工智能系统的阶段和概念，旨在描述基于机器学习或启发式算法的人工智能系统的生命周期。该标准有助于更有效地在不同阶段定义、控制、实施、管理和提升人工智能系统。

5) WG 5

ISO/IEC TR 24372《信息技术　人工智能　人工智能系统计算方法概述》概述了人工智能系统计算方法的最新进展，并对人工智能系统的主要算法和方法进行了介绍，旨在加深人们对于人工智能算法的了解。该技术报告围绕四个方面展开，分别为人工智能系统计算方法概述，人工智能系统的主要特征，计算方法的分类(包括知识驱动法和数据驱动法)，人工智能算法的基本理论、技术、主要特点和典型应用。

ISO/IEC TS 4213《信息技术　人工智能　机器学习分类性能评估》描述了测量不同机器学习模型、系统和算法分类性能的方法，技术性非常强。其中不光有常见的统计学指标(如准确率、混淆矩阵等)，还有显著性统计学检验方法(如卡方检验、方差分析等)，并且指出了测量这些指标所需要的信息或数据。

6) JWG 1

ISO/IEC 38507《信息技术　IT 治理　组织使用人工智能的治理影响》在 SC 40 关于信息技术治理的工作基础上研制，为监管涉及人工智能使用的组织提供了指南，旨在保证人工智能使用的有效性、效率和接受度，其中治理的方面包括人工智能监管、决策、数据使用、文化和价值观、服从性和风险等。

7) JWG 2

ISO/IEC TS 29119-11《软件和系统工程　软件测试　第 11 部分：AI 系统测试》基于 SC 7 在软件和系统工程测试的国际标准化基础，尝试将此成功经验迁移到人工智能系统测试方法，完善人工智能应用的测试认证程序。由于人工智能系统与一般软件系统不同，人工智能系统的决策方式存在一定的不确定性/随机性，这对测试提出了新的挑战，也是该标准试图解决的主要问题。

其中，已发布 12 项标准化项目(包括国际标准 4 项、技术报告 8 项)，在研标准化项目 26 项(包括国际标准 16 项、技术规范 6 项、技术报告 4 项)。

从标准项目数量来看，WG 3 可信工作组的数量最多，共 13 个，由此能够看出人工智能可信赖领域是国际关注热点，可信人工智能标准在 ISO/IEC 标准体系中的地位非常重要，SC 42 的国际标准化工作重心也倾向于 WG 3。“可信”作为世界范围内人工智能领域关注的重点，SC 42 正通过 WG 3 积极推动可信人工智能国际标准化工作，保障人工智能“科技向善”，促进人工智能产业正向发展。在所有 SC 42 的标准项目中，WG 2 基于在大数据领域国际标准化的积累，正在研制规模最大的系列标准 ISO/IEC 5259《人工智能　分析和机器学习的数据质量》，代表了 SC 42 对数据质量的重视。数据作为人工智能全生命周期最重要环节之一，ISO/IEC 5259 系列标准的研制、发布和推广应用对规范人工智能产业化有着重要意义。

在 ISO/IEC JTC 1 中，除了 SC 42 以外，SC 6、SC 7、SC 27、SC 29、SC 35 等分委会也在开展人工智能相关标准化工作。

ISO/IEC JTC 1/SC 6 系统间远程通信和信息交换分技术委员会的预研究工作项目《人工智能赋能的网络》与人工智能在通信领域应用相关；ISO/IEC JTC 1/SC 7 软件工程分委会发布了技术报告 ISO/IEC TR 29119-11:2020《基于人工智能的系统测试导则》；ISO/IEC JTC 1/SC 27 信息安全、网络安全和隐私保护分技术委员会的预研究工作项目 PWI 7769《人工智能安全威胁和故障处理指南》及 PWI 6089《人工智能对安全和隐私的影响》与人工智能安全相关；ISO/IEC JTC 1/SC 29 音频、图像、多媒体和超媒体信息的编码分技术委员会，开展国际标准 ISO/IEC 6048《基于人工智能学习的 JPEG 影像编码系统》研制，推动成立了面向机器的视频编码研究小组。

ISO/IEC JTC 1/SC 35 用户界面分技术委员会在人工智能领域重点推动全双工语音交互、跨设备交互和情感计算方面国际标准的研制。2020 年 7 月，中国推动在 SC 35 下成立了 WG 10 情感计算工作组。SC 35 研制的人工智能主要标准包括：ISO/IEC 30150《信息技术　情感计算用户界面》系列标准、ISO/IEC 24661《信息技术　用户界面　全双工语音用户界面》，以及 ISO/IEC 4933《信息技术　用户界面　跨设备交互映射事件框架》。

5.4.2　其他国际人工智能标准化研究现状

1. ISO

ISO 面向智能制造、机械安全、智能运输、健康信息、机器人等应用领域，推动人工智能标准化。

ISO/TMB/SMCC 智能制造协调委员会联合 ISO 及 ISO/IEC JTC 1 相关技术委员会及分技术委员会的主席，编制了智能制造主题白皮书。白皮书定义了智能制造的概念，识别了智能制造相关方，梳理了相关技术，提出了发展原则，分析了未来影响。

ISO/TC 199 机械安全技术委员会围绕机械安全开展标准化工作，发布了技术报告 ISO/TR 22100-5:2021《机械安全　与 ISO 12100 的关联　第 5 部分：应用人工智能机器学习》。

ISO/TC 204 智能运输系统技术委员会围绕公共运输领域，推进预研究工作项目《智能运输系统　公共运输　用于智能运输路线设计和更新的机器学习/人工智能》。

ISO/TC 215 健康信息学技术委员会发布了技术报告 ISO/TR 24291:2021《健康信息学影像和其他医学应用中的机器学习技术应用》。

ISO/TC 299 机器人技术委员会推动除玩具与军事以外领域的机器人标准化，推动研制人工智能相关国际标准 31 项，其中 22 项已发布，包括机器人术语、工业机器人安全、协作机器人、服务机器人性能测试等方面。

2. IEC

IEC 在智能制造、智能设备、智能家居、智慧城市、智慧能源等垂直领域开展了人工智能相关标准化工作，并在人工智能伦理方面进行了探索。

IEC/MSB 市场战略局主要负责识别 IEC 相关领域的未来技术发展趋势，并提供战略指导。2018 年 10 月发布了白皮书《人工智能跨行业应用》，阐述了语言识别、图像识别和机器学习等关键人工智能技术及其与垂直行业的融合，为更多创新应用、商业模式落地以及标准化体系构建提供指导。

IEC/TC 65 工业过程测量、控制和自动化技术委员会主要负责制定连续和批量控制领域用于工业过程测量和控制的系统和元件方面的国际标准，协调系统集成相关标准化工作。IEC/TC 65 从 2012 年开始研制数字工厂国际标准，是开展“人工智能+智能制造”的核心技术组织。

IEC/SyC AAL 主动辅助生活系统委员会为老年人智能家居和智能生活环境领域提供标准化方案。在研的标准包括 IEC 63168《互联家庭环境中多系统协同 电气/电子安全相关系统功能安全》、IEC 63204《主动辅助生活参考架构和参考模型》、IEC TS 63234《主动辅助生活服务经济性评价》等标准。

IEC/SEG 10 自主和人工智能应用伦理系统评估组成立于 2018 年，其主要工作是识别与 IEC 技术活动相关的伦理问题和社会问题，适当地向 SMB 提出建议，为 IEC 委员会制定有关自主和人工智能应用伦理方面的广泛适用的指导方针，确保 IEC 委员会之间的工作一致性，促进与 JTC 1/SC 42 的合作等。

3. ITU

ITU 下设 ITU-T，研究通过人工智能提高电信自动化、性能和服务质量，重点推动通信领域、多媒体技术和应用、健康医疗、自助和辅助驾驶等领域的标准化工作。

ITU-T 人工智能工作涉及多个研究组，包括 SG17(安全研究)、SG5(环境与气候变化)、SG16(多媒体)、SG2(业务提供和电信管理的运营问题)等。其中，作为安全研究组，SG17 高度重视人工智能安全标准制定，于 2019 年 1 月 21 日在瑞士日内瓦组织召开人工智能、机器学习和安全研讨会，提出人工智能安全是 SG17 未来重要的标准化方向，SG17 应研究各种特定安全和隐私控制的标准差距，解决已确定的威胁和风险，开展标准制定以填补空白。从当前的工作来看，SG17 已有 3 份技术报告在研，涵盖机器学习安全应用、人工智能技术应用安全管理等方面。除此之外，近年来 ITU-T 研制了《深度神经网络基准评价方法》《深度学习软件框架评价方法论》《共享机器学习技术框架》等通用人工智能标准。

4. IEEE

IEEE 共有 39 个技术协会和 6 个技术委员会，其中标准协会(IEEE-SA)根据“正当程序(Due Process)、开放(Openness)、共识(Consensus)、平衡(Balance)、上诉权(Right of Appeal)”五大原则及世界贸易组织的要求，参与了全球 2 万多个标准的制定工作，目前已经发布的标准有 1250 多项，正在制定中的标准有 650 余项，以确保标准的技术完整性和优异性、市场相关性及通用性。

IEEE 主要聚焦人工智能领域伦理道德标准，早在 2015 年 12 月，为了探索与解决人工智能伦理与社会关注的问题，IEEE 发起了“自主和智能系统伦理全球倡议”(IGEAIS)。2016

年，IEEE 针对人工智能领域的自主系统设计发布了规范性文件《以伦理为基准的设计》，用来解决人类行为与价值准则嵌入智能系统的问题，并形成一套标准，指导人们在智能系统的设计构成中充分考虑人类的伦理价值。2017 年 3 月，发表《旨在推进人工智能和自治系统的伦理设计的 IEEE 全球倡议书》，倡议建立人工智能伦理的设计原则和标准，帮助人们避免对人工智能技术产生恐惧和盲目崇拜。2017 年 12 月，IEEE-SA 发起了“全球自主和智能系统伦理倡议”，并发布了《人工智能设计的伦理准则》(第 2 版)，收集了全球 250 多名来自人工智能、法律、伦理、哲学、政策等相关领域专业人士的需求，这些需求通过自下而上的透明、开放且具有国际包容性的形式创建，主要是对人工智能及自主系统领域的问题发表见解并提出相关建议。

IEEE 现设置了 13 个工作组，从道德规范、技术伦理、职业道德等多维度开发 P7000 系列人工智能的伦理标准，系列标准正在逐步完善和补充中。截至 2021 年 6 月，IEEE 批准了包括《深度学习评估框架与流程》《知识图谱框架》《道德人工智能和自治系统的幸福感度量》《金融服务领域知识图谱应用指南》等 20 余项人工智能标准项目。

我国在 IEEE 人工智能标准化工作方面取得的积极进展主要有：2020 年 6 月，微众银行牵头立项可解释人工智能体系架构标准 P2894，对人工智能可解释性的定义、分类、应用场景、性能评估等进行系统性的规范；2019 年 8 月，我国牵头成立 IEEE 知识图谱标准工作组，由中国电子技术标准化研究院(下称“电子标准院”)专家担任主席，推动开展 P2807 知识图谱系列标准制定；2020 年，电子标准院联合多家国产人工智能硬件单位筹备 IEEE P2937 编制工作，经 IEEE SA 批准成立工作组 AI system and application test (C/AISC/ASA WG)，由电子标准院专家担任工作组主席；2022 年 4 月 13 日，电子标准院牵头编制的 IEEE P2937“Standard for performance benchmarking for AI server systems”(人工智能服务器系统性能基准标准)在 IEEE SA 投票环节中，获全票通过。

5. NIST

NIST 隶属于美国商务部，在美国政府支持下，推进人工智能标准工作。NIST 将人工智能作为重点标准领域，于 2019 年 2 月发布《关于维持美国在人工智能方面的领导地位的行政命令》(EO 13859)，呼吁联邦机构加强与人工智能标准相关的知识、领导力和开发或使用人工智能的机构之间的协调，推动人工智能系统可信度的重点研究。NIST 下设信息技术实验室(Information Technology Laboratory，ITL)，重点关注人工智能系统的安全性和可信性、社会和伦理安全、人工智能技术治理、隐私政策和原则等。

2019 年 8 月，NIST 发布了《美国人工智能领导力：联邦参与制定技术标准及相关工具的计划》的报告，把“积极参与人工智能标准的开发”列为重要任务。报告提出了联邦政府机构制定人工智能技术及相关标准给的指导意见，认为应优先制定人工智能包容性和可访问性、开放透明、基于共识、具有全球性和非歧视性等方面的标准，并提出了人工智能标准的九个重点领域：概念和术语、数据和知识、人际互动、指标、网络、性能测试和报告方法、安全、风险管理和可信赖。

2020 年 8 月，NIST 发布《可解释人工智能的四项原则》，介绍了可解释人工智能的原则，包括解释原则(Explanation)、有意义原则(Meaningful)、解释准确性原则(Explanation Accuracy)和知识局限性原则(Knowledge Limits)。

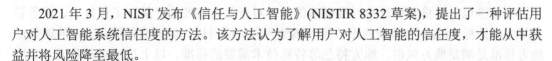

2021 年 3 月，NIST 发布《信任与人工智能》(NISTIR 8332 草案)，提出了一种评估用户对人工智能系统信任度的方法。该方法认为了解用户对人工智能的信任度，才能从中获益并将风险降至最低。

2021 年 6 月，NIST 发布《识别和管理人工智能偏见的建议》(NIST 特别出版物 1270)，提出基于风险管理的思路，建立可信赖和负责任的人工智能框架，并形成配套的人工智能可信标准。

6. 欧盟 EU

欧洲国家普遍关注人工智能带来的安全、隐私、尊严等方面的伦理风险。2016 年至今，欧盟发布了一系列文件，希望通过政策和标准降低人工智能带来的伦理风险。

《对欧盟机器人民事法律规则委员会的建议草案》《欧盟机器人民事法律规则》等文件赋予自主机器人法律地位；《人工智能道德准则草案》为人工智能系统的实施和操作提出了指导；《人工智能白皮书——通往卓越和信任的欧洲路径》提出要建立“可信赖的人工智能框架”，研发以人为本的技术，打造公平且具有竞争力的数字经济，建设开放、民主和可持续的社会。2021 年 4 月，欧盟提出的《人工智能法》提案，作为世界范围内第一个综合性人工智能法案，精细划分人工智能应用场景的风险等级，制定针对性的监管措施，用于化解人工智能风险，保证欧盟人工智能市场的统一、可信赖。

值得注意的是，欧盟委员会于 2019 年 5 月发布了人工智能道德准则“Ethics Guidelines for Trustworthy AI”(可信赖 AI 的伦理准则)，由欧洲人工智能高级别专家组(High-Level Expert Group on Artificial Intelligence，AI HLEG)起草，包括 52 位代表学术界、工业界和民间社会的独立专家。该准则提出了人工智能可信赖的三个基本条件(合法性、合伦理性和鲁棒性)，以及四条伦理准则(尊重人的自主性、预防伤害、公平性和可解释性)。最后提出实现可信赖人工智能的七个关键要素：人的能动性和监督，技术鲁棒性和安全性，隐私和数据管理，透明性，多样性、非歧视性和公平性，社会和环境福祉，问责。

5.5　我国人工智能标准化研究现状

5.5.1　我国人工智能标准化的发展现状

我国标准体系的发展经历了三个阶段。1979 年到 1988 年，所有标准都是政府标准，均为强制性标准。1989 年，标准开始被分为强制性标准和推荐性标准。到了 2017 年，《中华人民共和国标准化法》修订完成并实施，其中提出了五级标准，新型的标准体系框架包括国家标准、行业标准、地方标准、团体标准和企业标准，正式确定了“政府+市场”的标准新格局。具体来说，强制性国家标准是满足保障人身健康和生命财产安全、国家安全、生态环境安全以及经济社会管理基本需要的技术要求；推荐性的国家标准主要是公益性的，满足强制性国家标准的需要和实施。还有一类较为特殊的国家标准为国家标准化指导性文件，其目的是为仍处于技术发展过程中或技术迭代速度快的技术领域的标准化工作提供指南或信息，供科研、设计、生产、使用、管理等有关人员参考使用。除了国家标准以外，推荐性行业标准更多的是针对行业内重要的产品、工程技术、服务管理等方面的标准(强制性行业标准被统一调整为强制性国标，但标准范围有一定的调整)；地方标准是满足地方风俗、地方特色等特殊技术需要的标准。以上这三类都是属于政府标准，已给予了明确的界定。团体标准和企业标准则是满足市场快速需求、快速创新的标准。值得注意的是，这些标准没有层级高低之分，分级的目的是满足不同维度、不同团体的标准化需求。

我国国家标准化工作由国家标准化管理委员会组织开展，主要负责下达国家标准计划，批准发布国家标准，审议并发布标准化政策、管理制度、规划、公告等重要文件；开展强制性国家标准对外通报；协调、指导和监督行业、地方、团体、企业标准工作；代表国家参加国际标准化组织、国际电工委员会和其他国际或区域性标准化组织；承担有关国际合作协议签署工作；承担国务院标准化协调机制日常工作。目前，国家标准化管理委员会下设 594 个技术委员会。

国内人工智能标准化处于起步阶段，由于团体标准发布周期短，标准对象灵活，可以适应业界人工智能技术的快速迭代速度且提供一定试错空间，我国已发布的人工智能标准以团体标准为主。相比团体标准，行业标准和国家标准更需要技术沉淀和多方协作，发布周期长，大部分还在研制过程中。目前已发布的人工智能国家标准只有 GB/T 40691—2021《人工智能 情感计算用户界面 模型》，现行人工智能行业标准为 YD/T 3944—2021《人工智能芯片基准测试评估方法》和 JR/T 0221—2021《人工智能算法金融应用评价规范》，分别面向通信行业和金融行业。因为人工智能领域发展快速，所以人工智能领域的国家标准立项就需要很高的前瞻度，而且国家标准需要抽象出相关标准对象技术的底层框架，这样才能够覆盖更大的适用范围，且不会在长达两年的发布周期后显得过时。人工智能行业标准同理。人工智能国家标准清单如表 5-5 所示。

表 5-5 人工智能国家标准清单(截至 2023 年 4 月)

标 准 号	标 准 名 称	状 态
GB/T 41867—2022	《信息技术 人工智能 术语》	发布
GB/T 40691—2021	《人工智能 情感计算用户界面 模型》	发布
GB/T 42018—2022	《信息技术 人工智能 平台计算资源规范》	发布
GB/T 42131—2022	《人工智能 知识图谱技术框架》	发布
GB/T 42382.1—2023	《信息技术 神经网络表示与模型压缩 第 1 部分：卷积神经 网络》	发布
20201611—T—469	《人工智能 面向机器学习的数据标注规程》	征求意见
20203869—T—469	《人工智能 面向机器学习的系统规范》	在研
20221790—T—469	《人工智能 异构人工智能加速器统一接口》	在研
20221791—T—469	《人工智能 管理体系》	在研
20221793—T—469	《人工智能 计算设备调度与协同 第 1 部分：虚拟化与调度》	在研
20221792—T—469	《人工智能 计算设备调度与协同 第 2 部分：分布式计算 框架》	在研
20221794—T—469	《人工智能 服务器系统性能测试规范》	在研
20221795—T—469	《人工智能 深度学习框架多硬件平台适配技术规范》	在研

人工智能领域技术构成复杂，产业链长，因此涉及很多不同的技术归口委员会。本小节从不同标准化委员会的研究现状出发，梳理我国人工智能领域标准化的现状。

1. 全国信息技术标准化技术委员会

全国信息技术标准化技术委员会(SAC/TC 28)与国际标准化组织 ISO/IEC JTC 1 对口。其中人工智能分技术委员会(SAC/TC 28/SC 42)于 2020 年 3 月成立，国际对口 ISO/IEC JTC 1/SC 42，负责人工智能基础、技术、风险管理、可信赖、治理、产品及应用等人工智能领域国家标准制修订工作。

SAC/TC 28/SC 42 下设基础工作组、芯片与系统研究组、产品与服务研究组、模型与算法研究组、可信赖研究组、计算机视觉标准工作组、自动驾驶标准研究组和知识图谱工作组，下面对这些工作组进行具体介绍。

(1) 基础工作组：经全国信标委人工智能分委会(TC28/SC42)成立大会于 2020 年 8 月 6 日审议通过成立，重点开展人工智能术语、人工智能管理体系等基础类国家标准研制，对口管理 ISO/IEC JTC 1/SC 42 国际标准化工作。

(2) 芯片与系统研究组：经全国信标委人工智能分委会(TC28/SC42)第一次全体会议于 2020 年 8 月 6 日审议通过成立，重点开展人工智能芯片与系统技术、产品研究及标准研制工作，支撑产业高质量发展。

(3) 产品与服务研究组：经全国信标委人工智能分委会(TC28/SC42)成立大会于 2020 年 8 月 6 日审议通过成立，重点开展人工智能技术领域中形成的各种形态的智能化产品以及涵盖各类行业应用需求中的智能化服务相关的标准化研究工作。

(4) 模型与算法研究组：经全国信标委人工智能分委会(TC28/SC42)成立大会于 2020 年 8 月 6 日审议通过成立，重点开展人工智能基础模型和算法的梳理分析，规范重要领域的共性模型与算法，研究人工智能开发框架和开放平台，开展相关标准化研究工作，支撑产业应用。

(5) 可信赖研究组：经全国信标委人工智能分委会(TC28/SC42)成立大会于 2020 年 8 月 6 日审议通过成立，重点开展人工智能系统可信赖要素的研究工作，重点布局面向人工智能系统全要素全流程对应的测试技术、评价方法和实施途径，从硬件、数据集、算法和系统等多个层面提高人工智能系统的可信赖能力。

(6) 计算机视觉标准工作组：经全国信标委人工智能分委会(TC28/SC42)主任办公会于 2021 年 8 月 16 日审议通过成立，重点面向工业、金融、医疗、安防、交通等领域，开展计算机视觉系统、产品等标准研制工作，支撑计算机视觉技术的高质量推广与应用，实现人工智能与实体经济深度融合。

(7) 自动驾驶标准研究组：经全国信标委人工智能分委会(TC28/SC42)主任办公会于 2021 年 8 月 16 日审议通过成立，重点围绕行驶环境融合感知、智能决策控制、复杂系统重构设计和多模式测试评价等共性关键技术，开展人工智能技术应用在智能网联汽车领域的通用标准体系建设和标准制定任务，支撑自动驾驶技术在特定场景应用示范，推动自动驾驶产业高质量发展。

(8) 知识图谱工作组：经全国信标委人工智能分委会(TC28/SC42)主任办公会于 2021 年 8 月 16 日审议通过成立，重点开展知识图谱领域标准化顶层设计和标准化需求分析，推动国内相关标准研究、制定和推广，并支撑知识图谱相关国际标准化工作，促进知识要素的规范化挖掘、富集、流动和应用。

除人工智能分技术委员会以外，SAC/TC28 还开展了人机交互、生物特征识别、计算机视觉等人工智能相关领域的标准化工作。用户界面分技术委员会(SAC/TC 28/SC 35)在人机交互领域成立开展智能语音、体感交互等标准研制。生物特征识别分技术委员会(SAC/TC 28/SC37)在生物特征识别方面开展了指纹识别、人脸识别、生物特征样本等标准研制。计算机图形图像处理及环境数据分技术委员会(SAC/TC28/SC24)在计算机图形图像处理、增强现实等领域开展了标准研制。

此外，全国信标委大数据标准工作组、云计算标准工作组、物联网标准工作组、国家传感器网络标准工作组等标准化组织在 SAC/TC28 的组织引领下，也开展了相关领域基础标准研制，为人工智能技术及应用提供了支撑。

SAC/TC28/SC42 各工作组具体标准化工作内容和计划如表 5-6 所示。

表 5-6　SAC/TC 28/SC 42 人工智能标准化工作情况

序号	工作组名称	标 准 号	标 准 名 称
1	基础工作组	20190851—T—469	《信息技术　人工智能　术语》
2	芯片与系统研究组	T/CESA 1169—2021	《信息技术　人工智能　服务器系统性能测试规范》
3		T/CESA 1043—2019	《面向深度学习的服务器规范》
4		T/CESA 1119—2020	《人工智能　面向云侧的深度学习芯片测试指标与测试方法》
5		T/CESA 1120—2020	《人工智能　面向边缘侧的深度学习芯片测试指标与测试方法》
6		T/CESA 1121—2020	《人工智能　面向端侧的深度学习芯片测试指标与测试方法》
7	产品与服务研究组	T/CESA 1038—2019	《信息技术　人工智能 智能助理能力等级评估》
8		T/CESA 1039—2019	《信息技术　人工智能 机器翻译能力等级评估》
9		T/CESA 1041—2019	《信息技术　人工智能　服务能力成熟度评价参考模型》
10	模型与算法研究组	T/CESA 1026—2018	《人工智能　深度学习算法评估规范》
11		T/CESA 1034—2019	《信息技术　人工智能　小样本机器学习样本量和算法要求》
12		T/CESA 1036—2019	《信息技术　人工智能　机器学习模型及系统的质量要素和测试方法》
13		T/CESA 1037—2019	《信息技术　人工智能　面向机器学习的系统框架和功能要求》
14		T/CESA 1040—2019	《信息技术　人工智能　面向机器学习的数据标注规程》

续表

序号	工作组名称	标 准 号	标 准 名 称
15	可信赖研究组	T/CESA 1026—2018	《人工智能　深度学习算法评估规范》
16		T/CESA 1036—2019	《信息技术　人工智能　机器学习模型及系统的质量要素和测试方法》
17	计算机视觉标准工作组	20190805—T—469	《信息技术　计算机视觉　术语》
18		T/CESA 1035—2019	《信息技术　人工智能　音视频及图像分析算法接口》
19		T/CESA 1107—2020	《基于视频图像的人员追踪系统技术要求和测试方法》
20		T/CESA 1108—2020	《智能人体温度检测与识别系统技术要求和测试评价方法》
21		T/CESA 1109—2020	《智能医疗影像辅助诊断系统技术要求和测试方法》
22	知识图谱工作组	20192137—T—469	《信息技术　人工智能　知识图谱技术框架》

自动驾驶标准研究组虽然没有已发布的标准，但是目前正在研制自动配送车无人驾驶系统的仿真测试的系列团体标准。

2. 全国信息安全标准化技术委员会

全国信息安全标准化技术委员会(SAC/TC 260)主要负责全国信息安全领域标准化工作，推动了《信息安全技术　基于可信环境的生物特征识别身份鉴别协议》《信息安全技术　指纹识别系统技术要求》《信息技术　安全技术　生物特征识别信息的保护要求》等生物特征识别标准的制定和修订。

3. 全国自动化系统与集成标准化技术委员会

全国自动化系统与集成标准化技术委员会(SAC/TC 159)主要负责面向产品设计、采购、制造和运输、支持、维护、销售过程及相关服务的自动化系统与集成领域的标准化工作，与自动化系统与集成技术委员会(ISO/TC 184)、机器人技术委员会(ISO/TC 299)对口。

TC 159 下设的机器人与机器人装备分技术委员会(SAC/TC 159 /SC 2)负责与人工智能领域相关的标准化工作，其工作范围涉及三个方面：一是应用于工业和非工业特定环境的、可自动控制的、可编程的、可操作的机器人，代表标准为《机器人控制器开放式通信接口规范》《工业机器人用户编程指令》《面向多核处理器的机器人实时操作系统应用框架》；二是在多轴、固定或移动情况下可编程的机器人，代表标准为《工业机器人坐标系和运动命名原则》《装配机器人通用技术条件》《工业机器人机械接口第 2 部分：轴类》等；三是机器人装备，代表标准为《机器人与机器人装备词汇》《机器人设计平台系统集成体系结构》《机器人机构的模块化功能构件规范》等。

4. 全国音频、视频及多媒体系统与设备标准化技术委员会

全国音频、视频及多媒体系统与设备标准化技术委员会(SAC/TC 242)主要负责全国音视频及多媒体技术专业领域标准化工作，目前正在开展《智能电视交互应用接口规范》《智能电视语音识别　测试方法》《智能电视语音识别　通用技术要求》等与人工智能相关的标准研制。

5. 全国智能运输系统标准化技术委员会

全国智能运输系统标准化技术委员会(SAC/TC 268)主要负责全国智能运输系统领域内的标准化工作。TC 268 围绕智能运输领域，发布了《智能运输系统 换道决策辅助系统 性能要求与检测方法》《智能运输系统　车辆前向碰撞预警系统 性能要求和测试规程》等标准，推动《智能运输系统　智能驾驶电子地图数据模型与交换格式　第 1 部分：高速公路》《智能运输系统　智能驾驶电子地图数据模型与交换格式　第 2 部分：城市道路》等标准的研制。

6. 其他团体

针对人工智能产业发展迅速、技术更新快、应用领域多等特点，中国电子工业标准化技术协会、中国计算机用户协会、深圳市人工智能产业协会等社会团体快速推出了一批人工智能团体标准。人工智能团体标准包括但不限于表 5-7 所列内容。

表 5-7　人工智能团体标准

序号	标准号/计划号	标 准 名 称
1	T/CESA 1026—2018	《人工智能　深度学习算法评估规范》
2	T/CESA 1034—2019	《信息技术　人工智能 小样本机器学习样本量和算法要求》
3	T/CESA 1037—2019	《信息技术　人工智能 面向机器学习的系统框架和功能要求》
4	T/CESA 1040—2019	《信息技术　人工智能 面向机器学习的数据标注规程》
5	T/CESA 1041—2019	《信息技术　人工智能 服务能力成熟度评价参考模型》
6	T/CESA 1169—2021	《信息技术　人工智能 服务器系统性能测试规范》
7	CESA—2021—2—006	《信息技术　人工智能 风险评估模型》
8	T/CCUA 009—2020	《人工智能工程师职业技能要求与评价　第 1 部分：计算机视觉》
9	T/SIOT 606—2021	《智能语音与视觉交互软件接口要求》
10	T/GDPHA 022—2021	《医学影像智能处理规范》
11	T/GDPHA 023—2021	《病历文本智能处理规范》
12	T/AI T/AI110.1—2020	《人工智能视觉隐私保护　第 1 部分：通用技术要求》
13	T/TMAC 025—2020	《智能建造数字孪生车间技术要求》
14	T/AIIA 001—2020	《移动机器人定位导航性能评估规范》
15	T/CMAX 116—01—2020	《自动驾驶车辆道路测试能力评估内容与方法》

续表

序号	标准号/计划号	标 准 名 称
16	T/SAITA 001—2021	《人工智能　计算机视觉系统测评规范》
17	T/IGRS 0014—2021	《人工智能　类脑智能系统参考框架》
18	T/AII 001—2021	《人脸识别安全技术规范》
19	T/AII 002—2021	《基于人工智能的未成年人不良信息审核技术要求》
20	T/SHMHZQ 093—2021	《人工智能 NLP 表情行为特征影像分析系统规范》
21	T/AIIA 001—2021	《支持语音和视觉交互的虚拟数字人技术规范》
22	T/NAHIEM 47—2022	《医学影像数据人工智能分析方法评估规范》

从表 5-7 中可以看出，目前发布的人工智能团体标准主要集中在应用领域，理论类或框架类标准较少。从应用领域来说，医疗领域的人工智能团体标准最多。因为医疗领域对人工智能应用的性能要求更高，并且使用人工智能相关设施的时间更长，所以亟须团体标准规范行业，保障智能医疗的安全性。从技术来说，计算机视觉相关的团体标准最多，语音相关的团体标准其次。这是由于基于计算机视觉的人工智能发展最快，在研究领域的积累最多，最先形成了产业化应用(基于语音的人工智能相似)，而 NLP 和类脑智能这类人工智能技术在学界尚未成熟，标准化也就为时过早。另外，可以看出人工智能团体标准涉及医疗影像、智能建造数字孪生、移动机器人、自动驾驶等实际应用领域，相关领域范围广，显示了人工智能作为赋能技术的强大力量，但也给标准化提出了挑战。

5.5.2 我国人工智能标准化标准体系

2020 年 7 月，国家标准委、中央网信办、发展改革委、科技部、工业和信息化部联合印发《国家新一代人工智能标准体系建设指南》(国标委联〔2020〕35 号)(以下简称《指南》)。为全面贯彻党的十九大和十九届二中、三中、四中全会精神，并落实党中央、国务院关于发展新一代人工智能的决策部署，《指南》提出了适合现阶段的人工智能标准体系。该人工智能标准体系的目的是加快创新技术和应用向标准转化，强化标准的实施与监督，促进创新成果与产业深度融合，深化标准的国际交流与合作，注重国际国内标准协同性，充分发挥标准对人工智能发展的支撑引领作用，为高质量发展保驾护航。

人工智能标准体系由中国电子技术标准化研究院牵头，依托国家人工智能标准化总体组，汇聚国内主流的人工智能领域产学研用单位支撑编制。标准体系是人工智能标准化的顶层设计，用于指导人工智能标准化工作，支撑人工智能技术研发和产业发展。

人工智能标准体系结构包括“A 基础共性”“B 支撑技术与产品”“C 基础软硬件平台”“D 关键通用技术”“E 关键领域技术”“F 产品与服务”“G 行业应用”“H 安全/伦理”八部分，如图 5-5 所示。

(1) 基础共性标准。人工智能是一个复杂的系统工程，涉及多方面的基础性问题，规范其所涉及的这些基础性问题是人工智能科学全面应用的前提。该部分重点开展人工智能术语、参考架构、通用性测试评估等标准研制工作，对标准体系结构中其他部分起基础支撑作用。

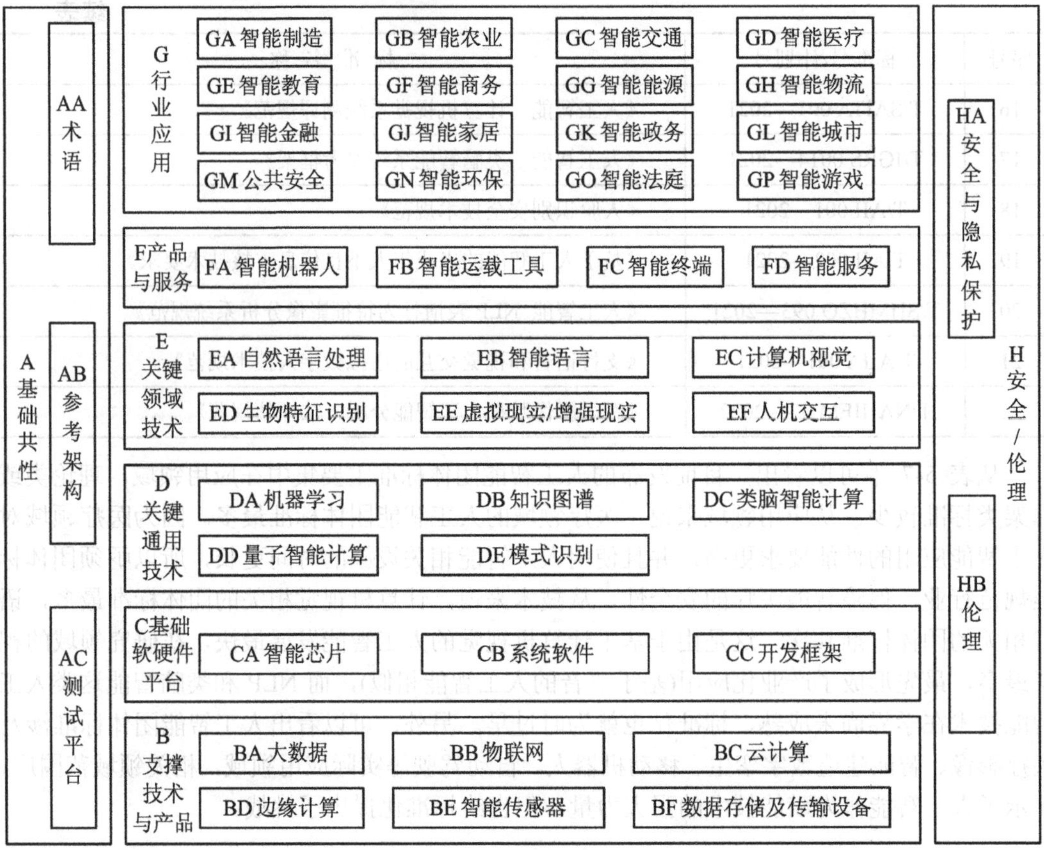

图 5-5　人工智能标准体系结构

(2) 支撑技术与产品标准。人工智能基于物联网产生并存储于云平台的海量数据资源，通过大数据分析技术，利用计算存储资源池和智能算法为各行业应用提供智能化服务。该部分重点围绕支撑人工智能发展，与人工智能强相关的智能运算资源应用服务领域的标准化工作。

(3) 基础软硬件平台标准。作为人工智能落地至关重要的基础软硬件设施，智能芯片、系统软件、开发框架提供了人工智能应用开发所需要的工具集合，实现软硬一体思路下算法、芯片、软件、系统的协同优化。该部分重点围绕人工智能芯片、硬件基础设施、开发框架的算力及功能等需求，开展标准研制工作。

(4) 关键通用技术标准。机器学习、知识图谱、类脑智能计算、量子智能计算、模式识别作为人工智能的关键性通用技术，是人工智能在关键领域应用技术的基础。以机器学习为例，其在智能语音识别、自然语言处理、目标检测、视频分类等领域取得了一定成果。该部分主要针对关键通用技术的特点，围绕模型、系统、性能评价等开展标准研制工作。

(5) 关键领域技术标准。自然语言处理、智能语音、计算机视觉、生物特征识别、虚拟现实/增强现实、人机交互等关键领域技术是目前人工智能应用于实体经济的重要驱动力。该部分主要开展语言信息提取、文本处理、语义处理、语音识别与处理、图像识别合成、图像识别与处理、人体生理特征或行为特征识别、虚拟现实/增强现实、智能感知、多模态交互等标准研制工作。

(6) 产品与服务标准。针对人工智能技术形成的智能化产品及服务模式，智能机器人、智能运载工具、智能终端、智能服务将人工智能领域技术成果集成化、产品化、服务化。该部分重点为提升人工智能产品和服务质量水平，主要开展服务机器人、工业机器人、行驶环境融合感知、移动智能终端、智能服务等相关标准研制工作。

(7) 行业应用标准。该标准位于人工智能标准体系结构的最顶层，标准体系中所指的行业应用是依据国务院印发的《新一代人工智能发展规划》，结合当前人工智能应用发展态势而确定的人工智能标准化重点行业应用领域。该部分主要面向行业中与人工智能强相关的具体需求开展标准化工作，支撑人工智能在行业应用中的发展。

(8) 安全/伦理标准。该标准位于人工智能标准体系结构的最右侧，贯穿于其他部分，包括人工智能领域基础，数据、算法和模型，技术和系统，管理和服务，安全测试评估，产品和应用等信息安全相关标准，以及涉及传统道德和法律秩序的伦理标准，支撑建立人工智能合规体系，保障人工智能产业健康有序发展。

人工智能标准体系是人工智能标准化工作的顶层设计，国内标准化组织和机构根据人工智能标准体系开展标准化工作。

总体来看，我国人工智能标准化工作还处于起步阶段，具体标准以转化先进国际标准为主，标准对象涵盖了从人工智能相关的软硬件到行业应用。

5.6　我国人工智能标准化重点标准

本节将根据我国人工智能标准体系，分别列举和介绍 8 个分领域中的典型标准。

5.6.1　基础共性类标准

1. 20190851—T—469《信息技术　人工智能　术语》(在研国家标准)

《信息技术　人工智能　术语》制定目的是明确人工智能关键技术的概念，为人工智能领域的发展和应用提供标准化基础。该标准将适用于人工智能的规划和项目建设、核心概念理解、国内国际信息交流等，有利于人工智能相关产业的发展，进而健全人工智能标准体系。在广泛收集、借鉴来自 ISO、IEC、ITU-T 等国际标准化组织以及不同国家人工智能术语相关研究成果基础上，将深入结合国内人工智能产业现状与需求，研制形成符合我国国情并适用于我国人工智能建设的人工智能术语。

2. 20190805—T—469《信息技术　计算机视觉　术语》(在研国家标准)

《信息技术　计算机视觉　术语》界定了计算机视觉领域中常用的术语和定义，包含图像表示、图像获取、图像处理、图像分割、图像内容分析、视频内容分析、三维计算机视觉、计算摄像学、计算机视觉应用、性能评价等。计算机视觉是人工智能的关键技术领域之一，该标准针对计算机视觉的典型场景总结了相关的术语与技术定义，将为计算机视觉领域概念的理解和信息交流提供基础。

5.6.2 支撑技术与产品类标准

支撑技术与产品类标准主要是 T/CESA 1169—2021《信息技术　人工智能　服务器系统性能测试规范》(团体标准)。

目前已经形成了具有代表性的通用 AI 测试基准、HPC 性能测试基准或服务器技术规范，如 MLPerf、AI Benchmark、AI-HPL、AIIA DNN benchmark、《T/CESA 1043—2019 面向深度学习的服务器规范》《GB/T 9813.3　计算机通用规范　第 3 部分：服务器》《人工智能芯片　面向云侧的深度学习芯片测试指标与测试方法》等，但是在 AI 服务器系统性能测试方面仍存在一些未解决的问题。为了解决这些问题，该标准拟结合测试技术，从通用及行业应用两个方面研究并标准化测试方法、用例，达到较为全面、准确的测试效果。《信息技术　人工智能　服务器系统性能测试规范》规定了人工智能服务器系统(含服务器、服务器集群、高性能计算集群等)的性能测试方法。人工智能服务器性能测试框架如图 5-6 所示。该标准在人工智能服务器的训练、推理两种工作模式下，对性能测试的测试过程、测试规则以及测试场景进行了标准化设计，保证数据集、测试工具、测试指标、测试结果的公平性与科学性。

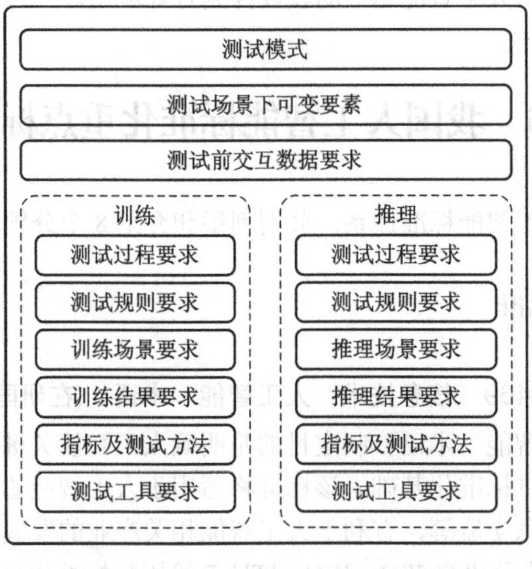

图 5-6　人工智能服务器性能测试框架

5.6.3 基础软硬件平台类标准

1. 20192139—T—469《信息技术　人工智能　平台计算资源规范》(在研国家标准)

为了在系统架构、平台能力等核心标准方面加速建设，引导国际、国内架构协同，使能国内人工智能产业融入、引领国际产业和生态圈，《信息技术　人工智能　平台计算资源规范》制定了人工智能平台计算资源的技术要求。对平台计算资源的基本架构(包括分层、各层组件、组件间的交互等)进行描述，形成架构基线，以引导系统平台架构的持续演进。同时，对平台计算资源层(包括各子层级及组件)的核心能力进行规范，满足各应用场景对平台计算资源的需求，持续提升系统功能、性能和效率，为将来的规模应用提供参考和指导。基于此目标，该标准规定了人工智能计算资源及其调度的技术要求，用于指导人工智能计算资源组合、调度系统或子系统的设计、研发和评估。人工智能平台资源框架如图 5-7 所示。

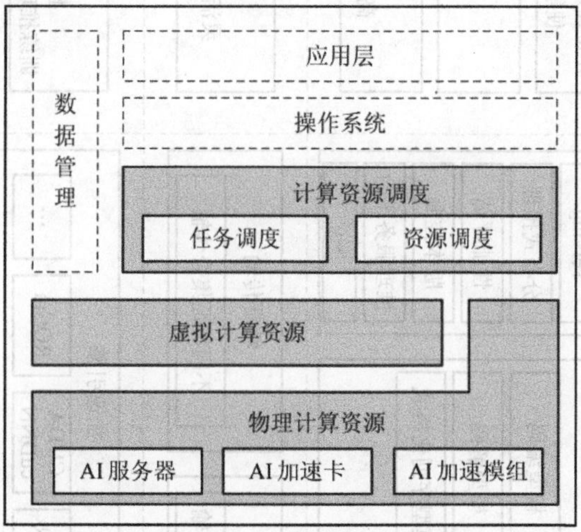

图 5-7　人工智能平台资源框架

2. 20192138—T—469《信息技术　神经网络表示与模型压缩　第 1 部分：卷积神经网络》《信息技术　神经网络表示与模型压缩　第 2 部分：大规模预训练模型》《信息技术 神经网络表示与模型压缩　第 3 部分：图神经网络》(在研国家标准)

《信息技术　神经网络表示与模型压缩　第 1 部分：卷积神经网络》规定了卷积神经网络模型的基本表示与压缩方法，用于指导神经网络模型的研制、开发、测试评估、应用。该标准定义了一种神经网络表示的四层框架，以打破各种深度学习算法框架之间的壁垒，促进深度学习在资源受限的计算平台和可穿戴设备上的开放和应用。该四层框架包括可互操作表示、紧凑表示、编解码表示和封装表示。

《信息技术　神经网络表示与模型压缩　第 2 部分：大规模预训练模型》定义了大规模预训练模型的基础表示单元、语法及相关运算操作，并支持多种训练、加速、压缩、编码等方法，制定了大规模预训练模型的存储、传输格式标准，定义了针对大规模预训练模型部署应用的数据、模型、特征传输方案，规范了大规模预训练模型开发框架。大规模预训练模型表示和压缩的技术框架如图 5-8 所示。

《信息技术　神经网络表示与模型压缩　第 3 部分：图神经网络》主要定义了不同神经网络模型的表示，支持不同神经网络模型的压缩与编码。图神经网络是目前应用最广泛的神经网络模型之一，且与卷积神经网络、预训练模型存在数据、网络结构、运算操作及开发的差异，因此本标准将与《信息技术 神经网络表示与模型压缩》标准的其余部分一起，为推动人工智能技术与应用的可互操作、安全性和可信赖性奠定基础。图神经网络表示与压缩的技术框架如图 5-9 所示。

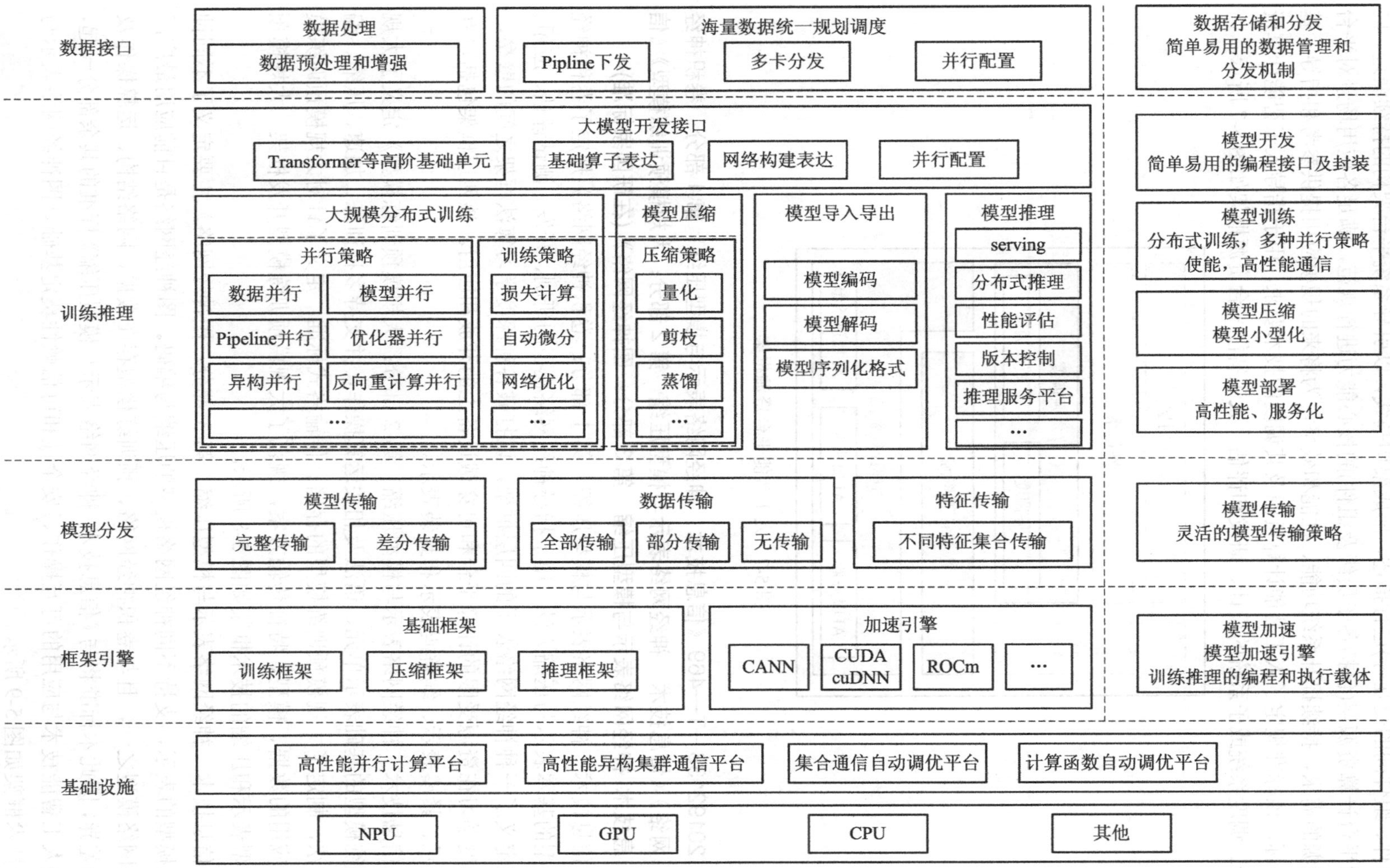

图 5-8 大规模预训练模型表示和压缩的技术框架

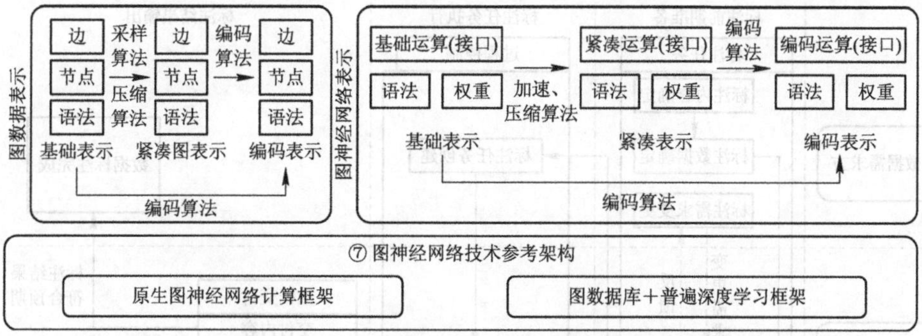

图 5-9　图神经网络表示与压缩的技术框架

3.《信息技术　人工智能　深度学习框架多硬件平台适配技术要求》(拟立项国家标准)

《信息技术　人工智能　深度学习框架多硬件平台适配技术要求》规定了深度学习框架适配多硬件平台的技术方案，包括云侧与端侧场景适配的不同组合的操作系统、训练芯片、推理芯片，并基于不同的适配方案定义了深度学习框架指标体系，规范了深度学习框架与硬件平台的兼容适配及优化等关键技术。该标准将为建立国产人工智能软硬件协同能力提供依据。深度学习框架多硬件平台适配总体架构如图 5-10 所示，该标准规范的技术方案包括设备管理层接入接口、算子适配层接入接口，训练框架与推理框架的多硬件适配指标体系包括安装部署、兼容适配、算子支持、模型支持、训练性能、稳定性和易扩展性等。

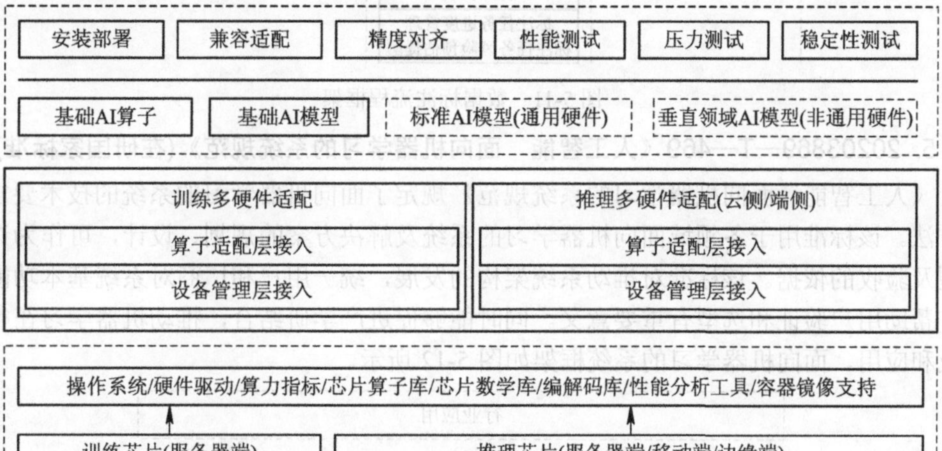

图 5-10　深度学习框架多硬件平台适配总体架构

4. 20201611—T—469《人工智能　面向机器学习的数据标注规程》(在研国家标准)

数据是实现人工智能最重要的一环，而数据标注可以直接影响人工智能应用的性能，因此面向机器学习的数据标注规程的重要性不言而喻。《人工智能　面向机器学习的数据标注规程》规定了面向机器学习的数据标注流程框架及具体标注流程，从初期计划、中期执行以及结果核查和输出三个阶段，分别梳理指导性框架、要求与步骤。该标准用于指导面向人工智能研究或开发应用的企业、高校、科研院所、政府机构实施数据标注。数据标注流程框架如图 5-11 所示。

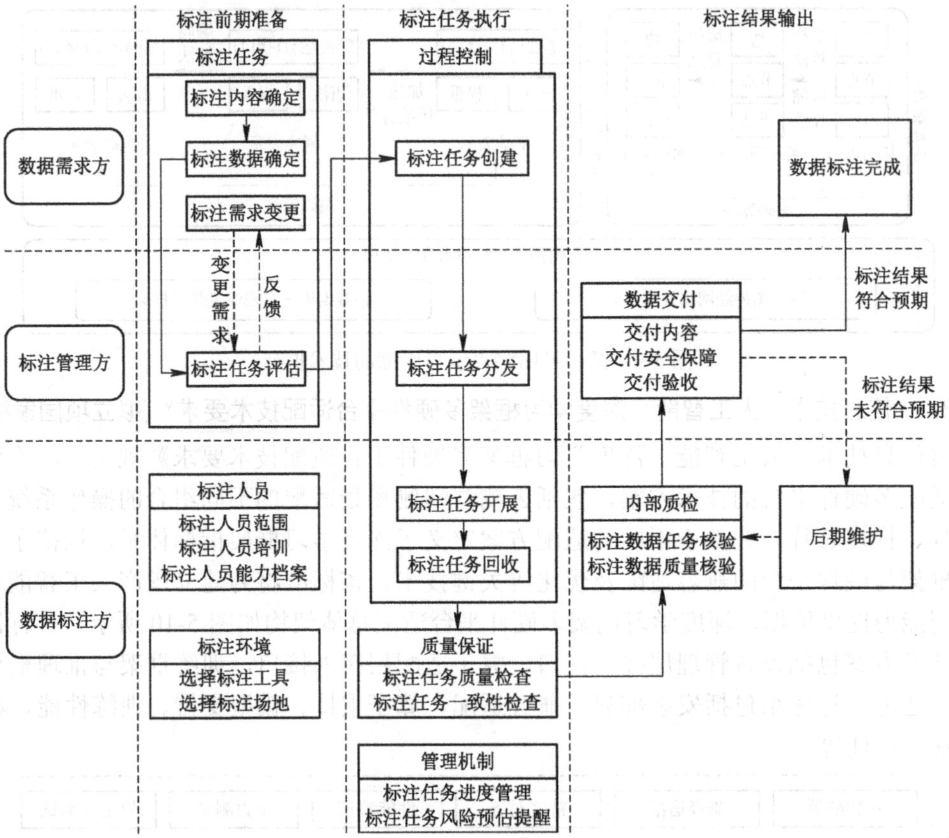

图 5-11　数据标注流程框架

5. 20203869—T—469《人工智能　面向机器学习的系统规范》(在研国家标准)

《人工智能　面向机器学习的系统规范》规定了面向机器学习的系统的技术要求和测试方法。该标准用于各领域面向机器学习的系统及解决方案的规划、设计，可作为评估、选型及验收的依据。该标准对推动系统架构的发展，统一用户和厂商对系统基本功能的认识，帮助用户验证和选型有重要意义。同时能够促进产学研结合，推动机器学习在行业的普及和应用。面向机器学习的系统框架如图 5-12 所示。

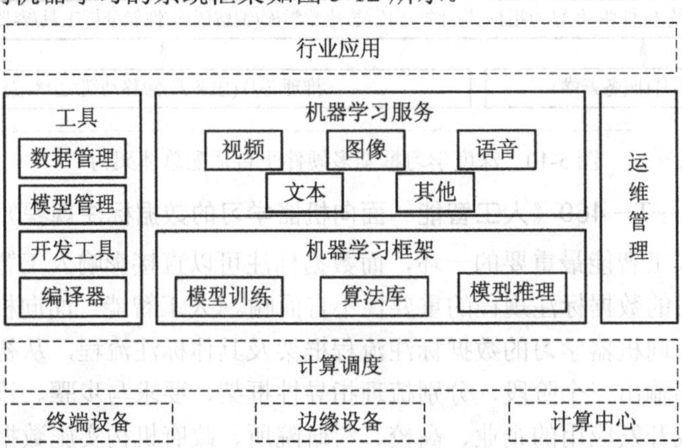

图 5-12　面向机器学习的系统框架

5.6.4　关键通用技术类标准

1. 20192137—T—469《人工智能　知识图谱技术框架》(在研国家标准)

《人工智能　知识图谱技术框架》给出了知识图谱的概念模型和技术框架，规定了知识图谱供应方，知识图谱集成方，知识图谱用户，知识图谱生态合作伙伴的输入、输出，主要活动和质量一般性能等要求。该标准适用于知识图谱及其应用系统的构建、应用、实施与维护。知识图谱技术框架如图 5-13 所示。

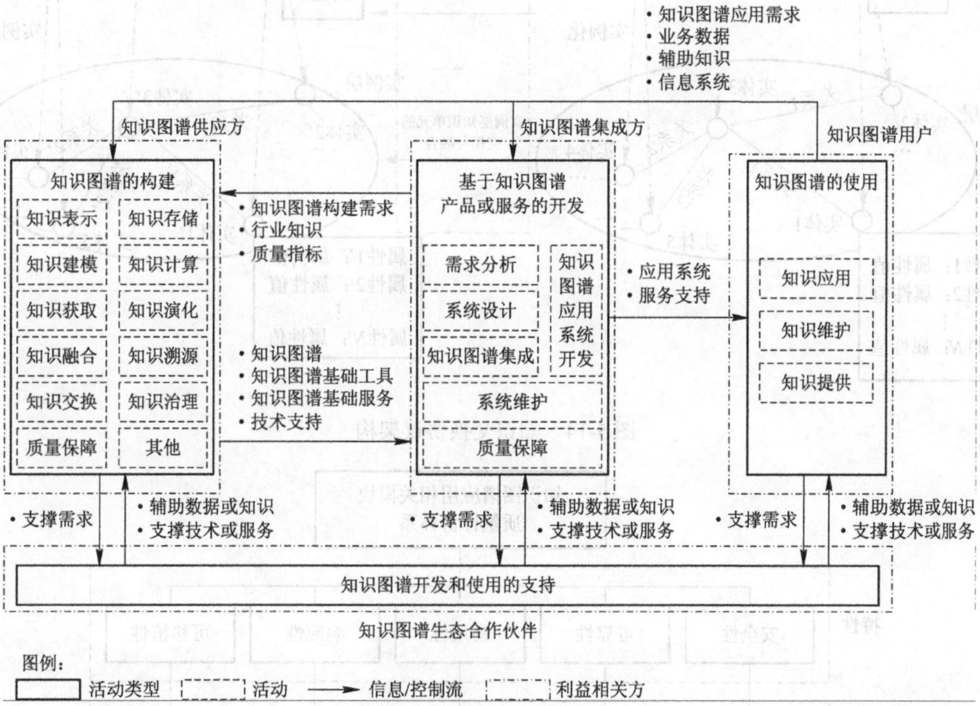

图 5-13　知识图谱技术框架

2. 《人工智能　知识图谱　知识交换协议》(拟立项国家标准)

《人工智能　知识图谱　知识交换协议》规定了知识交换协议框架、知识交换流程、知识交换与融合单元结构等，主要技术内容包括知识交换协议架构、知识交换流程、知识交换模式、消息处理流程、知识交换单元结构、知识融合单元结构等。该标准适用于企业、高校、研究院所、政府部门等拟设计、部署或使用知识图谱相关系统的各类组织开展相应系统的互联互通、集成和测试工作。知识交换协议架构如图 5-14 所示。

3. 《人工智能　知识图谱系统　测试规范》(拟立项国家标准)

《人工智能　知识图谱系统　测试规范》规定了知识图谱系统的测试与评估指标体系、质量要求、测试环境、测试方法等，主要技术内容包括质量评价指标体系，知识图谱构建相关模块质量要求，知识图谱应用相关模块质量要求、测试环境，知识图谱构建相关模块测试方法，知识图谱应用相关模块测试方法、测试流程等。该标准适用于企业、高校、研究院所、政府部门等拟设计、部署或使用知识图谱相关系统的各类组织开展相应系统的测试与评估工作。知识图谱应用相关模块质量评价体系如图 5-15 所示。

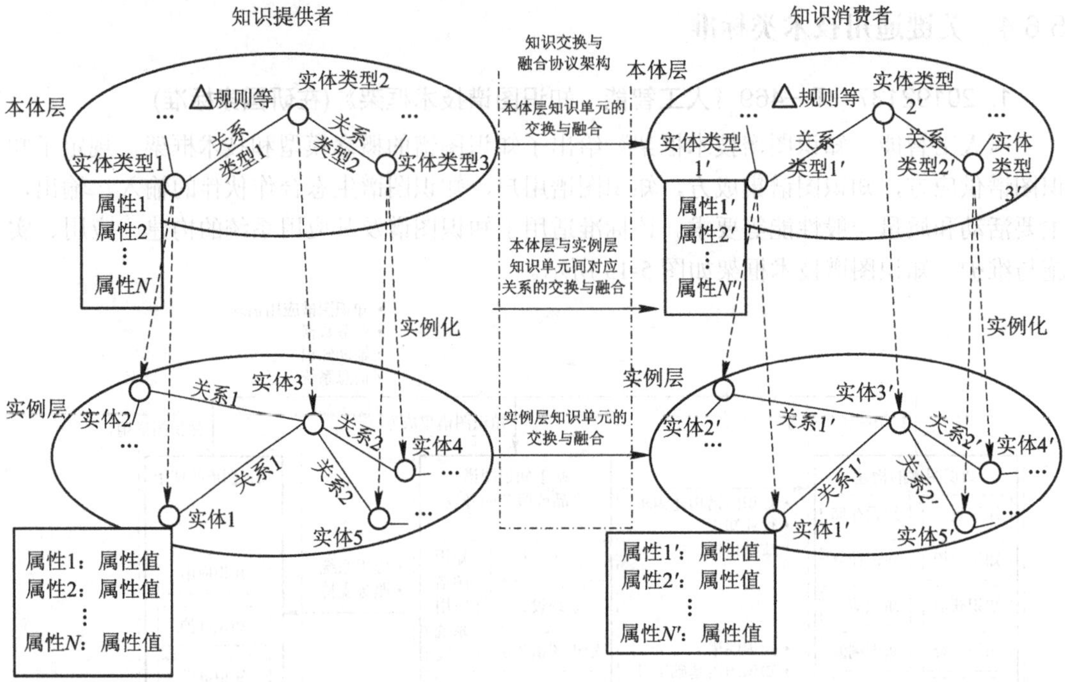

图 5-14 知识交换协议架构

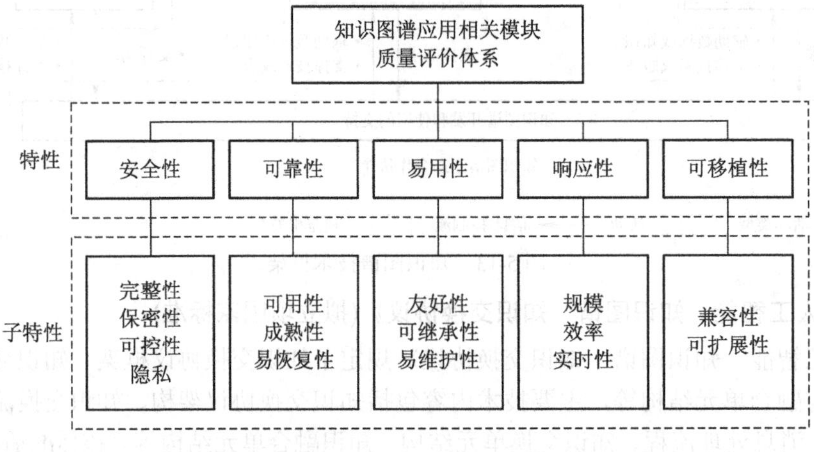

图 5-15 知识图谱应用相关模块质量评价体系

4. 《人工智能 多算法应用系统算法管理技术要求》(拟立项国家标准)

《人工智能 多算法应用系统算法管理技术要求》规定了多算法应用系统的架构、算法封装描述要求和接口协议要求，适用于多算法应用系统的设计、开发和验收。该标准根据人工智能算法的全技术栈，并针对多算法的特性，从底层计算设备、算法仓库到上层智能应用系统，对多算法应用系统进行规范。随着人工智能平台集成越来越多的算法，如何统筹计算设备、算法等多种资源，保障人工智能平台稳定性和前端应用可用性愈发重要，因此该标准提供的管理技术要求十分关键。多算法应用系统算法管理技术框架如图 5-16 所示。

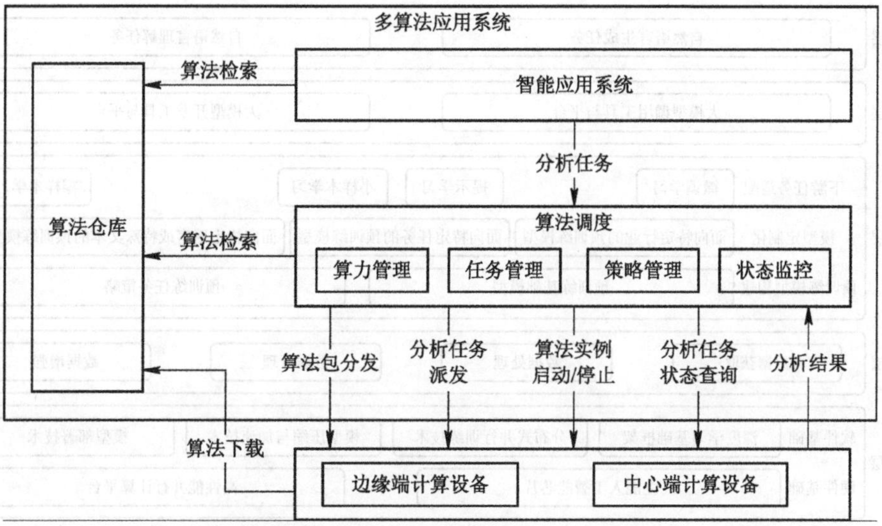

图 5-16　多算法应用系统算法管理技术框架

5.《人工智能　大规模预训练模型》(拟立项系列团体标准)

《人工智能　大规模预训练模型　第 1 部分：通用要求》提出了人工智能大模型的技术参考架构，并规定了人工智能大模型在功能、性能和模型服务等方面的通用要求及评测指标，适用于人工智能大模型的设计、开发、管理和评测。该标准定义的人工智能大模型技术参考架构包括基础层、数据层、模型层、应用层和服务层，如图 5-17 所示。

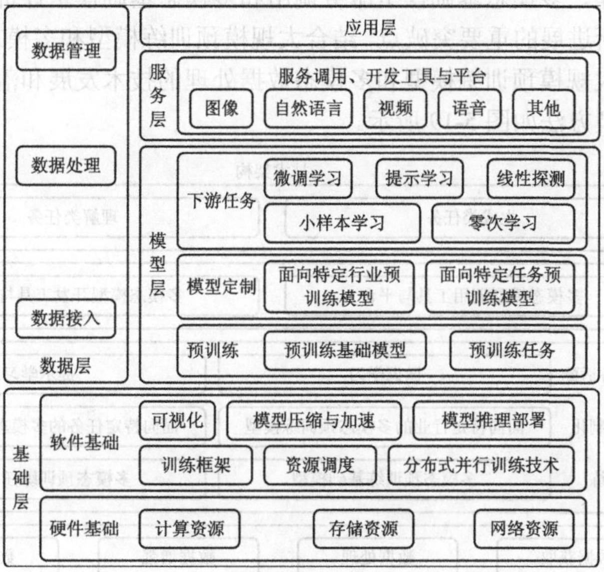

图 5-17　人工智能大模型技术参考架构

《人工智能　大规模预训练模型　第 2 部分：自然语言处理》规定了自然语言处理大规模预训练模型技术要求，包括大模型技术架构、功能要求、性能要求三个方面，适用于面向自然语言处理应用领域的大规模预训练模型，可用于指导自然语言处理大模型的研发与评估。自然语言处理大规模预训练模型技术要求如图 5-18 所示。

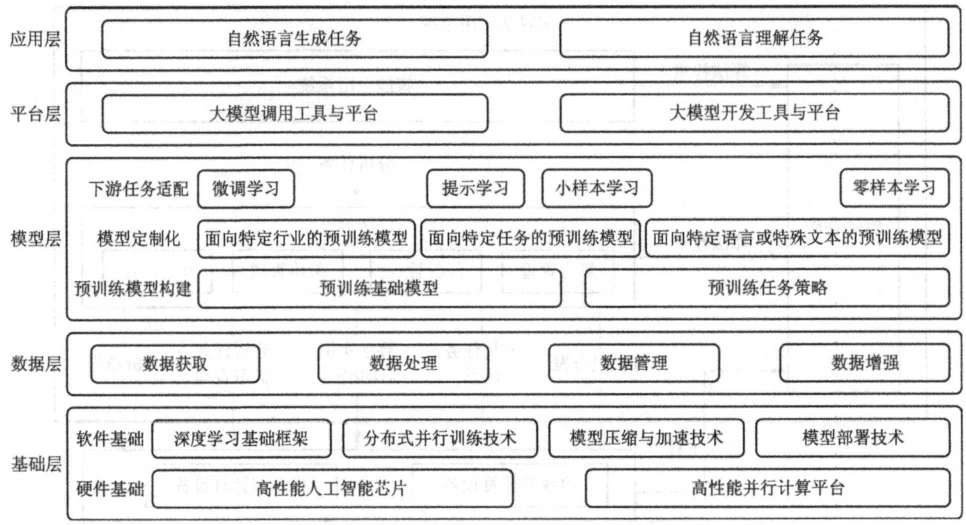

图 5-18 自然语言处理大规模预训练模型技术要求

《人工智能 大规模预训练模型 第 3 部分：计算机视觉》规定了计算机视觉大模型的模型开发流程、功能要求、性能指标、可信赖指标以及测试方法，适用于计算机视觉大模型的模型开发、测试和管理。

《人工智能 大规模预训练模型 第 4 部分：多模态》规定了多模态预训练基础模型方法。该标准适用于多模态基础模型训练、部署和评价，包括多模态数据集、多模态类型、多模态基础模型构建、多模态基础模型服务调用和多模态基础模型评价。多模态数据作为人工智能领域寻求新进展的重要突破点，结合大规模预训练模型和多模态数据是业界趋势，该标准有助于推动大规模预训练模型和多模态数据处理的技术发展和落地应用。多模态大规模预训练基础模型方法如图 5-19 所示。

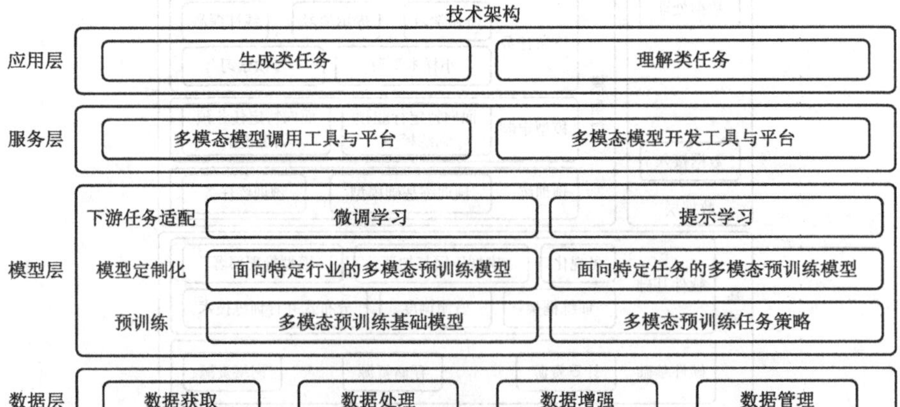

图 5-19 多模态大规模预训练基础模型方法

《人工智能　大规模预训练模型　第 10 部分：应用能力成熟度评估》提出了大模型应用能力评估框架，规定了大模型生产加工平台、工具和模型性能的能力要求指标及评估方法，适用于对大模型应用能力进行全面评估，也可作为指导大模型应用能力建设时的规划、设计和实现。该标准为大规模预训练模型的落地应用服务中的选型指导提供了分类分级依据，如图 5-20 所示。

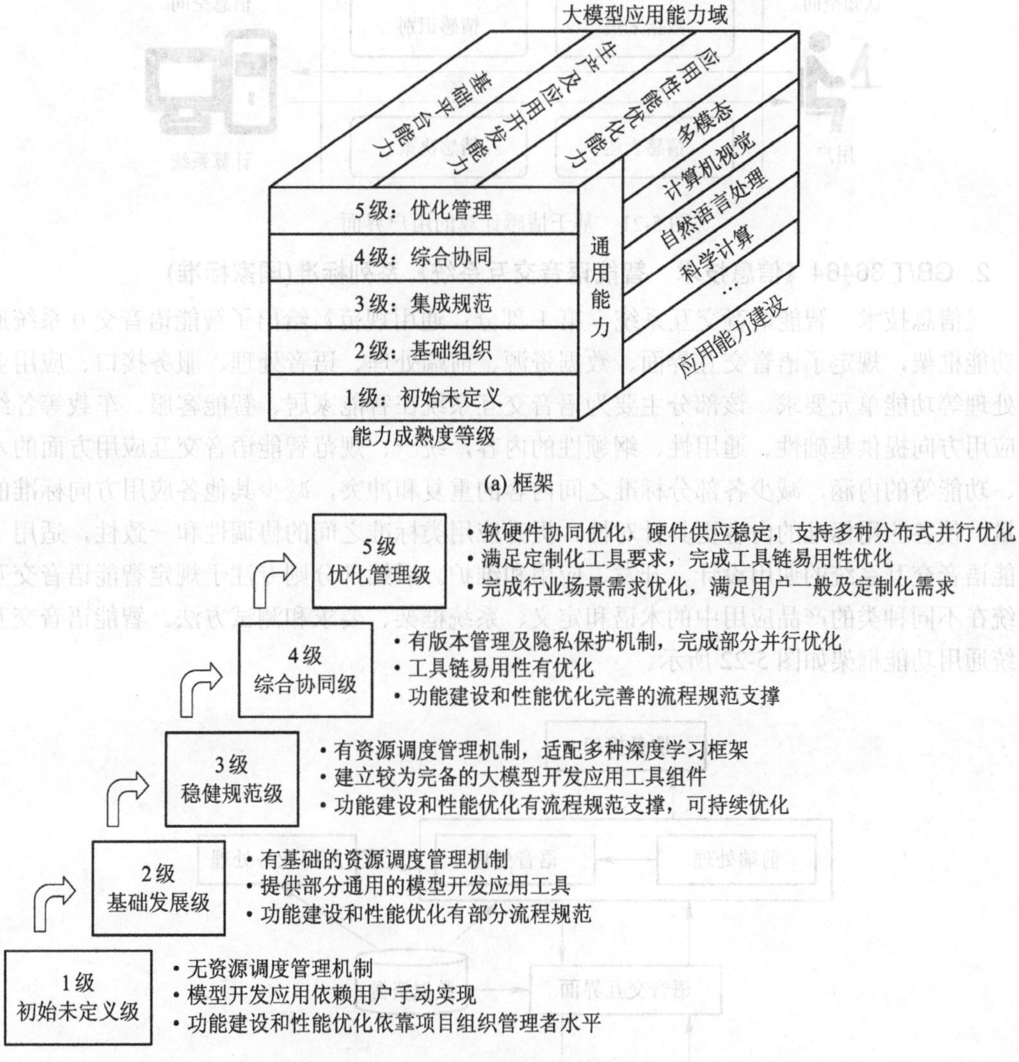

图 5-20　大模型应用能力评估框架及等级分类

5.6.5　关键领域技术类标准

1. GB/T 40691—2021《人工智能　情感计算用户界面　模型》(国家标准)

《人工智能　情感计算用户界面　模型》给出了基于情感计算用户界面的通用模型和交互模型，描述了情感表示、情感数据采集、情感识别、情感决策和情感表达等模块。该标准适用于情感计算用户界面的设计、开发和应用。该标准以情感交互系统产品为基础，调研产品在设计、开发和测试过程中积累的实际经验，并充分考虑终端用户实际可感知的评价维度，对标国内主流的情感交互服务提供商的技术指标，确定情感交互系统的各层级，确定了交互模型。基于情感计算的用户界面如图 5-21 所示。

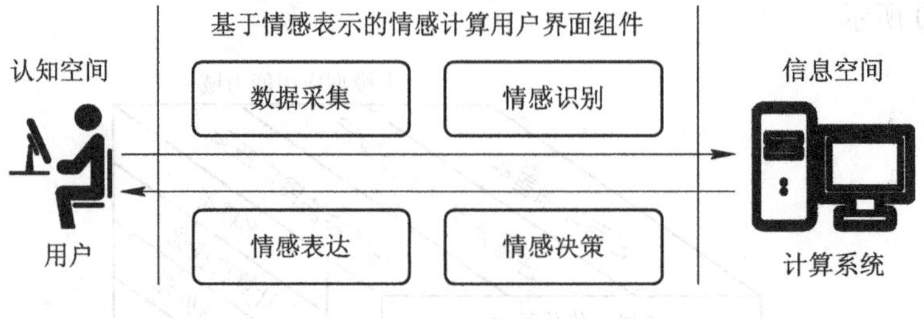

图 5-21　基于情感计算的用户界面

2. GB/T 36464《信息技术　智能语音交互系统》系列标准(国家标准)

《信息技术　智能语音交互系统　第 1 部分：通用规范》给出了智能语音交互系统通用功能框架，规定了语音交互界面、数据资源、前端处理、语音处理、服务接口、应用业务处理等功能单元要求。该部分主要为语音交互系统在智能家居、智能客服、车载等各终端应用方向提供基础性、通用性、纲领性的内容，统一、规范智能语音交互应用方面的术语、功能等的内涵，减少各部分标准之间内容的重复和冲突，减少其他各应用方向标准的容量，使各应用标准的内容更具针对性，提升应用类标准之间的协调性和一致性，适用于智能语音交互系统的通用设计、开发、应用和维护。后续部分则专注于规定智能语音交互系统在不同种类的产品应用中的术语和定义、系统框架、要求和测试方法。智能语音交互系统通用功能框架如图 5-22 所示。

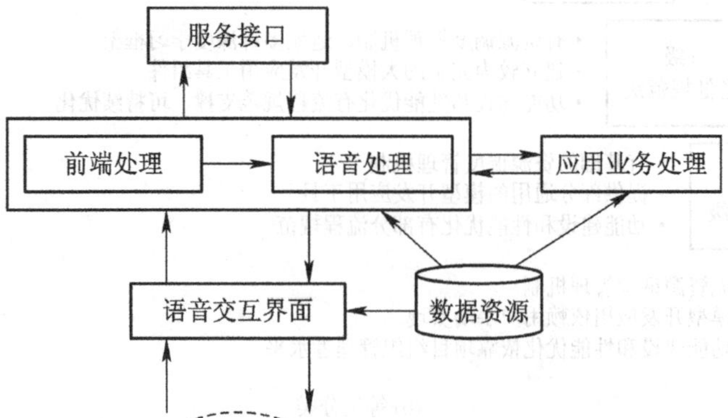

图 5-22　智能语音交互系统通用功能框架

《信息技术　智能语音交互系统　第 2 部分：智能家居》规定了智能家居语音交互系统的术语和定义、系统框架、要求和测试方法，适用于智能家居语音交互系统的设计、开发、应用和维护。智能家居语音交互系统技术框架如图 5-23 所示。

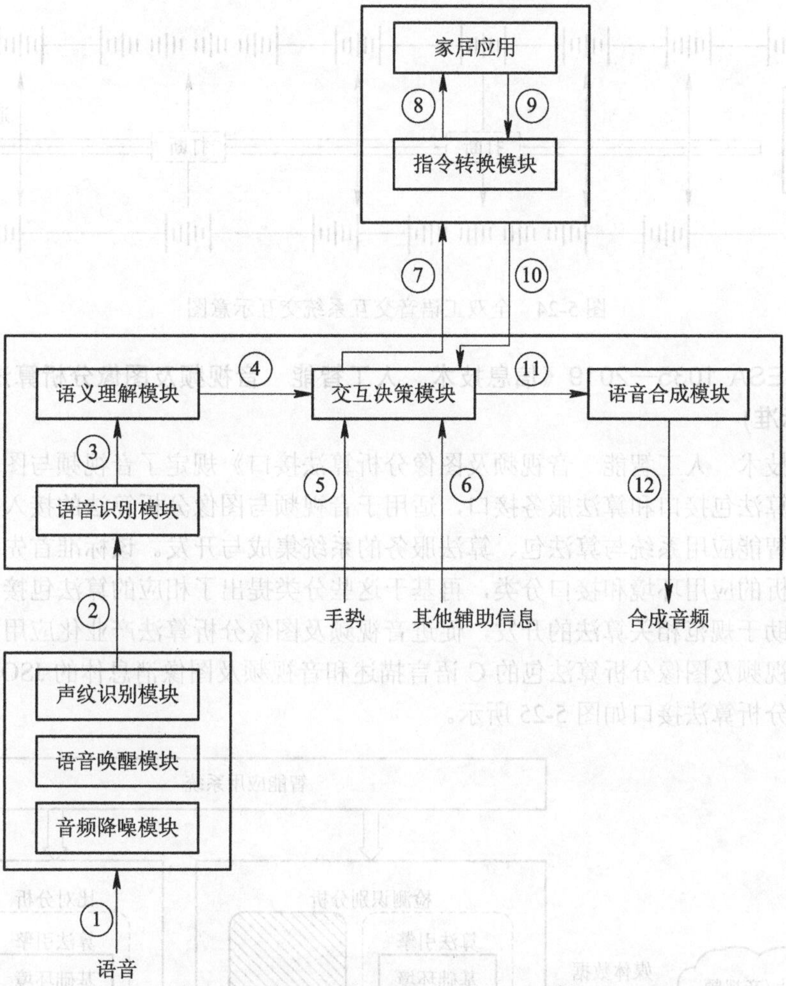

图 5-23　智能家居语音交互系统技术框架

《信息技术　智能语音交互系统　第 3 部分：智能客服》规定了智能客服语音交互系统的术语和定义、系统框架、要求及测试方法。该部分适用于在智能客服领域及相关业务平台实现智能语音交互系统的设计、开发、应用、测试和维护。

《信息技术　智能语音交互系统　第 4 部分：移动终端》规定了移动终端智能语音交互系统的术语和定义、系统框架、要求和测试方法，适用于移动终端智能语音交互系统的设计、开发、应用和维护。

《信息技术　智能语音交互系统　第 5 部分：车载终端》规范了车载终端智能语音交互系统的术语和定义、系统框架、要求和测试方法，适用于车载终端智能语音交互系统的设计、开发、应用和维护。

3. 20213220—T—469《信息技术　全双工语音交互用户界面》(在研国家标准)

《信息技术　全双工语音交互用户界面》给出了全双工语音交互系统的参考架构，规定了其功能要求和性能要求，描述了对应的测试方法，适用于全双工语音交互系统的设计、开发、应用、测试和维护。全双工语音交互系统交互过程如图 5-24 所示。

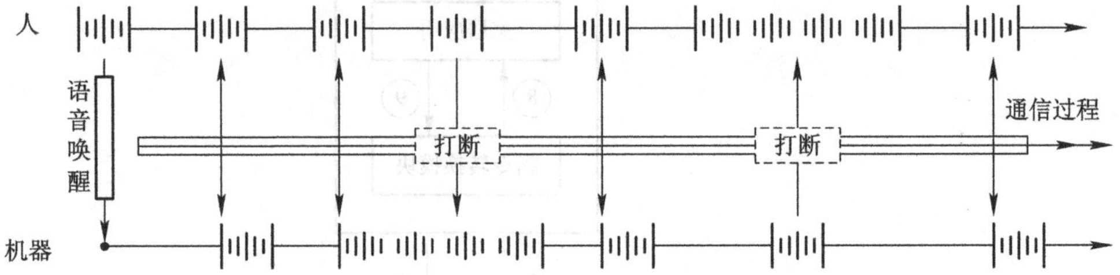

图 5-24　全双工语音交互系统交互示意图

4. T/CESA 1035—2019《信息技术　人工智能　音视频及图像分析算法接口》(团体标准)

《信息技术　人工智能　音视频及图像分析算法接口》规定了音视频与图像分析算法接口，包括算法包接口和算法服务接口，适用于音视频与图像分析算法的接入与应用，也能用于指导智能应用系统与算法包、算法服务的系统集成与开发。该标准首先罗列了音视频与图像分析的应用环境和接口分类，再基于这些分类提出了相应的算法包接口和算法服务接口，有助于规范相关算法的开发，促进音视频及图像分析算法产业化应用。该标准最后还附有音视频及图像分析算法包的 C 语言描述和音视频及图像消息体的 JSON 描述。音视频及图像分析算法接口如图 5-25 所示。

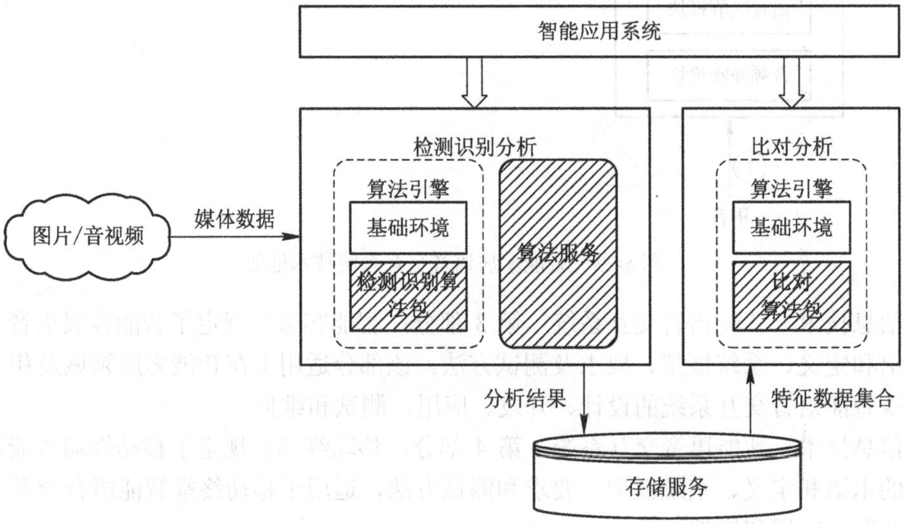

图 5-25　音视频及图像分析算法接口总览

5. T/CESA 1107—2020《基于视频图像的人员追踪系统技术要求和测试方法》(团体标准)

《基于视频图像的人员追踪系统技术要求和测试方法》规定了基于视频图像的人员追踪系统的基本结构、功能和性能要求、测试评价方法。该标准适用于交通、医疗、卫生、教育、旅游、学校、工厂等行业，可利用视频图像系统实现人员追踪的规划、设计、实施(实现)和检验(检测)。基于视频图像的人员追踪系统如图 5-26 所示。

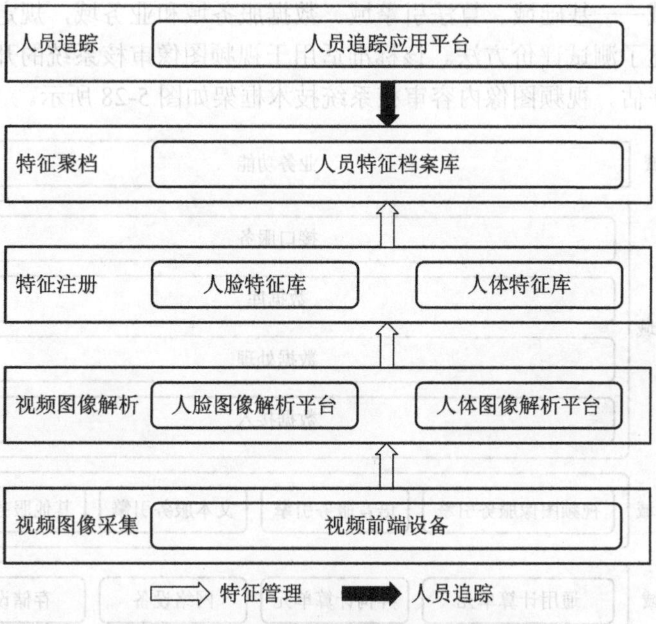

图 5-26　基于视频图像的人员追踪系统

6. T/CESA 1197—2022《人工智能　深度合成图像系统技术规范》(团体标准)

随着深度合成技术日益精湛，深度合成图像已经能够“以假乱真”，对公共安全、个人隐私造成了极大的威胁。《人工智能　深度合成图像系统技术规范》有助于促进深度合成技术的合法合规应用。该标准确立了深度合成图像(含视频)系统的框架，规定了系统技术要求，描述了对应的测试评价方法，适用于深度合成图像系统的设计、开发、测试、评估、管理等。深度合成图像系统的技术框架如图 5-27 所示。

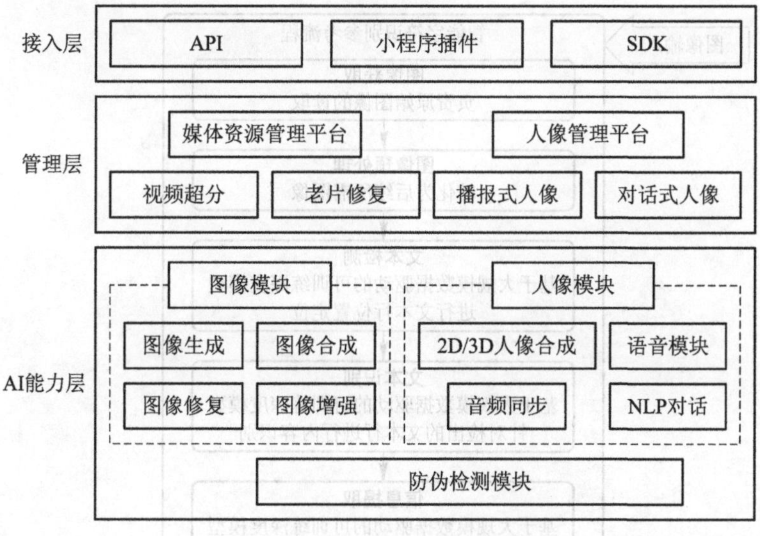

图 5-27　深度合成图像系统的技术框架

7. T/CESA 1198—2022《人工智能　视频图像内容审核系统技术规范》(团体标准)

《人工智能　视频图像内容审核系统技术规范》确立了视频图像审核系统的框架，框架分为四大技术域——基础域、算法引擎域、数据服务域和业务域，规定了框架中业务域的技术要求，描述了测试评价方法。该标准适用于视频图像审核系统的开发方、使用方及第三方进行测试评估。视频图像内容审核系统技术框架如图 5-28 所示。

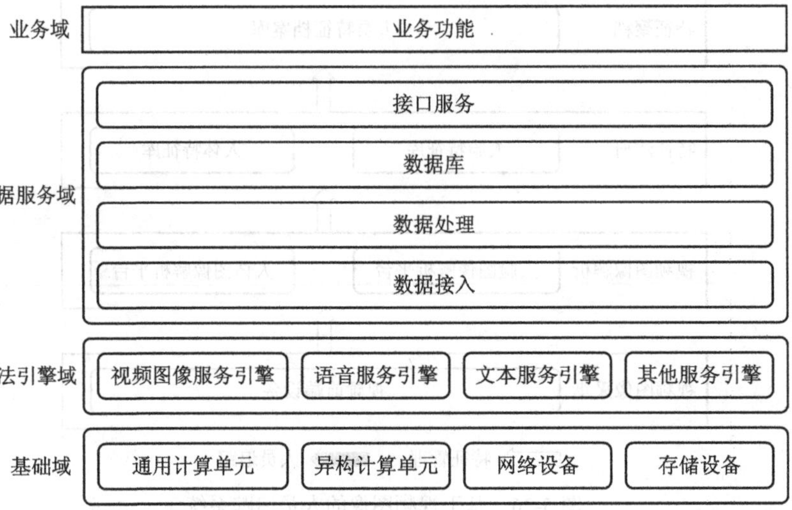

图 5-28　视频图像内容审核系统技术框架

8. T/CESA 1199—2022《人工智能　智能字符识别技术规范》(团体标准)

《人工智能　智能字符识别技术规范》确立了智能字符识别技术参考框架，包括图像输入、图像获取、图像预处理、文本检测、文本识别和信息提取的全参考过程，并规定了功能要求和性能要求，描述了对应的测试方法，适用于智能字符识别产品和服务的设计、开发、应用和测试评价。智能字符识别技术参考框架如图 5-29 所示。

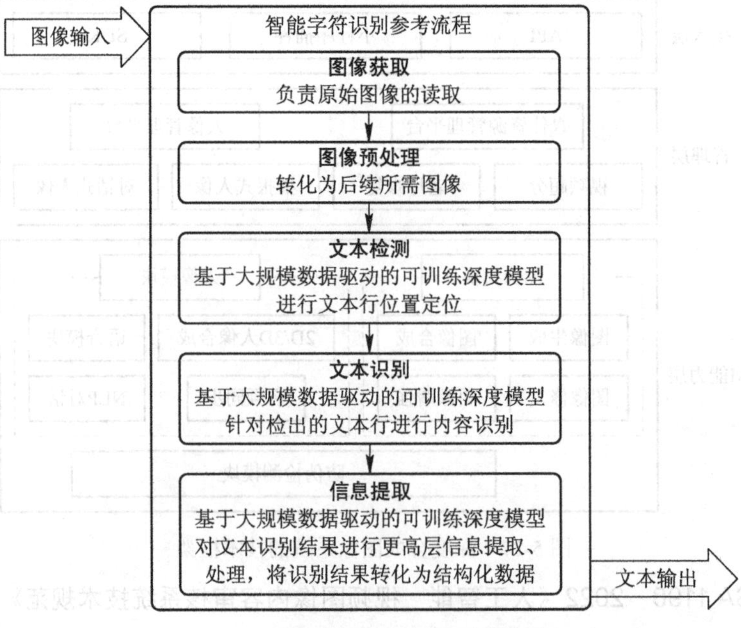

图 5-29　智能字符识别技术参考框架

9. CESA—2021—2—007《信息技术　人工智能　基于深度学习的计算机视觉算法接口技术要求》(在研团体标准)

《信息技术　人工智能　基于深度学习的计算机视觉算法接口技术要求》规定了人工智能计算机视觉算法与深度学习框架、算法与数据集之间所涉及接口的功能和技术要求，适用于基于深度学习的计算机视觉算法开发和应用过程中所涉及应用编程接口的适配和调用。基于深度学习的计算机视觉算法接口技术要求如图 5-30 所示。

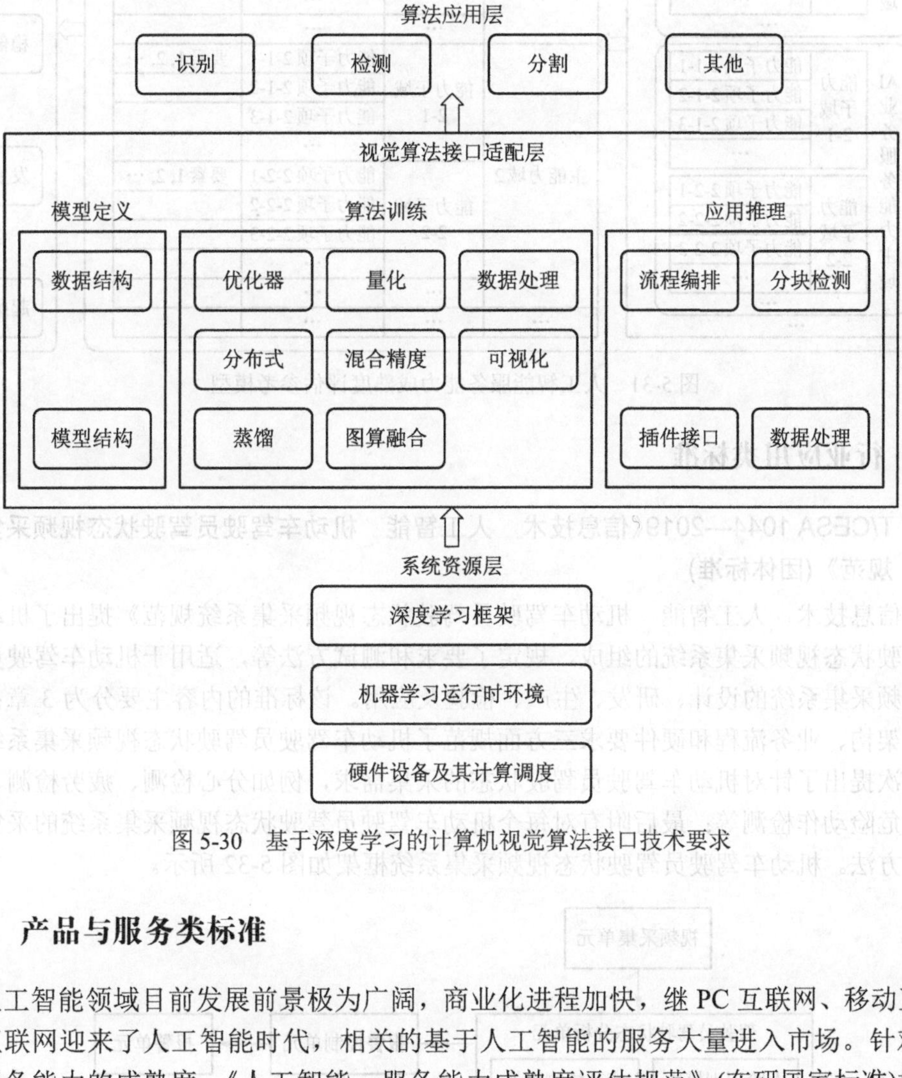

图 5-30　基于深度学习的计算机视觉算法接口技术要求

5.6.6　产品与服务类标准

人工智能领域目前发展前景极为广阔，商业化进程加快，继 PC 互联网、移动互联网后，互联网迎来了人工智能时代，相关的基于人工智能的服务大量进入市场。针对人工智能服务能力的成熟度，《人工智能　服务能力成熟度评估规范》(在研国家标准)根据已发布团体标准 T/CESA 1041—2019《信息技术　人工智能　服务能力成熟度评价参考模型》进行转化，规定了人工智能服务能力成熟度评估规范，规定了成熟度等级、能力框架和评估方法。该标准用于对服务提供商提供的人工智能服务能力的成熟度进行评估，以及对服务能力成熟度模型中某项能力主域、能力子域进行单项评估。人工智能服务能力成熟度评估参考模型如图 5-31 所示。

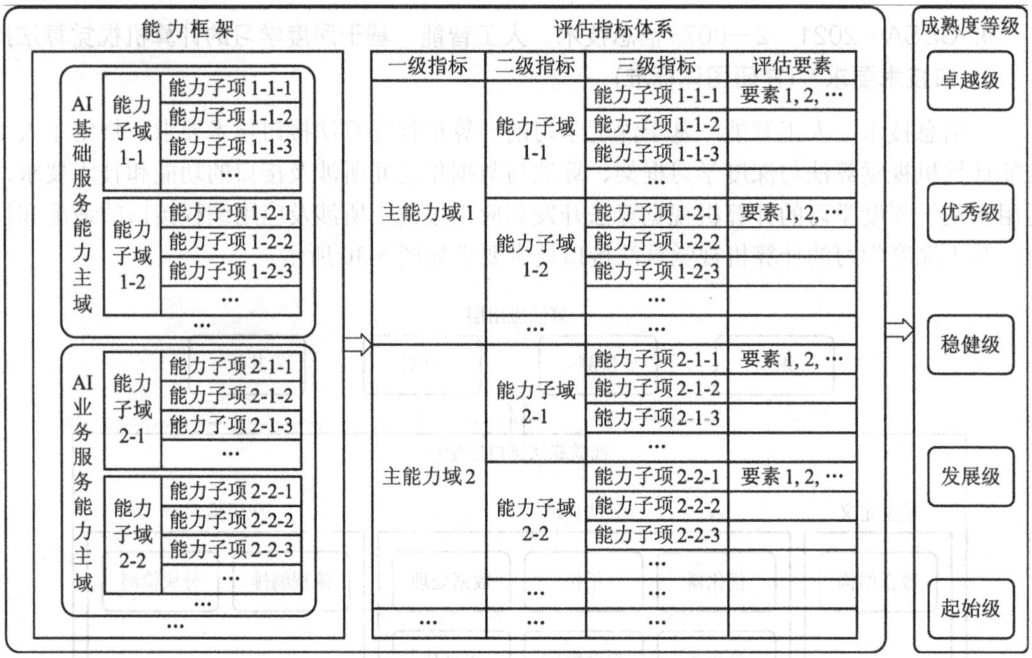

图 5-31　人工智能服务能力成熟度评估参考模型

5.6.7　行业应用类标准

1. T/CESA 1044—2019《信息技术　人工智能　机动车驾驶员驾驶状态视频采集系统规范》(团体标准)

《信息技术　人工智能　机动车驾驶员驾驶状态视频采集系统规范》提出了机动车驾驶员驾驶状态视频采集系统的组成，规定了要求和测试方法等，适用于机动车驾驶员驾驶状态视频采集系统的设计、研发、生产、检验及应用。该标准的内容主要分为 3 章：首先从系统架构、业务流程和硬件要求三方面规范了机动车驾驶员驾驶状态视频采集系统的要求；其次提出了针对机动车驾驶员驾驶状态的采集需求，例如分心检测、疲劳检测、情绪检测和危险动作检测等；最后附有对每个机动车驾驶员驾驶状态视频采集系统的采集模块的测试方法。机动车驾驶员驾驶状态视频采集系统框架如图 5-32 所示。

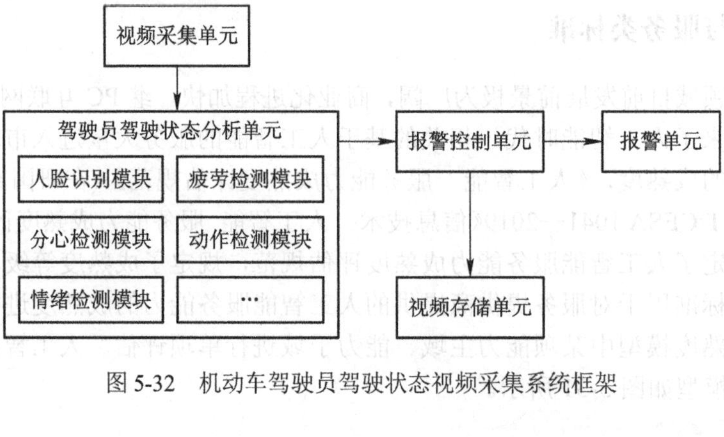

图 5-32　机动车驾驶员驾驶状态视频采集系统框架

2. T/CESA 1108—2020《智能人体温度检测与识别系统技术要求和测试评价方法》(团体标准)

《智能人体温度检测与识别系统技术要求和测试评价方法》规定了智能人体温度检测与识别系统的基本构成、功能和性能要求、测试评价方法以及系统建设要求。该标准适用于医院、社区、学校等各行业利用智能人体温度检测与识别系统实现红外成像面部温区精准识别、红外图像测温、发热人员区分等的规划、设计、实施(现)和检验(检测)。智能人体温度检测与识别系统框架如图 5-33 所示。

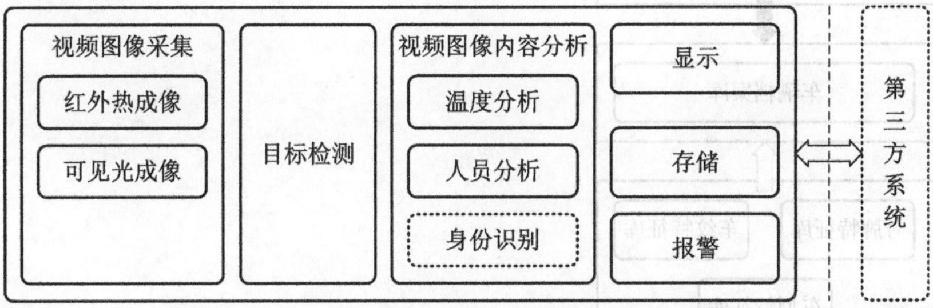

图 5-33　智能人体温度检测与识别系统框架

3. T/CESA 1109—2020《智能医疗影像辅助诊断系统技术要求和测试方法》(团体标准)

《智能医疗影像辅助诊断系统技术要求和测试方法》规定了计算机视觉领域的智能医疗影像辅助诊断系统的基本功能结构和功能要求、影像数据要求、临床测试评价方法等。该标准适用于医疗机构、研究机构、企业等对智能医疗影像辅助诊断系统的设计、研发和管理，其他相关领域可参考使用。智能医疗影像辅助诊断系统框架如图 5-34 所示。

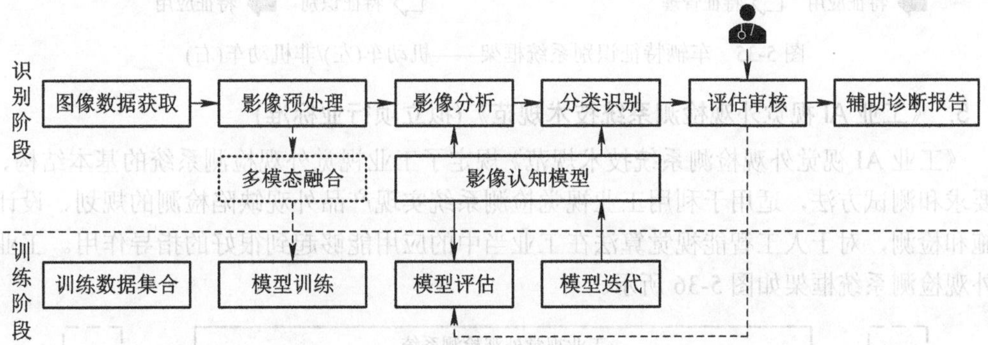

图 5-34　智能医疗影像辅助诊断系统框架

4. 《人工智能　车辆特征识别系统技术规范　第 1 部分：机动车》《人工智能　车辆识别系统技术规范　第 2 部分：非机动车》(拟立项行业标准)

《人工智能　车辆特征识别系统技术规范　第 1 部分：机动车》《人工智能　车辆

识别系统技术规范 第2部分：非机动车》规定了视频图像车辆和非机动车辆特征识别系统的基本结构、功能和性能要求、测试评价方法。该系列标准适用于公共安全、交通运输、路政规划、应急救援等行业利用视频图像实现不同种类的车辆身份识别、车辆轨迹分析等系统功能的规划、设计、实施(实现)和检验(检测)。车辆特征识别系统框架如图5-35所示。

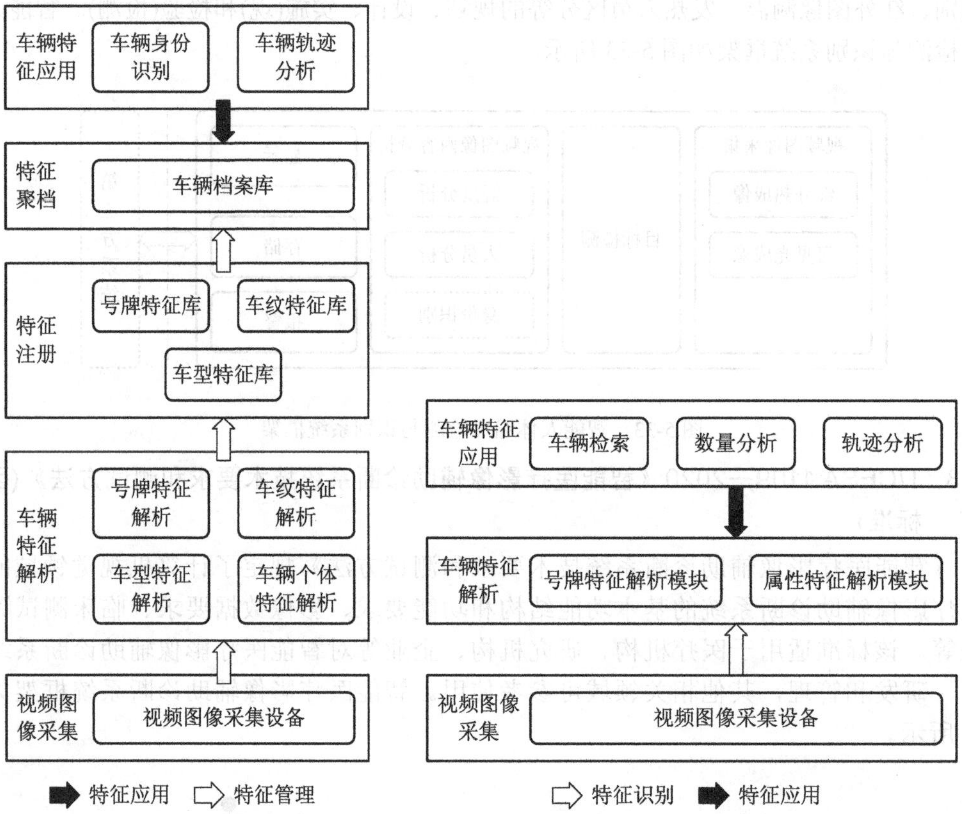

图5-35　车辆特征识别系统框架——机动车(左)/非机动车(右)

5. 《工业AI视觉外观检测系统技术规范》(拟立项行业标准)

《工业AI视觉外观检测系统技术规范》规定了工业视觉外观检测系统的基本结构、技术要求和测试方法，适用于利用工业视觉检测系统实现产品外观缺陷检测的规划、设计、实施和检测，对于人工智能视觉算法在工业当中的应用能够起到很好的指导作用。工业视觉外观检测系统框架如图5-36所示。

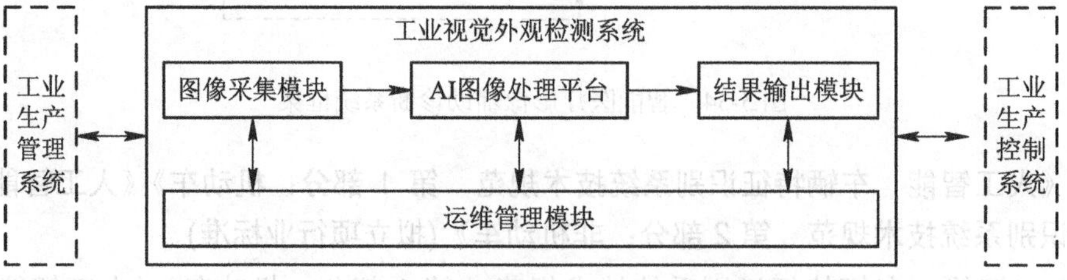

图5-36　工业视觉外观检测系统框架

6. 《面向电子行业的工业 AI 视觉在线检测系统技术规范》(拟立项行业标准)

《面向电子行业工业 AI 视觉在线检测系统技术规范》规定了面向电子行业的工业视觉在线检测系统的基本框架、功能要求、性能要求及和测试方法，适用于电子行业器件错漏反、异物检测、工业 OCR、零部件及外观缺陷检测等场景的规划、设计、实施和检测。面向电子行业的工业 AI 视觉在线检测系统框架如图 5-37 所示。

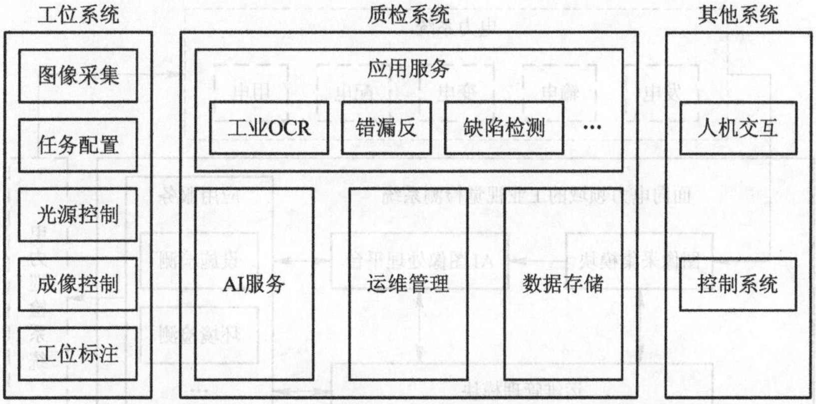

图 5-37　电子行业的工业视觉在线检测系统框架

7. 《面向煤炭行业的工业 AI 视觉在线检测系统技术规范》(拟立项行业标准)

《面向煤炭行业工业 AI 视觉在线检测系统技术规范》规定了面向工业视觉在线检测系统在煤炭生产领域应用的术语和定义、装备技术规范、识别与检测功能要求等。该标准适用于煤炭开采行业实现产品—人员—环境—设备的视觉异常状态的规划、设计、实施和检测，同样适用于金、铁、铝等非煤矿领域的视觉异常状态的规划、设计、实施和检测。面向煤炭生产行业的工业 AI 视觉在线检测系统框架如图 5-38 所示。

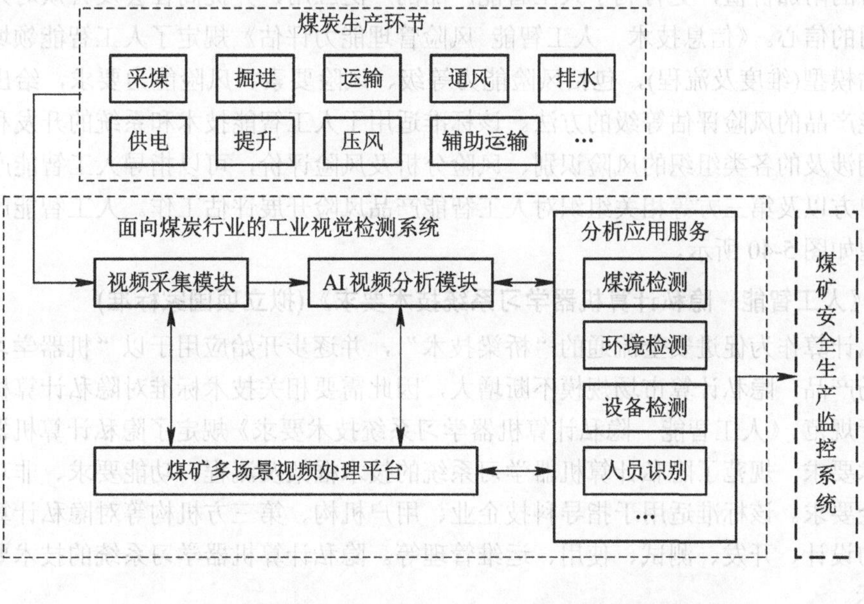

图 5-38　面向煤炭生产行业的工业 AI 视觉在线检测系统框架

8. 《面向电力行业的工业 AI 视觉在线检测系统技术规范》(拟立项行业标准)

《面向电力行业工业 AI 视觉在线检测系统技术规范》规定了面向电力行业的工业视觉在线检测系统的整体架构、功能要求、性能要求和测试方法，适用于在电力系统中利用工业视觉在线检测系统实现设施检测和环境检测的规划、设计、实施和检测。面向电力行业的工业 AI 视觉在线检测系统如图 5-39 所示。

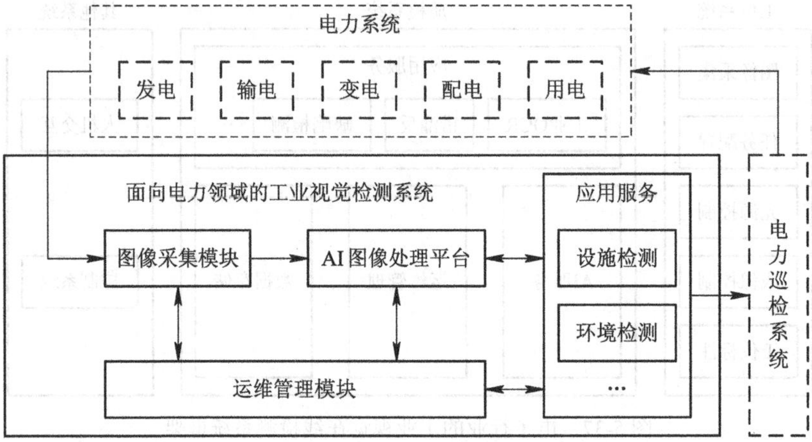

图 5-39　面向电力行业的工业 AI 视觉在线检测系统

5.6.8　安全/伦理类标准

1. T/CESA 1193—2022《信息技术　人工智能　风险管理能力评估》(团体标准)

良好的风险评估有助于降低产品失败的概率，避免可能的资金与时间损失，相对提高企业本身的附加价值，更有利于人工智能产品的广泛应用，并提高社会及公众对人工智能产品使用的信心。《信息技术　人工智能　风险管理能力评估》规定了人工智能领域产品的风险评估模型(维度及流程)，包括风险能力等级、风险要素、风险能力要求，给出了判定人工智能产品的风险评估等级的方法。该标准适用于人工智能技术和系统的开发和应用全生命周期涉及的各类组织的风险识别、风险分析及风险评价，可以指导人工智能产品开发方、用户方以及第三方等相关组织对人工智能产品风险开展评估工作。人工智能产品风险评估模型如图 5-40 所示。

2. 《人工智能　隐私计算机器学习系统技术要求》(拟立项国家标准)

隐私计算作为促进安全流通的“桥梁技术”，并逐步开始应用于以“机器学习”为代表的市场产品，隐私计算市场规模不断增大，因此需要相关技术标准对隐私计算机器学习系统进行规范。《人工智能　隐私计算机器学习系统技术要求》规定了隐私计算机器学习系统的技术要求，规范了隐私计算机器学习系统的技术框架及流程、功能要求、非功能性要求和安全要求。该标准适用于指导科技企业、用户机构、第三方机构等对隐私计算机器学习系统的设计、开发、测试、使用、运维管理等。隐私计算机器学习系统的技术要求如图 5-41 所示。

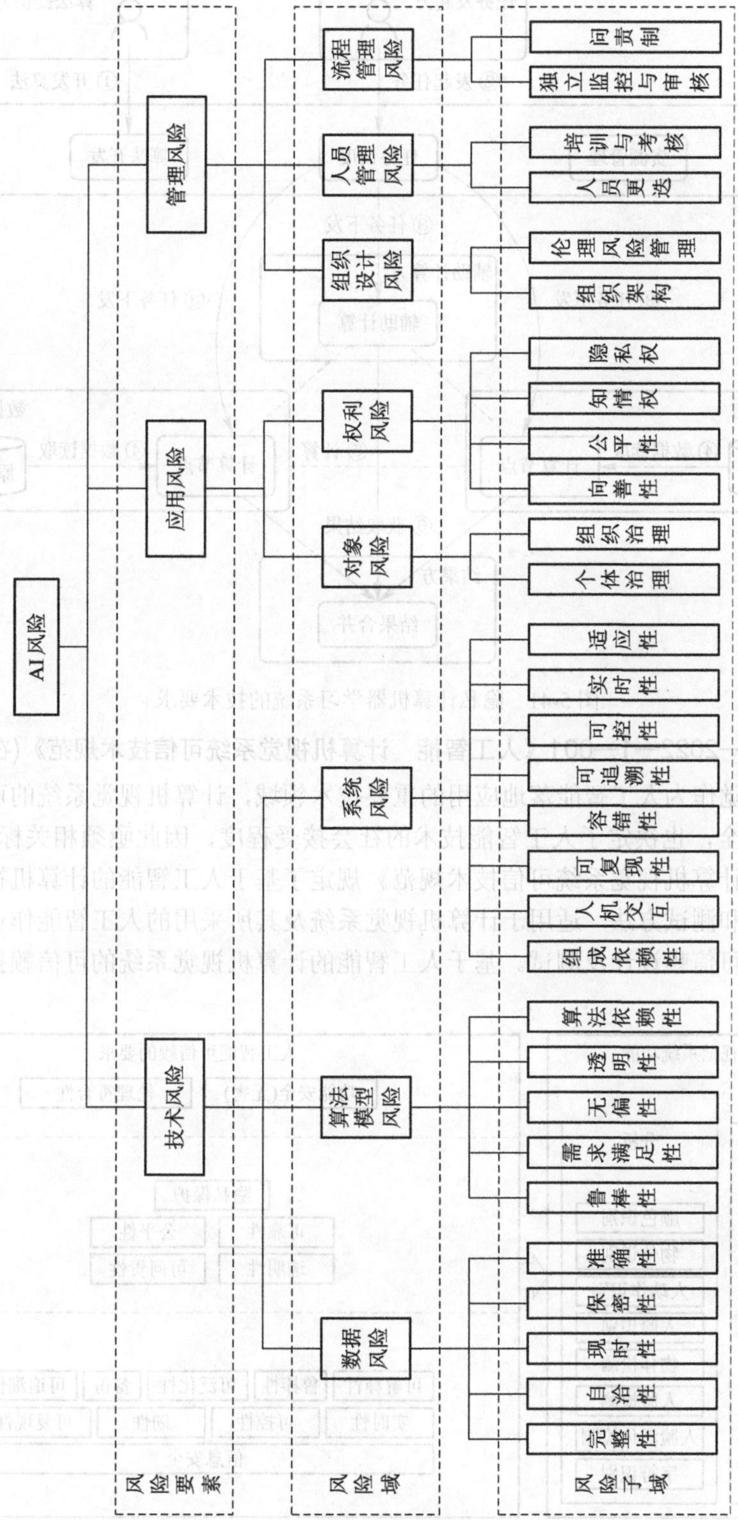

图 5-40　人工智能产品风险评估模型

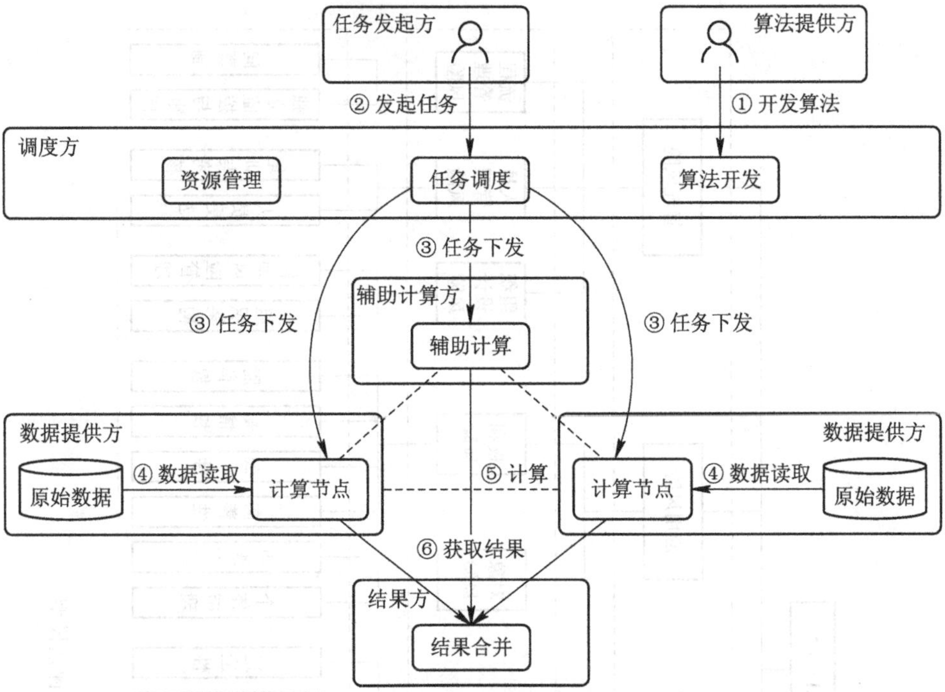

图 5-41　隐私计算机器学习系统的技术要求

3. CESA—2022—1—001《人工智能　计算机视觉系统可信技术规范》(在研团体标准)

计算机视觉作为人工智能落地应用的重要技术领域，计算机视觉系统的可信水平直接关系用户的安全，也决定了人工智能技术的社会接受程度，因此亟须相关标准进行规范。《人工智能　计算机视觉系统可信技术规范》规定了基于人工智能的计算机视觉系统的可信赖技术要求和测试方法，适用于计算机视觉系统及其所采用的人工智能作业处理硬件、软件和模型的可信赖设计及测试。基于人工智能的计算机视觉系统的可信赖技术要求如图5-42 所示。

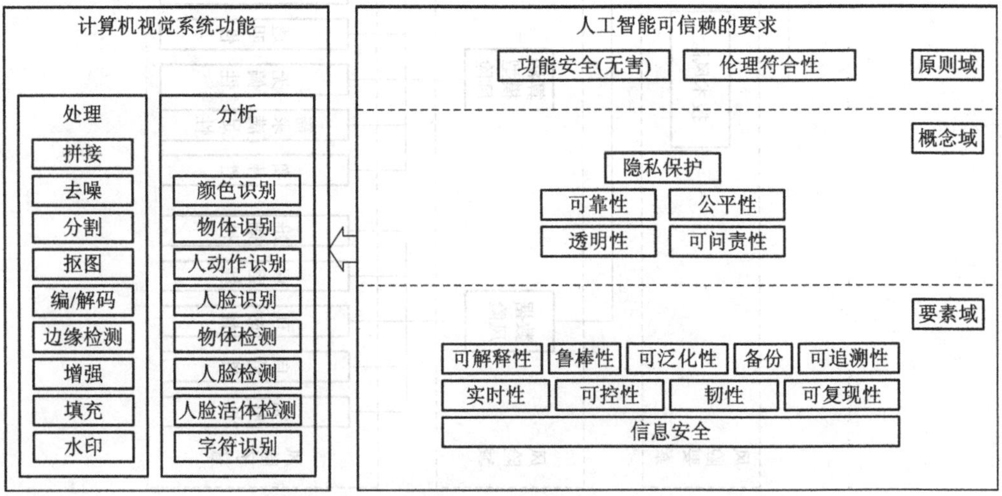

图 5-42　基于人工智能的计算机视觉系统的可信赖技术要求

4. 《人工智能　可信赖规范》(拟立项系列团体标准)

可信赖人工智能作为国内外人工智能领域的热点，对人工智能技术的落地和产业的发展有着至关重要的作用。《人工智能　可信赖规范》将作为系列标准推进，第 1 部分将给出人工智能可信赖的通用要求和技术框架，后续部分则将围绕不同人工智能应用中的可信赖要求开展标准化。

《人工智能　可信赖规范　第 1 部分：通用要求》规定了人工智能技术中涉及可信赖规范中的术语和定义、可信赖框架、系统漏洞防范、可信赖测试与评估等通用要求。该标准将适用于指导人工智能领域技术人员在人工智能算法模型、人工智能数据集、含人工智能的计算机系统相关的开发中开展可信赖规范的设计与实施。

《人工智能　可信赖规范　第 2 部分：计算设备》规定人工智能计算设备可信赖的技术范畴，技术特性能力要求，测试原则、方法和流程，适用于人工智能计算设备可信赖技术特性的规划、设计、研制，也可为人工智能计算设备可信赖技术能力实测和综合评价提供依据和方法指引。人工智能计算设备可信赖的技术框架如图 5-43 所示。

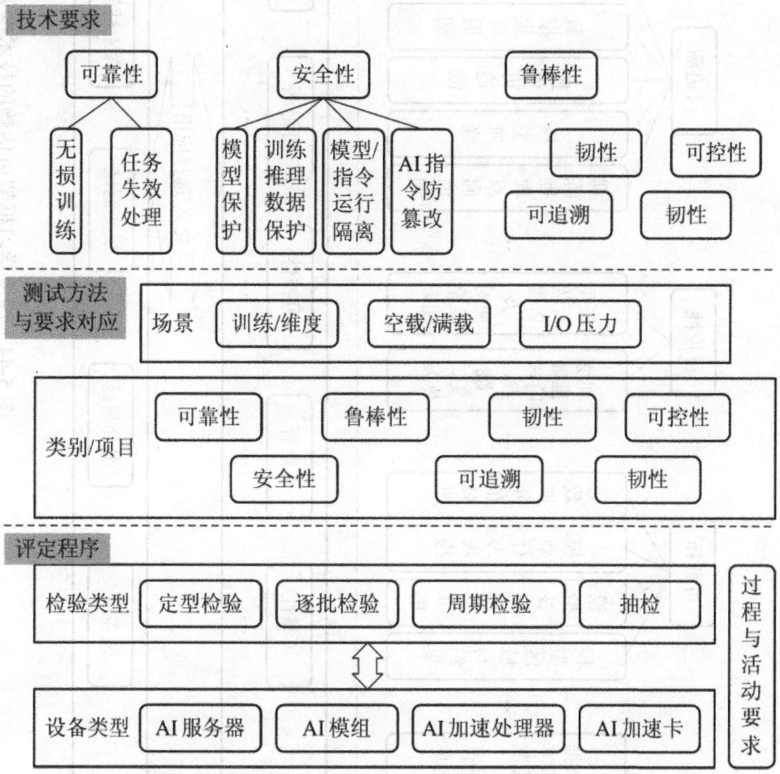

图 5-43　人工智能计算设备可信赖的技术框架

《人工智能　可信赖规范　第 3 部分：深度学习软件框架》规定深度学习框架可信赖的技术内涵和范畴，对特性提出技术要求及检测方法，适用于深度学习框架可信赖技术能力建设及测试，也可用于基于深度学习的 AI 系统的可信赖能力技术特性的规划、设计、实现和检测。深度学习框架可信赖的技术框架如图 5-44 所示。

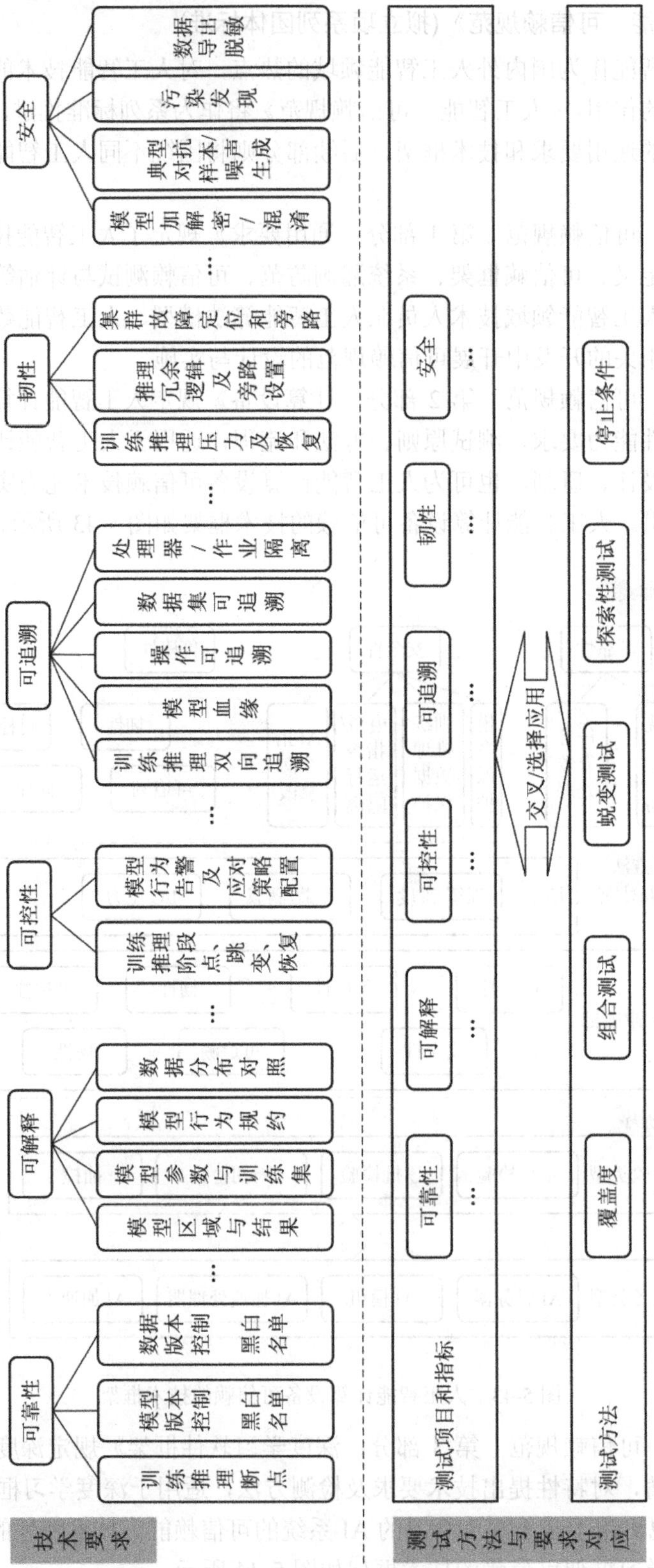

图 5-44　深度学习框架可信赖的技术框架

5.7　人工智能标准化研究面临的挑战及下一步工作建议

5.7.1　人工智能标准的特点与研究展望

科学技术是标准化的坚实基础。“标准必须建立在科学、技术和经验的综合成果基础上”，这是标准具有科学性、先进性的坚实基础。同时，标准化过程是一个不断制定标准又不断进行修订的过程，这个过程本身就足以表明它是积累科学成果和实践经验的一种形式，并且这种形式比其他系统更全面、更广泛、更有计划和组织性。标准是各方利益协调的产物，协商一致的共识，使得标准在社会生活和科技发展中的权威性日渐增强。

与此同时，标准化又为科技创新、科技进步搭建平台，为科技进步创造前提条件。这就是标准化与科技进步之间相互促进、相互保证、协同发展的关系。创新是事物发展过程中的转折点或者说是一次跳跃、一次质变。而这种转折、跳跃或质变的发生是有前提条件的。条件具备就有创新的可能，条件不具备，想创新也创不出来。标准化对创新来说似乎是矛盾的、互相对立的，其实它们是对立统一的。科学地开展标准化不仅不会限制创新，而且恰恰是为创新准备必要的条件，可以说标准化是创新的平台，是技术积累的平台、提高创新效率的平台和创新成果扩散的平台。

1. 技术积累的平台

技术创新意味着对原有技术的变革，这种变革的形式有时是不显著的，有时则是跳跃式的。或者说，技术创新既有渐进性创新，也有突破性创新。渐进性技术创新往往表现为在一定的技术框架之内，一代人甚至几代人进行较长时间的经验和技术的积累。标准化过程本身就是知识和经验的积累。标准制定中最关键的一环就是把该领域的实践经验和科学成果加以总结和提炼，纳入标准。因为有了标准化这个平台，创新活动才有立足点和坚实的基础；也正因为有了标准化这个平台，创新才不至于一切从头摸索和从零起步。

2. 提高创新效率的平台

在当今的市场竞争中，决定胜负的关键是企业的竞争力，而企业的创新能力则是竞争力的核心或者说是企业的核心竞争力。谁能抢先一步把新技术、新产品开发出来，谁就有了抢占市场的优势。标准化在这里为创新者准备了一个平台，凭借这个平台，可以最大限度地提高技术和产品的创新、开发效率。通过标准化平台，可以使企业积累的标准化优势随着市场的变化不断延伸，形成一个以不变应万变、以少变求多变的产品发展平台。企业一旦把这样的平台搭建起来，就可以得心应手地应对市场的风云变幻。

3. 创新成果扩散的平台

创新成果的传播扩散是创新活动的最后环节，也是关键性的环节。

通过技术创新取得预定成果固然非常重要，没有成果就是失败，一切都无从谈起，但仅仅有了成果并未达到最终目的。尤其是重大技术攻关的成果，是要推广应用的，只有产泛应用才能收到应有的效益，达到创新的目的。如果取得的成果未能推广应用而被束之高阁，那也是种失败。

创新成果的传播扩散有多种途径。标准化是较好的途径之一，这是因为标准的科学性已被广泛认同，人们对广告等宣传通常持怀疑态度，而对标准则从不怀疑。因此，创新成果一旦转化为标准，就会被潜在的使用者接受。而且，标准的权威性是无声的命令，凡标准化了的产品和技术，即使不加任何强制，工程师在进行产品设计时都会自觉选用，采购人员也会优先采购。标准化的创新扩散作用，不仅可以使创新企业获得可观的经济效益，更重要的是通过技术创新扩散过程的展开所产生的累积效应，可以对整个国民经济的运行产生重大影响。

创新与标准化的这种交互扩散所产生的影响可以称为“交互扩散效应”，它既是揭示标准化与创新之间关系的一把钥匙，又可能是探索市场经济条件下标准化内在规律的切入点。

在市场竞争中，技术优势是重要的竞争优势，标准化是培育技术优势的土壤。一方面，标准化能帮助企业形成技术优势，保持技术优势；另一方面，当客观形势发生变化时，标准化又能使企业发展优势，延伸优势。通用化、系列化、组合化、模块化等标准化形式都是使企业取得技术优势的有效途径。

在国际经济竞争日益加剧的环境下，“全球标准”已成为最具技术优势的标准，除国际标准外，还有各种类型的“事实上的标准”，都起着全球标准的作用。这个领域竞争的胜负对国家经济利益有至关重要的影响，也正是基于这样的原因，许多国家把标准化提到关系一个国家的科技创新能力和经济安全的高度来考虑并制定标准化发展战略。

5.7.2 人工智能标准化研究面临的问题及挑战

在全面创新的新世纪，传统的标准化遇到了来自方方面面的挑战。也正是这种挑战所形成的压力，推动着标准化创新。当今的标准化是工业化时代的产物，即所谓的传统工业的产物，标准化的某些观念、理论和方法，是从这个传统工业所固有的特性中派生出来的，并且为这个传统工业的体制和生产方式服务，在中国则是为计划经济体制服务的。这个过程已经在全世界延续了一个世纪，在中国也有几十年之久。标准化的理论、原则，乃至标准化工作者头脑中的观念和方法论无不受到它的制约和影响。例如，传统的机器大工业的显著特征之一是大批量生产，它长期以来是标准化工作者竭力提倡的先进的生产组织形式。因为有了这个大批量生产才使标准化显现出威力和效果。事实也的确如此，托夫勒概括了工业化社会的六大特征，首当其冲的就是标准化。标准化确实为这个时代立下了汗马功劳，有的学者甚至把这个时代称为 “标准化时代”。然而，随着经济的发展和技术的进步，这种生产组织形式渐渐失去了优势。尤其在市场需求日益呈现个性化、多样化和瞬息万变的情况下，它必将为更先进的生产组织形式所取代，在某些领域已让位给多品种、小批量生产乃至定制式生产的组织形式。面对一系列变革，标准化该怎么办？这就是挑战，这个挑战不是一般的挑战，它要求标准化将自身的理论基础从工业经济时代转向知识经济时代，从为计划经济服务转向为市场经济服务，从适应大量生产的要求拓展到适应个性化、多样化需求和市场形势质变的要求，以及适应经济全球化的要求。

首先，标准的功能是统一和固定。如果标准对象选择不当，该统一的没统一，该固定的没固定，或者把不该统一的统一了，不该固定的固定了，或者制定标准的时机不当，该及早制定的标准制定迟了，不该出台的标准却抢先出台了，就会导致对产业发展产生严重的负面作用。特别对于人工智能这种新兴领域，很多技术尚未成熟或固化，对标准化对象的选择和标准化时机的判断尤为重要，由于标准制定者决策不当造成的不恰当统一和不合理的固定所带来的负面作用常常持久而巨大，具有隐蔽和不易调整的特征，会束缚开发者的创造力。另外，标准作为一种公共资源，必须具有公正、公平的属性，未经协调或协调不充分的标准常常会显现倾向性，这样的标准不仅会产生负面效果，还会损害标准的公信力，降低全社会的标准化意识。标准化作为一项技术政策，由于人的主观性以及客观存在的不确定性，注定了风险始终存在，这就要求对每一项标准的决策都要采取慎重态度，在相关各方之间找到一个平衡点，进行充分的协调和必要的技术经济论证，为利益相关者提供一种最佳选择，把风险发生率降至最低限度。

随着人工智能数据、算法、算力生态条件的日益成熟，我国人工智能产业发展迎来了新的挑战与机遇，智能芯片、智能无人机、智能网联汽车、智能机器人等细分产业，以及医疗健康、金融、供应链、交通、智能制造、家居、轨道交通等人工智能重点应用领域发展的势头尤为良好。我国人工智能产业飞速发展，与之相伴的个人隐私、信息安全、伦理道德等问题也依然是人工智能产业发展中面临的巨大问题。针对这些现实问题，标准化作为人工智能产业发展的基础性、支撑性和引领性手段，人工智能标准化工作面临着巨大的困难和挑战，具体表现在以下几个方面：

(1) 业界对人工智能的概念、内涵、应用模式、智能化水平等尚难达成共识，导致标准化工作中一些基础理论标准、底层框架类等基础标准研制工作尚需进一步加强。人工智能具体技术更新迭代快速，只有足够了解技术细节才能提取出标准化要点，在保证标准基础性的前提下拓宽深度和广度，并延长标准的时效性。

(2) 标准化工作力度落后于产业发展速度。近年来，我国的人工智能技术、应用飞速发展，人工智能标准化工作稍显滞后，标准体系建设不够完善，仍存在标准不配套、不协调、组成不合理的问题。这些问题制约着人工智能技术创新发展和产业链条完善发展。人工智能是个快速发展的技术领域。因此，人工智能标准需要具有一定的前瞻性，更应具备一定深度。标准所规定的内容，当前的产业技术水平不一定能完全做到，但应提供技术前进的正确方向和要求，起到标准引领产业、技术发展的作用。各个层面的标准化组织都需要设法缩短制定标准的周期，标准化要与技术的发展同步，采用系统工程和综合标准化的方法，有效支持产业创新，让产品标准具有及时性和配套性，及时跟上技术发展的步伐。

(3) 标准化工作需要统筹协调推进。由于人工智能核心技术交叉性较强，各种技术的应用场景非常多且复杂，因此涉及不同的管理部门、领域、厂商等。人工智能标准涉及共性技术领域较多，也涉及不同的标准化技术委员会，从而导致不同组织机构、不同标委会对于在人工智能领域的标准化工作边界一直不明晰。人工智能标准化工作需要统筹协调，明确各相关单位的工作边界及职责，做好人工智能标准化顶层设计，避免标准化工作交叉。并且，人工智能产业链长，需要全产业链企业广泛参与人工智能标准化，用标准促进人工智能产业链上下游互联互通，促进我国整个人工智能领域良性发展。标准化组织要制定积极合理的知识产权政策，企业也需要制定正确的标准和知识产权战略，尽快把自己能够公开的创新成果制定成标准，以赢得市场的领先地位。

(4) 标准化工作的推进尚需更多的主体参与。作为国内外关注的前沿技术，行业巨头正在加快谋篇布局，我国在人工智能领域创新能力有待进一步提升，机器学习、自然语言处理等标准化工作需要国内技术研发机构、产业中龙头企业、技术领先机构等更多的主体来参与和支撑。另外，应鼓励中小企业加入标准化工作当中，不但能够预防“科技巨头”通过标准形成技术垄断，也能够促进企业交流、技术融合、共同进步。面对标准化组织多样化，传统标准化组织要与产业联盟等组织形成积极的互动关系，要建立特殊程序，让联盟组织制定的标准通过有效渠道进入公认的标准化组织的体系之中。

(5) 伦理道德、隐私安全问题仍是亟待解决的问题。随着5G时代的来临，人工智能相关伦理道德及法律问题、隐私保护、信息安全等仍然是人工智能标准化工作亟待解决的问题。未来，人工智能系统的可信赖将会如今天的网络安全一样成为智能系统的必备特质。发展人工智能可信赖发展环境需要深入研究人工智能的伦理风险，建立可操作、可信任、可解释的数据、算法、应用的风险防范措施，建立开放包容的监管制度，同时需要研究人工智能可信赖标准体系(能力要求、测试方法)，制定人工智能合规应用的规范指南，加强人工智能道德伦理标准、隐私保护、信息安全等领域标准，并成体系地应用到具体领域中，把握人工智能“科技向善”的大方向。

(6) 人工智能国际标准化工作需进一步加强。近年来，我国人工智能标准化工作虽发展迅速，但在国际上仍稍显落后，影响力不足。应加大我国人工智能国际标准化工作力度，融入全球人工智能治理框架，发挥我国大市场、产业链完备以及数据规模优势，在新技术应用领域提升数字空间的国际影响力。政府要正确利用标准在产业创新中的杠杆作用，制定合理有效的公共政策，有效支持产业的自主创新，支持节约能源和资源、保护环境、食品安全、信息安全等标准，要支持在总体上能够代表公共利益的公标准，防止一个企业或少数企业的私标准在市场中形成垄断。

综上所述，人工智能技术发展及其标准化的特点对传统标准化形成了极大挑战。人工智能技术具有新颖性、生命周期大大缩短等特点，而传统标准化组织的体制和机制过于僵化，制定标准的周期过长，无法满足人工智能技术的发展要求，以至于很多创新技术标准转而寻求具有快速标准制定程序的新型标准化组织。致使ISO、IEC、ITU等国际组织以及各国家标准化组织的国际影响力有下降的趋势。标准化组织的多元化发展更让传统标准化组织感受到了极大的威胁。人工智能技术的知识密集性和学科之间的渗透发展让标准化原有的传统领域划分产生了极大的不适应，所制定的标准不注重形成体系、不注重配套性的方法让传统标准化缺乏竞争力，无法满足人工智能技术的发展。标准和知识产权之间的绑定关系让有的人工智能技术标准能够在市场中占据制高点，成为产业竞争的重要战略武器，但是传统标准化组织曾经长期采取回避知识产权问题的态度，使得这类组织一度处于极为被动的地位，这也是造成标准化组织多元化发展的重要原因。由于人工智能技术快速扩散对人类安全造成新的威胁与日俱增，标准化组织如何应对迫在眉睫。企业、各级标准化组织和政府必须积极应对才能在竞争和发展中立于不败之地。

5.7.3 人工智能标准化研究下一步工作重点建议

基于人工智能技术和产业发展现状，结合标准化工作进展及标准体系建设情况，提出我国人工智能标准化重点工作建议。

(1) 完善工作机制，助力产业健康可持续发展。

人工智能正在与实体经济深度融合，人工智能标准化工作呈现出多领域协同参与的态势。一是通过全国信标委人工智能分技术委员会(SAC/TC 28 /SC 42)统筹推进人工智能、物联网、云计算、大数据等新一代信息技术领域的标准化工作，加强人工智能在垂直领域的应用；二是发挥好国家人工智能标准化总体组平台作用，协调实体经济相关领域的人工智能标准研制，吸纳政产学研用各方力量，共同推进人工智能标准化工作。

(2) 研制重点标准，完善人工智能标准体系。

以“优势先行、成熟先用、基础统领、应用牵引”为原则，推动人工智能重点标准研制。一是夯实产业基础，重点研制性能基准、硬件虚拟接口、开发框架兼容规范等标准；二是支撑产业应用，围绕智能语音、计算机视觉等具备一定产业规模的领域，研制一批产业应用标准；三是推动融合发展，以支撑人工智能与实体经济深度融合发展为目标，研制一批智慧交通、智慧医疗、智慧课堂等行业应用标准。

(3) 开展试点示范，提升产业服务能力。

我国人工智能标准化工作稳步推进，相关标准正在陆续发布，需要各级政府及相关部门发挥引导作用，加强对人工智能标准化的宣传推广。一是围绕机器学习模型、机器翻译能力等级评估等重点标准，开展宣贯活动，将标准应用和人工智能产业发展相结合；二是推动标准符合性评估体系建设，重点选取国家人工智能创新应用先导区、国家新一代人工智能创新发展试验区，开展标准应用示范；三是建设人工智能标准化公共技术服务平台，提升标准化对产业的服务能力，支撑基础共性技术研发、第三方评价等工作。

(4) 打造事实标准，提升行业竞争能力。

事实标准是行业竞争的撒手锏。通过总结 DCMM、ITSS、CMMI 等信息技术标准的推广经验，探索我国人工智能事实标准的培育模式。结合重大工程和重大项目，围绕开源社区、新型基础设施建设，通过咨询培训、测试评估、产品认证等手段，促进标准规模化推广应用，打造一批人工智能事实标准。

(5) 强化国际交流，推动中国智慧走出去。

一是积极对接 ISO/IEC JTC 1 等国际标准化组织，持续加强人工智能国际标准参与力度；二是依托国家人工智能标准化总体组、全国信标委人工智能分技术委员会，组织国内标准化机构和企业参与国际标准制修订工作，为国际标准提案贡献中国智慧；三是支持国内专家在国际标准化组织中承担秘书、召集人等职务，提升国际话语权；四是积极承办人工智能相关的国际会议和论坛，深化人工智能领域的双边多边合作，实现互利共赢。

综合来讲，我国人工智能标准化发展需要全面贯彻党的十九大和十九届二中、三中、四中、五中、六中全会精神，深入学习贯彻习近平总书记重要讲话精神和治国理政新理念新思想新战略，认真落实党中央、国务院决策部署，深入实施创新驱动发展战略，以加快人工智能与科研、产业、社会深度融合为主线，以提升新一代人工智能科技创新能力为主攻方向。依托“标准先行，创新发展”，构筑知识群、技术群、产业群互动融合和标准相互支撑的良性生态系统，前瞻应对风险挑战，推动以可信、可靠、可持续发展为中心的智能化，保障人工智能技术和应用质量，用标准促进前沿技术向生产力转化，为加快建设创新型国家和世界科技强国、实现“两个一百年”奋斗目标和中华民族伟大复兴中国梦提供强大支撑。

参 考 文 献

[1] 李春田. 标准化概论[M]. 6 版. 北京：中国人民大学出版社，2014.

[2] 中国电子技术标准化研究院，全国信息技术标准化技术委员会. 信息技术标准化指南(2019)[M]. 北京：电子工业出版社，2019.

[3] RUSSELL J. 人工智能：一种现代方法[M]. 北京：人民邮电出版社，2010.

[4] SZELISKI R. 计算机视觉：算法与应用[M]. 北京：清华大学出版社，2012.

[5] 周志华. 机器学习[M]. 北京：清华大学出版社，2016.

[6] 何晗. 自然语言处理入门. 北京：人民邮电出版社，2019.

[7] 莫宏伟. 人工智能导论[M]. 北京：人民邮电出版社，2020.

[8] 俞栋，邓力，俞凯，等. 人工智能：语音识别理解与实践[M]：北京：电子工业出版社，2020.

[9] 安佰生. WTO 与国家标准化战略[M]. 北京：中国对外经济贸易大学出版社，2005.

[10] 白殿一，刘慎斋. 标准化文件的起草[M]. 北京：中国标准出版社，2020.

[11] 罗晓曙. 人工智能技术及应用[M]. 西安：西安电子科技大学出版社，2021.